NEURO-DERMITIS

ERKENNEN
BEHANDELN

Dr. med. G. Dangela
Dr. med. M. Gaisbauer
Dr. med. H. Kief
J. Pfeifer

NEURO-DERMITIS

ERKENNEN BEHANDELN

Herausgegeben vom
Bundesverband Neurodermitiskranker
in Deutschland e.V.

Herder Freiburg · Basel · Wien

Bitte beachten Sie, daß die medizinische Forschung ständig zu neuen Erkenntnissen führt. Alle Ratschläge, Rezepte und Hinweise in diesem Buch wurden von Fachleuten sorgfältig erwogen und geprüft, doch kann keine Garantie oder Haftung für Auswirkungen und Folgeerscheinungen jeglicher Art übernommen werden. Alle Therapievorschläge haben Beispielcharakter und müssen vom behandelnden Arzt an die jeweilige individuelle Situation angepaßt werden.

Genannte Medikamente sind jeweils nur Beispiele. Der Leser und die Leserin werden dringend gebeten, die Beipackzettel der Präparate sorgfältig zu prüfen und eigenverantwortlich zu entscheiden, ob die dort genannten Dosierungen und Kontraindikationen in ihrem Fall einen Gebrauch zulassen. Grundsätzlich ist jede Medikation Aufgabe des behandelnden Arztes.

Warennamen sind im allgemeinen nicht in diesem Werk aufgenommen. Werden sie aufgeführt, so geschieht dies ohne Hinweis auf etwa bestehende Patente, Gebrauchsmuster oder Warenzeichen. Das Fehlen eines solchen Vermerkes bedeutet nicht, daß solche Namen ohne weiteres von jedermann benutzt werden dürfen.

Grafik: Melanie Waigand-Brauner, Freiburg
Satz: Barbara Herrmann, Freiburg
Belichtung: Johannes Schimann, Ingolstadt
Druck und Bindung: Freiburger Graphische Betriebe 1992
ISBN 3-451-22678-2

Inhalt

Vorwort

Was bewegt einen Menschen, ein Buch zu schreiben? Verdiente Politiker schreiben oft ihre Memoiren; ebenso Schauspieler und Künstler, die glauben, während Ihrer aktiven Tätigkeit ein bißchen stiefmütterlich von der Öffentlichkeit behandelt worden zu sein und deshalb ihre eigene Autobiographie besonders betonen. Man will eben anderen Menschen etwas mitteilen, wenn man sein Leben oder Wissen in eine Buchform hineinzwängt, und jeder Buchautor hofft natürlich, daß er ein wertvolles Werk schafft.

Mit Fachbüchern hat es noch eine andere Bewandnis, denn in der heutigen Zeit ist ja bald schon zu allem und jedem Literatur vorhanden, seien es nun Bücher zu handwerklichen Berufen, zu Naturwissenschaft und Technik oder eben auch zu Krankheiten.

Allerdings muß man feststellen, daß gerade bei Büchern, die sich mit der Thematik „Krankheiten – und wie ich wieder gesund werde!" befassen, immer wieder nur die Meinung eines einzelnen Experten an den betroffenen Leser herangetragen werden. Was zur Folge hat, daß dieser, will er ein umfassendes Wissen zu seinem eigenen Krankheitsgeschehen erlangen, in aller Regel sehr viele Bücher erwerben muß.

Dieses Buch zum Thema „Neurodermitis", das unter der Schirmherrschaft des *Bundesverbandes Neurodermitiskranker in Deutschland e.V.* entstanden ist, wird nicht zuletzt deshalb hier andere Wege gehen.

Bei der Auswahl der Autoren haben wir uns bewußt an Ärzte gewandt, die teilweise seit vielen Jahren mit unserem Verband zusammenarbeiten, zwei insgesamt recht konträre Behandlungsformen mit und an den Patienten praktizieren, aber mit Ihren Therapien beste Erfolge in der Behandlung der Neurodermitis erzielen.

Natürlich hat sich auch unser *Bundesverband Neurodermitiskranker in Deutschland* im Rahmen seiner nun seit sieben Jahre andauernden Arbeit ebenfalls ein großes Wissens- und Erfahrungsspektrum erarbeiten können; und dies vor allem deshalb, weil wir alle therapeutischen Maßnahmen, die uns bekannt werden, sowohl mit der nötigen Kritik als auch mit enormer Sorgfalt hinsichtlich ihres therapeutischen Erfolgs für den Patienten verfolgen und prüfen.

So können wir Ihnen heute ein Buch vorlegen, das all die Behandlungsformen und Möglichkeiten beinhaltet, die wir als unabdingbar erkannt haben, will man bei der Neurodermitistherapie endlich nachhaltige Erfolge erzielen, wie sie sich u.a. in einer symptomfreien Phase dieser quälenden Krankheit ausdrücken.

Wir haben erkannt, daß vor allem vier Momente die Krankheit auslösen können:

1) Der ernährungsbedingte Stoffwechsel; eine Vielzahl von Säuglingen erkrankt unmittelbar dann, wenn die Mutter abgestillt hat, und die Nahrung auf adaptierte Milchprodukte umgestellt wird.

2) Wir kennen des weiteren immunbezogene Reaktionen des Körpers, die später dann als Auslösefaktor für das Krankheitsgeschehen „Neurodermitis“ erkannt werden (hier sind Impfungen und schwere, das Immunsystem tangierende Krankheiten zu nennen).

3) Wir wissen außerdem, daß hormonelle Veränderungen in aller Regel das Krankheitsgeschehen entweder auslösen oder sogar noch verstärkt auftreten lassen (es ist ein „Ammenmärchen“, wenn Ihnen Ihr Arzt erzählt, während der Pubertät wird die Krankheit wohl zum Erliegen kommen).
Auch bei anderen hormonellen Ereignissen mußten wir das Gegenteil dessen feststellen, was die etablierte Schulmedizin in der Regel dem Patienten sagt: Daß sich nämlich in diesem Fall Verbesserungen im Krankheitsbild einzustellen pflegen.
Hormonelle Veränderungen können wir besonders während der Einnahme der Antibabypille durch junge Frauen sowie im Rahmen von Schwangerschaften beobachten; darüber hinaus aber auch während des Klimakteriums und allgemein im späteren Lebensalter, d.h. so etwa nach dem 60. Lebensjahr, wenn sich diverse Hormonproduktionen in der Nebennierenrinde, so auch das körpereigene Cortison, abschwächen.

4) Als vierter und letzter bedeutender Faktor, der hier eine Rolle spielt, ist die Psyche zu nennen. Wir können allerdings heute noch nicht eindeutig sagen, ob dieser Faktor als ein Auslösemoment zu bezeichnen ist.
Wichtig jedoch ist zu wissen, daß in aller Regel auch eine psychosomatische Behandlung für den Neurodermitispatienten erforderlich ist, bei dem die Krankheit schon chronisch geworden ist.

Die hier genannten Faktoren müssen natürlich unterschiedlich gewichtet werden. Erst die weitreichende anamnestische Befragung, die in ungezählten Fällen über unseren Bundesverband und seine Mitarbeiterinnen und Mitarbeiter getätigt wurde, veranlaßt uns dann, den Patienten auf Therapiewege hinzuweisen, die uns in seinem oder ihrem Fall als besonders geeignet erscheinen.

Die dabei von den Patienten erzielten Erfolge bestätigen uns in der Ansicht, daß nur durch eine sorgfältige Anamnese der Patient weiß, wo die wichtigsten Faktoren angesiedelt sind, die seine Krankheit ausgelöst haben und andauern lassen. Es ist dies die Voraussetzung dafür, daß dann der Patient oder die Patientin den – hoffentlich – richtigen Therapieweg einschlagen kann.

Die an diesem Buch beteiligten Ärzte befassen sich – in je unterschiedlicher Gewichtung – mit den Faktoren, die das Krankheitsgeschehen „Neurodermitis“ auslösen beziehungsweise aufrechterhalten. Am Ende dieses Buches werden Sie aber natürlich nicht nur hierüber Bescheid wissen, sondern vor allem auch über die Vielzahl der unverzichtbaren diagnostischen und therapeutischen Maßnahmen informiert sein.

Wir glauben deshalb, meine Mitautoren und ich, daß dieses Buch ein wertvolles Nachschlagewerk für jeden Neurodermitiskranken und Allergiker darstellen wird und wünschen Ihnen nicht zuletzt auch auf diesem Wege „Gute Besserung!“

Jürgen Pfeifer, Vorsitzender und Bundesgeschäftsführer des Bundesverbandes Neurodermitiskranker in Deutschland e. V.

Ein Verband stellt sich vor

Es gibt viele Autoren, die beglückwünschen den geneigten Leser zum Kauf ihres Werkes. Für dieses Buch kann dies natürlich nicht gelten, denn ein nicht von Neurodermitis geplagter Mensch bzw. ein Nichtallergiker wird wohl kaum auf den Gedanken kommen, sich dieses Buch zu kaufen.

Falsch wäre es aber auch, Sie nun zu bedauern, daß Sie dieses Buch gekauft haben oder doch kaufen „mußten", denn Neurodermitis ist keineswegs zwangsläufig eine schicksalshafte Erkrankung, unter der man sein ganzes Leben leiden muß.

Um dies nach Möglichkeit zu verhindern, darum bemüht sich nicht zuletzt der *Bundesverband Neurodermitiskranker in Deutschland e.V.*, der seinen Sitz in 5407 Boppard hat und im Februar 1985 von Jürgen Pfeifer, derzeitig Vorsitzender und Bundesgeschäftsführer des Verbandes, aus eigener Betroffenheit ins Leben gerufen wurde. Sein eigener Sohn, Renee, erkrankte im Alter von 6 Monaten an einer der schwersten Formen der Neurodermitis. Auslösendes Moment hierfür war mit sehr großer Wahrscheinlichkeit eine wenige Tage zuvor erfolgte Kombinationsimpfung des Kindes.

Nach vielen Odysseen in verschiedenen Hautkliniken, Universitäts-Dermatologien, zu Hautärzten, Allgemeinmedizinern, ja sogar zu Gesundbetern und Heilpraktikern, konnte dem Kind – nunmehr im Alter von 18 Monaten – erstmals ein Hamburger Heilpraktiker, der sich auf die Behandlung dieser Krankheit spezialisiert hatte, nachhaltig helfen.

Hier trafen Jürgen Pfeifer und seine Ehefrau Elfi auch erstmals andere betroffene Eltern, aber auch erwachsene Neurodermitiskranke. Allein dies war schon eine sehr wichtige Erfahrung, denn zuvor hatten beide den Eindruck, mit sich und dem kleinen kranken Kind allein auf der Welt zu sein.

Schon damals, 1983, sprach man von 400 000 Erkrankten in den alten Bundesländern. Heute sind recht gesicherte Zahlen in die Statistik der Ärzteschaft eingebracht, und man rechnet derzeit mit ca. 3 Millionen Betroffenen in den alten und neuen Bundesländern (Stand Februar 1992), wobei diese Zahl jährlich um ungefähr 7 % wächst.

Nachdem dem Kind zunächst über die richtige Therapie, die allerdings 10 000,– DM verschlang, geholfen werden konnte, gründete Jürgen Pfeifer 1985 den *Bundesverband Neurodermitiskranker in Deutschland*, bei dem derzeit knapp 10 000 Mitglieder eingetragen sind, der in Berlin, Hamburg und Bremen Landesverbände, sowie in weiteren rund 85 Städten Stadtverbände in Form von Selbsthilfegruppen für Betroffene unterhält.

Oberstes Ziel des Bundesverbandes ist es, gemeinsam mit der Schulmedizin und alternativen Behandlern neue Wege zu gehen, um den an Neurodermitis Erkrankten nachhaltig helfen zu können.

Bis zur Gründung des Bundesverbandes, so die Erfahrung Jürgen Pfeifers, wurde dem Patienten seitens der Schulmedizin quasi nur eine pharmakologische Behandlung mit Cortison, Antihistaminika und hin und wieder eine Klimakur angeboten. Während gerade die „harten“ pharmakologischen Behandlungen hohe Risiken unerwünschter Nebenwirkungen in sich bergen, haben Klimakuren im allgemeinen nur kurzzeitige Erfolge aufzuweisen.

Heutzutage stellt sich die Sachlage etwas anders dar: „Durch die Arbeit des Bundesverbandes gilt heute als Standard einer geeigneten Neurodermitistherapie, daß dem ernährungsbedingten Stoffwechsel des Patienten, seinem Immunsystem, seiner hormonellen Verfassung sowie der Psyche Beachtung geschenkt werden muß; und dieses anteilig, hinsichtlich der Gewichtung der jeweiligen Unterhaltsmomente zunächst ganzheitlich, dann aber insbesondere auf das die Krankheit überwiegend auslösende und unterhaltende Moment, in der Therapie Beachtung finden muß“, so Jürgen Pfeifer.

Heute arbeitet der Bundesverband bereits mit zehn Fachkliniken in den alten Bundesländern zusammen, sowie mit ca. 180 Therapeuten, wobei der Bundesverband zunächst keinen Unterschied darin macht, ob der Behandler ein studierter Mediziner oder ein seriöser und das Krankheitsbild günstig beeinflussender Heilpraktiker ist.

Die Anfangsjahre des Bundesverbandes bedeuteten regelrecht „Schwerstarbeit“ für die Patienten. Wurde das Leiden bis dahin schlichtweg als „Hauterkrankung“ abgetan, so mußte Aufklärungsarbeit nicht nur bis hinein in die

Krankenkassen, sondern ebenso in den gesundheitspolitisch aktiven Kreisen geleistet werden, um letztlich eine neue Beschreibung bzw. Definition der Krankheit zu erreichen. Der *Bundesverband Neurodermitiskranker in Deutschland* spricht heute bei der Neurodermitis zunächst von einer Krankheit, die im sogenannten atopischen Formenkreis angesiedelt ist (*Atopie* ist die zusammenfassende Bezeichnung für die klinischen Manifestationen der Überempfindlichkeitsreaktionen vom sogenannten *Soforttyp*, der eine bestimmte Form der Allergie darstellt). Eine nicht unbedeutende Anzahl von Patienten leidet sowohl unter Neurodermitis als auch gleichzeitig unter Asthma und Heuschnupfen (*Rhinitis allergica*).

Neurodermitis ist keine klassische Allergie. Will man sie dennoch zum Bereich der Allergien zählen, so muß man sie zumindest als eine *qualifizierte allergische Erkrankung* bezeichnen, deren Symptomatik sich auf der Haut, in den Atemwegen und in der Lunge zeigt.

„Die Neurodermitis, das atopische Asthma und die Rhinitis allergica sind für mich eine im ernährungsbedingten Stoffwechsel angesiedelte Autoimmunerkrankung, bei der sowohl hormonelle als auch psychische Gegebenheiten tangiert sind", so Jürgen Pfeifer abschließend zu der Frage, was Neurodermitis ist.

Der Bundesverband hilft daher seinen Mitgliedern in allen Belangen, die im Zusammenhang mit Ihrer Erkrankung stehen, insbesondere auch dann, wenn es um das Patientenrecht geht, es auch mit alternativen oder ganzheitlichen Behandlungswegen zu versuchen.

Das kann auch so weit gehen, daß Rechtshilfe gewährt wird oder auch bei der Einreichung einer Klage bei einem Gericht geholfen wird, wenn Krankenkassen und Versorgungsstellen Kosten für probate alternative Behandlungswege nicht bezahlen wollen.

Der Bundesverband hilft aber natürlich nicht nur seinen unmittelbaren Mitgliedern. Grundsätzlich kann sich jeder und jede Betroffene an den Bundesverband wenden, um z.B. umfangreiches Informationsmaterial über nachweislich erfolgreiche Behandlungsmethoden kostenlos anzufordern. Wer diese Hilfe in Anspruch nehmen möchte, wende sich bitte an folgende Adresse:

Bundesverband Neurodermitiskranker
in Deutschland e.V.
Oberstr. 71
Postfach 11 65
5407 Boppard 1
Telefon: 0 67 42/25 98

Was ist Neurodermitis?

Neurodermitis ist eine Krankheit, der man eigentlich zunächst attestieren muß, daß diese Bezeichnung falsch, irreführend und unkorrekt ist. Zum Glück hat die Krankheit viele Namen, sowohl in der Fach- als auch in der Laiensprache.

Der Volksmund bezeichnet die Krankheit häufig als *Juckflechte*, während der Mediziner die Krankheit oft als *endogenes Ekzem* bezeichnet. Zerlegt man das Wort Neurodermitis, so steht „Neuro" für Nerv, und „Dermitis" für Hautentzündung. Demnach müßte es sich bei der Neurodermitis um eine nervlich bedingte Hautentzündung handeln.

Dieses ist jedoch falsch, da die Krankheit eben multifaktoriell ist, d.h. die Auslöse- und Unterhaltsfaktoren des Krankheitsgeschehens sind vielfältiger Art, wobei das psychosomatische Umfeld nur einen Faktor für das neurodermitische Krankheitsgeschehen darstellt.

Die medizinische Bezeichnung *endogenes Ekzem* ist da eigentlich schon sehr viel treffender, da hier deutlich wird, daß es sich um ein von „innen" (= endogen) kommendes Ekzem (griechisch), d.h. um ein juckendes nässendes oder trockenes Erscheinungsbild auf der Oberhaut handelt.

Ferner wird die Krankheit oft auch als *atopische Dermatitis* bezeichnet. Hier steht das Wort „Dermatitis" wieder für einen entzündlichen Hautprozeß, während das Wort „Atopie" eine ererbte Neigung zu allergischen Erkrankungen bezeichnet. Nicht zuletzt spricht man deshalb auch bei der Neurodermitis von einer Erkrankung im sogenannten *atopischen Formenkreis*, zu dem neben der *Dermatose* eben auch das *Asthma bronchiale* und der *Heuschnupfen* (Rhinitis allergika) gezählt wird.

Oft werden Neurodermitispatienten neben der Hauterscheinung noch zusätzlich von einer oder sogar beiden dieser zuletzt genannten Erkrankungen betroffen; und häufig wird beobachtet, daß diese Krankheitsprozesse einen Wechselmechanismus entwickeln. Bessert sich beispielsweise das Hautgeschehen, kommt es zu verstärktem Asthma oder Heuschnupfen und umgekehrt.

Nicht selten wird gerade bei hellhäutigen, blauäugigen und hellblonden Patienten mit Neurodermitis davon gesprochen, daß sie eine *konstitutionelle Dermatitis* haben. Man geht davon aus, daß – neben der erblichen Genese – auch Menschen mit diesen Merkmalen besonders anfällig für die Neurodermitis sind.

Wie sich die Neurodermitis äußert, welches die Auslösefaktoren im einzelnen sind und welche Dinge man unbedingt bei der Krankheit berücksichtigen muß, kann in den folgenden „11 Thesen zur Neurodermitis" nachgelesen werden.

11 Thesen zur Neurodermitis

These 1:
Es ist falsch, die Neurodermitis als eine „Hauterkrankung" zu bezeichnen, denn bei dieser Krankheit handelt es sich um eine im ernährungsbedingten Stoffwechsel angesiedelte Erkrankung, bei der diverse Faktoren zusammenspielen.

These 2:
Zu diesen Faktoren zählen folgende Einzelmomente:
a) genetische Disposition (Vererbung bzw. Erbanlage)
b) gestörtes Immunsystem
c) psychische Instabilität
d) gestörte Darmflora
e) Defekte im Fettstoffwechsel der Leber
f) allgemeine Hautschwäche
g) konstitutionelle Veranlagung

These 3:
Neurodermitis ist eine Krankheit im sogenannten atopischen Formenkreis und wird oft von Asthma, Heuschnupfen und Allergien begleitet.

Allerdings sollte eine Allergie nie im gleichen „Atemzug" mit Neurodermitis genannt werden, denn es neigen nur ca. 18-23 % der Neurodermitiker gleichzeitig zu Allergien der verschiedensten Art.

These 4:
Neurodermitis ist nicht heilbar!

Allein aufgrund der genetischen Disposition, also der Vererbung – und diese haben wir im Rahmen einer Befragungsaktion von 5000 Patienten nachgewiesen – ist die Krankheit nicht heilbar, da man in die Vererbungsvorgänge nicht eingreifen kann.

Ziel einer jeden Behandlung muß und kann deshalb nur sein, die Erkrankung in eine symptomfreie Phase zu bringen und dort zu halten – *und das ist möglich!*

These 5:
Neurodermitis äußert sich – als Sekundärfolge – über die Haut.

Diese Hauterscheinungen können stationär, z.B. auf die Arm- und Beinbeugen begrenzt sein, sie können sich aber auch vom berühmten „Scheitel bis zur Sohle“ ausbreiten. Der damit einhergehende, oftmals unerträgliche Juckreiz läßt den Kranken sich die Haut bis aufs Blut aufkratzen.

Dieser Juckreiz entsteht offenbar, wenn sich nichtausgeleitete oder im Stoffwechsel fehlerhaft verarbeitete Schlackenstoffe der Nahrung im Zwischengewebe festsetzen und nicht über die Haut abgeleitet werden.

Bekanntlich ist unsere Haut nicht nur unser größtes Atmungsorgan, sondern über die Haut werden auch Nahrungsschlacken über das lymphatische System bis zur einzelnen Hautzelle transportiert und hier über die Membranwirkung der Zelle ausgeschieden. Das Aufkratzen der Haut bewirkt, daß eben diese Schlackenstoffe über Blut- und Lymphflüssigkeit den Körper verlassen können.

Jeder Neurodermitiskranke weiß aus eigener Erfahrung, daß der Juckreiz nach starken Kratzattacken für einige Zeit verschwindet; dieser Zustand aber nur solange andauert, bis sich die Schlackenstoffe erneut in erheblichem Umfange angelagert haben.

These 6:
Neurodermitis ist nicht ansteckend!

Hierauf sollte die Umwelt in Kindergarten, im Beruf sowie bei Bekannten und Verwandten immer wieder hingewiesen werden, um unnötige Ängste und damit einhergehende Isolationen des Kranken zu vermeiden.

These 7:
Es ist ein oft erzähltes „Märchen“ diverser Therapeuten, die Neurodermitis verschwände vor, während oder nach der Pubertät.

Hierzu liegen ganz klar gegensätzliche Beweise vor, die zeigen, daß gerade in dieser Lebensphase die Krankheit zum Ausbruch kommt. Richtig allerdings ist, daß asthmatisch belastete Kinder dieses Krankheitsbild oftmals im Lebensalter zwischen 7 und 10 Jahren verlieren. Warum dies so ist, ist bis heute ungeklärt.

These 8:
Die Neurodermitis tritt nur höchst selten mit der Geburt auf. Für ihren Ausbruch benötigt es gewissermaßen eines „Stupsers".
Die am häufigsten beobachteten Auslösemomente sind:
a) das Abstillen
b) Beginn der Gläschenernährung
c) Impfungen im Säuglings- bzw. Kleinkindalter
d) die Pubertät
e) die Antibabypille
f) die Wechseljahre der Frau
g) die hormonelle Situation jenseits des 60. Lebensjahres
Hinzu kommen noch schwere Erkrankungen, die das Immunsystem überstrapazieren, psychische Dauerstreßsituationen und Schwangerschaften. Dazu ist allerdings anzumerken, daß nur in ganz wenigen Fällen die psychische Komponente beobachtet bzw. klar nachgewiesen werden konnte.

These 9:
Es liegt bisher kein Beweis dafür vor, daß Umweltfaktoren allein dazu beitragen, daß die Neurodermitis heutzutage mit einer derartigen Häufigkeit auftritt und immer stärker in generalisierter Form verläuft; dies ist im übrigen eine Beobachtung, die wir bei Allergien schlechthin machen können.

These 10:
Im Ernährungsbereich bzw. in dem, was uns die Lebensmittelindustrie heutzutage an Nahrungsmitteln anbietet, sehen wir eine Hauptquelle für die ständig zunehmenden Neurodermitiserkrankungen.

Zum einen gibt es kaum mehr unbehandelte und von der Chemie verschonte Nahrungsmittel, zum anderen wünscht der Kunde vor allem optisch einwandfreie Lebensmittel. Er wird zudem immer bequemer und bevorzugt mehr und mehr Nahrungsmittel, die tellerfertig sind.

Dieses alles hat natürlich seinen Preis, denn derartige Lebensmittel sind zwangsläufig so behandelt, daß sie möglichst lange haltbar sind und auch nach längerer Lagerung sowohl gut aussehen als auch noch schmackhaft bleiben. Ein Ziel, das nur durch Konservierung, Emulgatoren, Geschmacks- und Farbstoffe erreicht werden kann.

These 11:
An Neurodermitis leiden derzeit allein in der Bundesrepublik-West ca. 1,5-2 Millionen Menschen.

Die Zuwachsrate wird auf jährlich 7 % beziffert. Ungefähr 25 Millionen Menschen allein in den alten Bundesländern leiden an Allergien und die Ärzteschaft ist oftmals ratlos. Überwiegend werden diese Krankheiten mit Cortison, Antibiotika, Antihistaminika und Klimakuren „bekämpft".

Neurodermitis wird auch – um hier nur die geläufigsten Bezeichnungen zu nennen – genannt: Endogenes Ekzem, atopische Dermatitis, konstitutionelle Dermatitis oder Ekzem, Säuglingsdermatitis.

Neurodermitis ist nicht mit der Psoriasis (Schuppenflechte) zu verwechseln.

Atopischer Formenkreis

Das Wort *Atopie* kommt aus dem Griechischen, und bedeutet „ungewöhnlich“ oder „sonderbar“. Der Mediziner bezeichnet als Atopie die angeborene Bereitschaft des Atopikers, auf die unterschiedlichsten Arten von Substanzen aus der natürlichen Umwelt (Sporen, Pollen, Hausstaub, Nahrungsmittel, Tierhaare usw.) überempfindlich zu reagieren.

In den „atopischen Formenkreis“ gehören Krankheitsbilder wie die *Neurodermitis*, das *Asthma bronchiale*, die *Rhinitis allergica* (Heuschnupfen), *angioneurotische Ödeme* (nervlich bedingte Durchblutungsstörung) sowie die *Urtikaria* (Nesselsucht).

Man geht davon aus, daß etwa 10 % der Bevölkerung Atopiker sind.

Asthma bronchiale

Das Wort *Asthma* kommt aus dem Griechischen und bedeutet „schweres kurzes Atmen“. Der Asthmatiker leidet also an einer ungewöhnlichen Verengung der Bronchien, die sich beim Kontakt mit – überwiegend – inhalativen Reizen noch mehr verengen. Damit kann sich für den Betroffenen von einer auf die andere Minute eine lebensgefährliche Situation ergeben.

Beim Asthma teilt der Mediziner die Patienten ein in den *Konstitutionsallergiker*, der vorwiegend dem antibakteriellen-allergischen Asthma zuzuordnen ist. Bei dieser Patientengruppe tritt das Asthma oft über allergische Sofortreaktionen und häufig in Kombination mit Ekzemen auf.

Als *Infektallergiker* dagegen wird der Asthmatiker bezeichnet, der ein bakteriell bedingtes Asthma hat. Diese Patienten leiden im akutem Stadium oft wochenlang unter dem Krankheitsgeschehen.

Das Asthma im Kindesalter ist wieder in erster Linie im atopischen Formenkreis angesiedelt. Bei Kindern mit Neurodermitis tritt es verstärkt ab dem 3. Lebensjahr auf. Oft wird hier eine enge Wechselbeziehung zwischen Ekzem und Asthma beobachtet.

Häufig wird beobachtet, daß das unbehandelte Kinderasthma zwischen dem 8. und 10. Lebensjahr nachläßt, um dann wieder ab dem 30. Lebensjahr zurückzukehren, oft in Verbindung mit Neurodermitis und weiteren allergischen Komponenten.

Das *Berufsasthma* ist die Form von Asthma, dessen Auslösemomente am schnellsten zu identifizieren sind. Das klassische Beispiel hierfür ist die Mehlstauballergie beim Bäcker. Sobald er sich dem Reiz des Mehlstaubes nicht mehr aussetzt, beispielsweise im Urlaub, bildet sich die asthmatische Erscheinung selbsttätig und unbehandelt zurück.

Die wohl „exotischste“ Form vom Asthma bronchiale ist das *Asthma cardiale*. Dieses Asthma tritt durch Lungenstauung, überwiegend zur Nachtzeit, auf und ist bedingt durch eine sogenannte Linksherzinsuffizenz. Oft geht diese Asthmaform einher mit spastischen Verengungen der Bronchien.

Eines haben alle Asthmaformen gemein: Durch die Atemnot bekommt der Patient im akutem Anfall Todesangst und steigert sich weiter in das Krankheitsgeschehen hinein.

Neben allopathischen (schulmedizinischen) Maßnahmen ist deshalb anzuraten, daß der Patient in den Phasen der Symptomfreiheit Atemtraining betreibt, autogenes Training praktiziert und seine Lunge durch therapeutisch kontrollierten Sport so weit wie möglich trainiert.

Da während eines akuten Anfalls gerade von Kindern oft eben auch die Eltern in Panik geraten, die sich dann weiter auf das Kind überträgt, sollte auch hierzu ein Übungsprogramm von Mutter und Vater geleistet werden; beispielsweise sind Rollenspiele mit dem belasteten Kind, in denen spielerisch geprobt wird, wie man sich beim nächsten Anfall verhalten will, ein probates Mittel der Vorbereitung auf den nächsten akuten Asthmaanfall. Wichtig ist jedoch immer, daß der Arzt mit den Asthmapatienten und deren Angehörigen eine Schulung durchführt, wie in der akuten Phase eine Notfallmedikamentation erfolgen muß.

Auch bei der Asthmatherapie kann es lohnenswert sein, naturheilkundliche und homöopathische Verfahren einzusetzen. Ebenso kann eine Ernährungsweise, bei der auf tierische Eiweiße verzichtet wird, die Akutanfälle ruhiger verlaufen lassen.

Rhinitis allergica (Heuschnupfen)

Es ist ein Irrtum, wenn man glaubt, daß allein Heu den Heuschnupfen auslöst. Heute sind Abertausende von Reagenzien bekannt, die einen Heuschnupfen auslösen und unterhalten können. Nur der klassische Heuschnupfenpatient, der also auf frei flottierende Bestandteile im Heu, vor allem aber auf Blütenpollen reagiert, kann sich darauf einstellen, daß ihn sein Leiden wenigstens von Oktober bis Februar „verläßt", weil in dieser Zeit weder Heu anfällt – es sei denn, man lebt auf einem oder in der Nähe eines landwirtschaftlichen Betriebes – noch mit Pollenflug zu rechnen ist.

Deshalb unterscheidet der Mediziner die *Rhinitis allergica* (*Rhinitis* steht für akute oder chronische Entzündung der Nasenschleimhaut) in zwei Formen, nämlich dem *sessionalen* und *perennialen* Heuschnupfen. Letztgenannter ist eben nicht auf die Pollenflugzeit vom Frühjahr bis zum Herbst begrenzt, sondern ganzjährig ausgeprägt.

Oft beginnen auch Kinderkrankheiten wie Keuchhusten und Masern mit einem Heuschnupfen, der sich aber nach Abklingen der Krankheit wieder verliert.

Der allergische Heuschnupfen basiert letztlich auf einer überschießenden Immunreaktion auf das als Allergen wirkende Inhalationsteilchen; man kann auch sagen: Der Patient ist auf dieses Inhalationsteilchen sensibilisiert. Nur durch den Abbau dieser überschießenden Reaktionen des Immunsystems kann dem Kranken langfristig geholfen werden. Im akutem Stadium sind Antihistaminika als Therapie unverzichtbar. Langfristig kann aber auch hier wieder die Naturheilkunde und Homöopathie sehr gute Erfolge erzielen und den Patienten von seinen Beschwerden befreien.

Sogenannte *Hyposensibilisierungen* haben gezeigt, daß damit zwar ein bestimmtes Allergen ausgeschaltet werden kann, sich der Körper aber, aufgrund seiner grundsätzlichen Allergiebereitschaft, gewissermaßen ein neues Allergen „sucht". Als Beispiel hierfür sei wieder die Mehlstauballergie im Bäckerberuf genannt. Der Therapeut hat erkannt, daß der Bäcker stark auf Weizenmehlstaub reagiert und führt daraufhin eine Hyposensibilisierung durch. Leider stellt sich bald darauf heraus, daß nun der Patient unter einer Roggenmehlallergie leidet.

Gerade die Rhinitis allergica ist für die Medizin ein noch weitgehend unerforschtes Feld. Man kann nur hoffen, daß sich im Interesse der hiervon betroffenen, sehr großen Patientengruppe (man schätzt die Zahl der Menschen, die allein in der Bundesrepublik unter dieser Krankheit leiden, auf ca. 12,5 Millionen) die Schulmedizin bald mit der sogenannten Alternativmedizin an einen Tisch setzt, um langfristige Lösungen für diese Erkrankung durch Kombination der verschiedenen Behandlungsformen zu erarbeiten.

Endogenes Ekzem

Diese viel treffendere Bezeichnung für die Neurodermitis sagt aus, daß der Prozeß des Juckreizes von innen heraus entsteht. Damit schlägt diese schulmedizinische Bezeichnung eigentlich die gewünschte Brücke zwischen Allopathie und Alternativmedizin.

Es wird nämlich damit deutlich zum Ausdruck gebracht, daß die Neurodermitis keine Hautkrankheit im üblichen Sinne ist, sondern daß das aktuelle juckende Hautgeschehen eine endogene Ursächlichkeit hat, d.h. also „von innen heraus" kommt.

Damit müßte eigentlich bereits klar sein sein, daß eben nur ein quasi „übertünchender Effekt" erzielt werden kann, wenn der Dermatologe seinem Neurodermitispatienten cortisonhaltige Salben als Langzeittherapie verschreibt.

Neurodermitis – Allergie – Psoriasis (Schuppenflechte) – Die Unterschiede

Nachdem die Neurodermitis nun schon recht exakt beschrieben worden ist, so kann in ihrem Vergleich mit der Allergie zunächst festgehalten werden, daß eben das Krankheitsbild der Neurodermitis *keine* klassische Allergie darstellt.

Das Immungeschehen, das beim Allergiker eben überschießend auf Allergene reagiert, indem in den Mastzellen angesammeltes Histamin ins Blut des Patienten ausgeschüttet wird, sobald dieser eben mit der Substanz zusammenkommt, auf die er sensibilisiert ist, spielt beim Neurodermitiskranken zunächst keine Rolle. Dieses erkennt man vor allem bei der Kontrolle des Immunglobelin E-Wertes (IgE). Während dieser Wert beim Allergiker oft um das 10 bis 50fache erhöht ist, hat der Neurodermitispatient hier in aller Regel Durchschnittswerte. Nur wenn sich auf die Neurodermitis noch eine Allergie „aufpfropft“, sind auch bei diesem Patienten die IgE-Werte erhöht. Allerdings leiden nur schätzungsweise 23 % aller Neurodermitiskranken an zusätzlichen Allergien.

Die *Psoriasis* (Schuppenflechte) wird immer gern als die Schwester der Neurodermitis bezeichnet, was aber völlig falsch ist. Hier stimmt bereits der Formenkreis nicht, denn die Schuppenflechte ist angesiedelt im sogenanntem „rheumatischen Formenkreis“. Wie bei der Neurodermitis Asthma und Heuschnupfen im „atopischen Formenkreis“ immer wieder als miteinander verknüpfte Krankheitsbilder anzutreffen sind, so geht die Psoriasis oft mit Rheuma und Gicht einher.

Auch die Schuppenflechte dürfte eine vererbte Krankheit sein, wobei die Zahl der Betroffenen in den alten und neuen Bundesländern bei 4 bis 5 Millionen Erkrankter liegen dürfte, also noch über der Zahl der Neurodermitiskranken.

Die Ursachen der Psoriasis sind ebenfalls noch weitgehend unerforscht. Man weiß aber, daß der Fumarsäurestoffwechsel der Kranken offenbar gestört ist. Die in der Niere eines jeden Menschen produzierte Fumarsäure ist zum einen ein Krebsenzym, zum anderen regelt die Fumarsäure offenbar das Wachsen und Absterben aller Zellen des menschlichen Körpers.

Durch eine Störung in diesem Säurehaushalt wachsen die Hautzellen dieser Patientengruppe offenbar zu schnell an die Oberfläche. Bei Nichtpsoriatikern dauert der Prozeß von der Geburt bis zum Absterben der Hautzelle ca. 28 Tage – beim Schuppenflechtenpatienten verläuft dieser Prozeß rasant innerhalb von ca. 4,6 Tagen. Da die oben aufliegenden Hautzellen jedoch noch nicht abgestorben sind, offenbar aber durch die neuen nachkommenden Zellen bereits von der Sauerstoff- und Blutversorgung im Hochwachsen zur Außenhaut abgeschnitten werden, kommt es in aller Regel zur graugefärbten oder rotbraunen Verpanzerung der Oberhaut.

Die Verabreichung von Fumarsäureprodukten ist für die Patienten oft unbefriedigend, da häufig Magenbeschwerden auftreten. Das Bundesgesundheitsamt in Berlin warnt sogar vor der Einnahme dieser Produkte wegen möglicher Nierenschädigungen.

Gut bewährt hat sich bei der Psoriasis eine Ernährung, die sich auf einen niedrigen Harnspiegel günstig auswirkt. Der Patient sollte also all die Speisen und Getränke meiden, die harnsäuretreibend sind (z.B. herbe Weine, Schweinefleisch). Da auch das psoriatische Krankheitsgeschehen psychosomatische Momente aufweist, kann die psychotherapeutische Betreuung der Kranken ein wichtiger Bestandteil der Gesamttherapie darstellen.

Lichttherapie, gerade am Toten Meer, sowie das Baden in Salz vom Toten Meer können langfristig das Leiden lindern. In der Bundesrepublik gibt es entsprechende Fachkliniken, in denen das Lichtspektrum des Toten Meeres in Israel nachgeahmt wird; auch Schwimmbecken mit Salzlauge aus dem Salz des Toten Meeres stehen dort zur Verfügung.

Die Behandlung der Krankheit – Gestern und Heute

Man müßte diese Überschrift bald noch um eine Zeitdimension erweitern und zwar um das „Morgen". Gestern, und damit ist die Zeit vor der „Erfindung" des Cortisons im Jahre 1949 gemeint, wurde die Neurodermitis ja auch schon behandelt; kurioserweise wußten damals die Behandler offenbar auch schon eine ganze Menge vom Krankheitsgeschehen Neurodermitis.

So wurde den Neurodermitispatienten von ihrem Therapeuten dringend geraten, sich an gewisse Spielregeln bei der Nahrungsaufnahme zu halten. Denn schon in diesen lang zurückliegenden Jahren wußte man, daß einige Nahrungsmittel offenbar in kausalem Zusammenhang mit dem Krankheitsbild und seiner Intensität stehen.

Schlägt man in alten Arztbüchern, die vor den 50er Jahren geschrieben wurden, das Kapitel „Ekzem" auf, so wird als Behandlungsgrundlage empfohlen, der Patient möge unbedingt vom Schweinefleisch lassen. Auch wurde vor Milchprodukten, Weizenmehl, Nüssen und Samthautfrüchten (Pfirsich/Nektarinen), aber auch vor Tomaten und Erdbeeren gewarnt.

Natürlich wurden die Patienten damals auch mit Salben versorgt, um das Hautbild geschmeidiger zu machen; zusätzlich wurden ausleitende Teesorten verordnet, wie zum Beispiel der „Stiefmütterchentee".Viel stärker als heute wurde damals noch die Homöopathie betrieben und erst langsam werden heute wieder gebräuchliche homöopathische Medizinen angeboten.

Die Therapie von heute zeichnet sich leider mehr durch das Vertrauen zum synthetisch nachgebauten körpereigenen Hormon „Kortison" aus, das man heute in aller Regel mit „C" schreibt. Heute hat man dieses Steroid homogenisiert (Hydrocortison). Es ist unter vielen Bezeichnungen – die es dem Laien schwermachen, überhaupt zu erkennen, daß die Salbe oder das Medikament Cortison enthält – im pharmakologischen Fachhandel erhältlich.

Zur Behandlung der Neurodermitis steht dieses Medikament für die externe (äußerliche) und interne (orale Therapie und Therapie mit Injektionen) Anwendung dem Therapeuten zur Verfügung. Die Verabreichung von Cortisonen ist nur dem Arzt, nicht aber zum Beispiel dem Heilpraktiker erlaubt. Weiteres zu diesem Medikament ist im Kapitel „Segen und Fluch eines Medikamentes – das Cortison" nachzulesen.

Antiallergika und Anithistaminika, sowie im Bedarfsfalle Antibiotika runden das heute gebräuchliche Therapiekonzept zur Symptombekämpfung der Neurodermitis, aber auch bei Asthma, Rhinitis allergica und Allergien ab.

Wären diese Medikamente bei einer Dauertherapie nicht mit hohen Risiken und Nebenwirkungen behaftet, man hätte große Teile dieses Buches nicht schreiben müssen.

Die Therapie von morgen wird teilweise schon heute in bestimmten Fachkliniken und bei interessierten Ärzten und Heilpraktikern durchgeführt, die sich zum einen die Therapiemöglichkeiten aus der Zeit vor der Epoche des Cortisons nutzbar gemacht haben, bei denen zum anderen aber auch neue Erkenntnisse der vergangenen Jahre mit in die Behandlung eingebunden werden.

So hat man heute z.B. recht exakte Möglichkeiten, die Nahrungsmittelunverträglichkeiten auszutesten. Dafür dient nicht zuletzt die Kinesiologie genauso wie Rast-Testungen, des weiteren Blut-Tests im Zusammenspiel mit dem Immunglobulin G (IgG-Test) sowie Rotationsdiäten, Vollwertkost und Auslaßdiät.

Die Psychotherapie hat hier ebenfalls Eingang gefunden, beginnend bei Einzel- und Gruppengesprächen, über das autogene oder autosuggestive Training, bis hin zum Heilschlaf oder zur Hypnose.

Die klassische Homöopathie ist wohl der „Mercedes unter den Therapien", wenn der Arzt oder Heilpraktiker hier die Kunst dieser Heillehre richtig anzuwenden versteht. Naturheilkundliche Maßnahmen, von der bekannten „Kneippschen Anwendung" über neue modifizierte Eigenblut- und Eigenurinbehandlung, sowie der Einsatz physikalischer Maßnahmen sind heute dazu geeignet, dem Kranken wirksam zu helfen; wobei für die Notfallbehandlung die schulmedizinischen Maßnahmen auch morgen noch unverzichtbare Elemente einer ausreichenden Therapie darstellen werden.

Erst wenn eine Verknüpfung dieser Therapien sinnvoll und kollegial zwischen den Anwendern der unterschiedlichen Behandlungswege erreicht ist, kann der Patient darauf hoffen, daß ihm zu jeder Phase des Krankheitsgeschehens entsprechende Behandlungsmethoden durch seinen Therapeuten angeboten werden, um dem Krankheitsgeschehen wirksam zu begegnen.

Homöopathie

Einleitung

Die Homöopathie ist nach den Richtlinien des Bundesgesundheitsamtes eine eigenständige Therapieform. Ihr Name leitet sich ab vom griechischen „homoios“ (= das Ähnliche) und „pathos“ (= die Krankheit). Hierauf begründet sich das Therapieprinzip, natürliche Krankheiten mit dem Arzneistoff zu behandeln, welcher beim Gesunden ähnliche Krankheitserscheinungen hervorzurufen vermag. Auf diese Weise können durch homöopathische Arzneien die körpereigenen Heilkräfte in besonderer, individuell spezifischer Weise aktiviert werden.

Im Gegensatz dazu werden durch die heute üblichen allopathischen, chemisch definierten Arzneien Symptome der Krankheit unterdrückt und körpereigene Heilungsprozesse blockiert. Selbstverständlich ist dieses therapeutische Prinzip dort sinnvoll, wo fehlgeleitete körpereigene Heilvorgänge zu Gewebe- oder Organschädigungen bzw. -schädigungen führen müssen, wie das bei den Autoaggressionen (gegen sich selbst gerichtete Handlungen) z.B. der Fall ist.

Geschichtliche Anmerkungen

Samuel Hahnemann (1755-1843), Arzt, Pharmazeut und Chemiker, einer der gelehrtesten Männer seiner Zeit, ist der wissenschaftliche Begründer der Homöopathie. In Meißen geboren, studierte er in Leipzig Medizin. Studium und ärztliche Tätigkeit führten ihn über Wien, Hermannstadt in Siebenbürgen, Erlangen, Dessau, schließlich nach Dresden, wo er vorübergehend die Krankenhäuser der Stadt leitete. In Torgau war Hahnemann mit seiner großen Familie (9 Kinder) einige Jahre seßhaft. Dort entstand auch sein Hauptwerk, das *Organon*, mit dem Leitgedanken: „Der Arzt hat kein höheres Ziel, als kranke Menschen gesund zu machen, was man heilen nennt." Die Wirren Napoleonischer Feldzüge führten Hahnemann nach Leipzig und später nach Köthen, wo er Leibarzt am Hofe des dortigen Herzogs von Anhalt-Köthen wurde. Nachdem seine Frau 1829 gestorben war, heiratete Samuel Hahnemann, inzwischen 80 Jahre alt, die Französin Melanie d'Hervilly und zog mit ihr nach Paris. Dort wirkte er noch acht Jahre lang als einer der berühmtesten Ärzte seiner Zeit.

Zahlreiche seiner Schüler haben sein Gedankengut fortgeführt bis in die heutige Zeit, in der die Homöopathie immer mehr zu einem wichtigen Bestandteil einer integrierten Medizin wird.

Grundsätze der Homöopathie

Arzneiprüfung am Gesunden

Ein wesentlicher Pfeiler der homöopathischen Therapie ist die Arzneiprüfung am gesunden Menschen. Dadurch läßt sich erkennen, welche Symptome ein Arzneistoff beim Menschen hervorzurufen vermag. Mit Recht wird von homöopathischen Ärzten auch heute noch verlangt, daß sie sich selbst solchen Arzneiprüfungen unterziehen. Durch dieses Vorgehen lernen homöopathische Ärzte die Wirkung ihrer Arzneien am eigenen Körper kennen. Selbstverständlich sind im Rahmen der Homöopathie Tierversuche gänzlich überflüssig.

Aufbereitung der Arzneien

Frisch gepreßte Pflanzensäfte (oder auch andere Naturstoffe, wie z.B. Tiergifte) werden mit Weingeist aufbereitet und so die sogenannten Ur-Tinkturen hergestellt. Unlösliche Arzneistoffe müssen verrieben werden, bevor sie weiterverarbeitet werden. Durch schrittweises Verreiben oder Schütteln werden homöopathische Arzneien weiter potenziert. Dieses Vorgehen wird von Verdünnungsstufe zu Verdünnungsstufe beibehalten. D-Potenzen werden nach dem Dezimalsystem verarbeitet, also in Verdünnungsstufen von 1:10 potenziert.

- D 1 = 1:10
- D 2 = 1:100
- D 3 = 1:1000 etc.

C-Potenzen werden in Schritten 1:100 verarbeitet.

- C 1 = 1:100
- C 2 = 1:10 000
- C 3 = 1:1 000 000

Unterschiedlich hoch potenzierte Arzneien werden unterschiedlich häufig eingenommen. In der Regel gilt, daß wir bei akuten Krankheiten niedrigere Potenzen häufiger nehmen (z.B. D 4 alle 2 Stunden täglich) und höhere Potenzen, z.B. D 12 einmal täglich. Hochpotenzen sollten in seltenen Gaben verabreicht werden.

Ähnlichkeitsregel

Die *Ähnlichkeitsregel* besagt, daß man zur Heilung einer Krankheit die Arznei wählen soll, welche beim Gesunden in der Arzneiprüfung ähnliche Symptome erzeugt hat. Hahnemann selbst schreibt im Organon der Heilkunst unter § 153:

„Bei dieser Aufsuchung eines homöopathisch spezifischen Heilmittels, das ist, bei dieser Gegenaneinanderhaltung des Zeichen-Inbegriffs der natürlichen Krankheit gegen die Symptomenreihe der vorhandenen Arzneien, um unter diesen eine, dem zu heilenden Übel in Ähnlichkeit entsprechende Kunstkrankheits-Potenz zu finden, sind die auffallenderen, sonderlichen, ungewöhnlichen und eigenheitlichen (charakteristischen) Zeichen und Symptome des Krankheitsfalles besonders und fast einzig ins Auge zu fassen; denn vorzüglich diesen müssen sehr ähnliche in der Symptomenreihe der gesuchten Arznei entsprechen, wenn sie die passendste zur Heilung sein soll.“

Homöopathische Arzneien

Da dieses Buch vor allem als Leitfaden sowohl für den Neurodermitiskranken und die Therapie seiner vielfältigen Symptome als auch für den ihn Behandelnden gedacht ist, werden im folgenden häufig angezeigte Arzneien kurz dargestellt. Für den an der Homöopathie grundsätzlich Interessierten ist es jedoch unbedingt notwendig, sich mit weiterer homöopathischer Literatur zu beschäftigen. Persönlich sind mir einige Leute bekannt, die es ohne ärztliche Ausbildung zu wahrer Meisterschaft in der Auswahl homöopathischer Arzneien gebracht haben.

Homöopathika haben unterschiedliche Wirkrichtungen. Ihre Verordnung kann u.a. konstitutionsbezogen sein. Ein korpulenter Mensch mit trägem Temperament und der Neigung zu Depressionen würde als homöopathisches Mittel eher *Calcium carbonicum* oder *Graphites* brauchen; dagegen müßte bei einem lebhaften, schlanken Patienten mit rasch wechselnder Stimmungslage („mal himmelhoch jauchzend – mal zu Tode betrübt") eher an *Ignatia* als homöopathische Arznei gedacht werden. Konstitutionsmittel sollen nicht kombiniert verabreicht werden. Homöopathika können aber auch funktionsbezogen eingesetzt werden, z.B. bei Eiterungen, Juckreiz oder Quaddelbildung. Funktionsmittel können kombiniert werden.

Homöopathische Konstitutionsmittel

Die im folgenden dargestellten homöopathischen Konstitutionsmittel sind bei Allergikern und Patienten mit Neurodermitis nach meiner persönlichen Erfahrung besonders häufig angezeigt. Die Darstellung erfolgt in alphabetischer Reihenfolge. Konstitutionsmittel werden in der Regel als Hochpotenzen (z.B. D 200) in seltenen Gaben verabreicht.

◆ *Antimonium crudum*

Meist korpulente Person, abweisende, mürrische Haltung, bedrückt, gefühlsbetont. Häufig Entzündungen des Magen und Darms mit Blähungsneigung, belegte Zunge; Harnsäureerhöhung. Säurehaltige Lebensmittel verschlechtern das Befinden; Ruhe, frische Luft bessern.

◆ *Arsenicum album*

Graziler, asthenischer Typus mit Neigung zur Pedanterie. Unruhe, Nervosität. Häufig brennende Schmerzen, viel Durst, Neigung zu Durchfall. Verschlechterung besonders nachts mit Unruhe, Ängsten; Besserung durch Wärme.

◆ *Calcium carbonicum*

Patienten, die Calcium carbonicum als Konstitutionsmittel brauchen, sind häufig blond, blauäugig und neigen zu Trägheit und Bequemlichkeit. Vermehrte Schweißneigung, träge Darmtätigkeit, leichtes Erschöpftsein bei geringen Anstrengungen. Kälte, Nässe, körperliche und geistige Tätigkeit verschlechtern das Befinden; Wärme, leichte Bewegung bessern. Bevorzugt rechtsseitige Beschwerden.

◆ *Hep. sulfuris*

Im Gegensatz zu dem eher trägen Typus von Calcium carb. ist der Hepar sulfuris-Patient emotional überempfindlich, ärgerlich, leicht reizbar, explosiv, beweglich. Er neigt zu Erkältungen, insbesondere durch Kälte, ist empfindlich gegen Luftzug und Berührung und hat eine starke Tendenz zu Eiterungen. Auffällig ist die Besserung seiner Beschwerden durch Feuchtigkeit.

◆ *Ignatia*

Unbeständigkeit, große Sensibilität, sehr wechselhafte, launenhafte Stimmung, widerspruchsvolle Empfindungen und gesundheitliche Beschwerden infolge von Kummer, Sorgen, Ärger kennzeichnen den Ignatia-Typus. Häufig sind krampfartige Beschwerden bei Nervosität, Zwölffingerdarmleiden, Ischias, Anorexie. Die Beschwerden verschlechtern sich durch Aufregung, Streß, Kummer sowie durch Reizmittel wie Kaffee und Nikotin. Leichte Bewegung, Wärme, Zuwendung und Eingehen auf die Patienten bessern sein Befinden.

◆ *Lachesis*

Bei Lachesis handelt es sich um homöopathisch zubereitetes Schlangengift. Diese Arznei ist häufig angezeigt bei aggressiven, leicht erregbaren, wechselhaften, emotional stark betonten Menschen, die gerne unaufhörlich reden und einem anderen Menschen selten zuhören können. Häufig sind Beschwerden auf der linken Körperseite schlimmer. Bei Frauen sind hormonelle Ursachen an der Entstehung der Erkrankung (Pille, Klimakterium etc.) beteiligt. Ebenso häufig finden sich partnerschaftliche Beziehungsstörungen und starke Emotionen in Verbindung mit dem Krankheitsverlauf. Tendenz zu Entzündungen, Linksseitigkeit, Berührungsempfindlichkeit. Auffällig sind Verschlechterungen der Beschwerden nach Wärme und nach Berührung.

◆ *Lycopodium*

Lycopodium ist ein tiefgreifendes Konstitutionsmittel, welches häufig angezeigt ist bei mageren, reizbaren, zwanghaften, geistig beweglichen und temperamentvollen Typen. Die Haut weist häufig einen blaß-gelblichen Ton auf. Im Vordergrund der Funktionsstörungen stehen bei Lycopodium Erkrankungen der Leber, Galle, des Magen-Darm-Traktes sowie der Nieren. Steinleiden. Verstopfungstendenz. Die Beschwerden sind eher rechtsseitig und verschlechtern sich häufig am Spätnachmittag und frühen Abend. Bewegung im Freien und Wärme bessern.

◆ *Mercurius solubilis*

Lebhaft wie Quecksilber, aus dem Merc. solub. homöopathisch zubereitet wird, sind diese Menschen; gekennzeichnet von Unruhe, Aufregung, Ängstlichkeit, Befürchtungen, Reizbarkeit, Zorn, Schlaflosigkeit. Vorherrschend ist die Tendenz zu chronischen Entzündungen mit Lymphknotenschwellungen. Auffällig ist die starke Schweißneigung, die nächtliche Unruhe und auch der nicht selten vorhandene vermehrte Speichelfluß. Die Beschwerden sind meist nachts stärker.

◆ *Natrium muriaticum*

Nat. mur. ist wahrhaft ein großes homöopathisches Mittel. Es ist vor allem bei Beschwerden in Verbindung mit chronischem Kummer, mit Depression, mit Isolationstendenz der Patienten angezeigt. Bei jungen Patienten stehen häufig Konflikte mit dem Elternhaus im Vordergrund sowie Identifikationsstörungen.
Bei älteren Menschen kann eine reaktive Depression in Verbindung mit dem Entstehen einer Allergie oder Neurodermitis beobachtet werden. Trockenheit der Haut und Schleimhäute, Verstopfungsneigung, Schwäche, Blutarmut, geringe bis ausbleibende Periodenblutung, Regulationsstörungen im Wasserhaushalt mit Gewebsschwellungen. Verlangen nach Salz, Schwäche am Spätvormittag, Sonnenallergie.

◆ *Nux vomica*

Personen, die die Charakterzüge von Nux vomica (Brechnuß) aufweisen, sind häufig schwer zu ertragen. Sie sind reizbar, ungeduldig, ärgerlich, maßlos, wechselhaft, zornig, aggressiv. Ohne Zigaretten und Kaffee können sie den Alltag nicht durchstehen. Sie neigen zu Magen-Darm-Störungen, wie Magenentzündungen, Magengeschwüren, Blähungen, Hämorrhoiden, Verstopfung. Morgens ist meistens ihre schlechte Zeit. Ruhe bessert ihr Befinden.

◆ *Phosphorus*

Bei Phosphorus stehen geistige und körperliche Schwäche, bleiches Aussehen, Erschöpfung und Nervosität mit einer Überempfindlichkeit gegen äußere Eindrücke ganz im Vordergrund des Arzneimittelbildes. Blutungsneigung, Durchfall, Brennschmerzen ergänzen das Bild. Meistens sind die Beschwerden nachts größer; Linksseitigkeit, Ängste.

◆ *Pulsatilla*

Pulsatilla wird von der Homöopathie als das „tränenreichste Mittel" bezeichnet. Es ist besonders geeignet für Patienten, „die nahe ans Wasser gebaut" haben, einen depressiven Charakterzug und ein empfindliches, weiches, nachgiebiges, labiles Wesen aufweisen. Häufig Neigung zu Durchfall, Durstlosigkeit, Fettabneigung, Magenverstimmung, Linksseitigkeit, Krampfadern, Unverträglichkeit der Pille. Wärme, leichte Bewegung, Zuwendung, frische Luft bessern die Beschwerden.

◆ *Sepia*

Ebenso wie Pulsatilla ist auch Sepia häufig eher bei Frauen angezeigt. Ein dunkler hagerer, depressiver, eher ängstlicher Typus charakterisiert das Arzneibild. Hormonelle Ursachen, Schwäche, Erschöpfung, Passivität, Pigmentveränderungen der Haut, Verstopfung, Hämorrhoiden, Senkungsbeschwerden des Unterleibes sowie Trockenheit von Mund- und Rachenschleimhäuten sind häufig. Die Beschwerden verschlimmern sich durch Kälte, durch Nahrungszufuhr sowie auch häufig während der Monatsblutung.

◆ *Sulfur*

Das homöopathische Arzneimittelbild von Sulfur (Schwefel) kennzeichnet einen eigenbrödlerischen, unordentlichen, schlampigen Menschen mit philosophischen, religiösen Neigungen. Häufig gehen die Hauterscheinungen mit brennenden Beschwerden einher. Leber- und Darmbelastungen mit der Neigung zu Durchfall sowie Stoffwechselstörungen sind nicht selten. Schwächezustände am Spätvormittag und Spätnachmittag, Besserung durch Essen, Wärme und Feuchtigkeit. Sulfur ist ein sehr starkes Reaktionsmittel und führt nicht selten zu ausgeprägten Erstverschlechterungen der Krankheit.

◆ *Thuja*

Das Arzneimittelbild kennzeichnet eher einen übergewichtigen, blassen Typus mit Neigung zu Schweißen und Infektionen. Insbesondere treten Infektionen der Niere und der harnableitenden Wege auf. Es ist das homöopathische Hauptmittel bei Störungen infolge von Impfungen, was auf seine immunologische Wirksamkeit hinweist. Schweißneigung, leichtes Frieren, Tendenz zu Durchfall, häufig Warzenbildung. Nässe und Kälte verschlechtern.

◆ *Tuberculinum*

Tuberculinum als Homöopathicum ist angezeigt, wenn Krankheitserscheinungen der Haut mit Krankheitserscheinungen innerer Organe, wie z.B. der Lunge oder des Darmes, wechseln. Es ist das Mittel der Atemwegserkrankung bei blassen, schmächtigen, blutarmen Personen; ebenso bei Lymphdrüsenschwellungen.

Eiterungen

Es ist nicht selten so, daß bei neurodermitischen Krankheitsbildern phasenweise Eiterungen in Erscheinung treten. Hier spielen homöopathische Arzneien als Funktionsmittel eine große therapeutische Rolle. Erfahrungsgemäß führen antibiotische Behandlungen zu einer reaktiven Verschlechterung des Krankheitsbildes wie auch – neben Symbiosestörungen, Durchfällen, verstärktem Juckreiz – zu weiteren allergisierenden Prozessen.

Lokale Behandlungen sind z.B. Umschläge mit Ringelblumen oder Echinacea-Essenz sowie die Anwendung von ätherischen Ölen. Therapeutisch können zahlreiche homöopathische Arzneimittel verordnet werden, je nach Symptomatik, Konstitution, Funktiotropie und Modalitäten. Häufig sind Antimonium crudum, Carbo vegetabilis, Hepar sulfuris oder Graphites angezeigt. Im Rahmen dieser symptomatischen Behandlungen werden niedrige bis mittlere Potenzen (D 4 - D 12) in häufigerer Dosierung eingesetzt.

◆ *Antimonium crudum*

Eitrige Entzündungen, vor allem des Gesichtes im Wangenbereich, im Mundbereich sowie im Bereich der Gelenkbeugen und der Brustrinne.

◆ *Carbo vegetabilis*

Eiterungen, welche als homöopathisches Mittel Carbo vegetabilis verlangen, sind häufig im Bereich der Arme und Beine anzutreffen, dort, wo auch Venenbeschwerden vorhanden sind. Diese Form der Eiterungen betrifft hauptsächlich Haarbalgentzündungen, kleinere Formen der Abszessbildung und eine gewisse bläuliche Färbung der Entzündungsumgebung. Blähungsbeschwerden, Verlangen nach frischer Luft und Bewegungsbesserung kennzeichnen diese Patienten. Offene Fenster, kühles Raumklima werden bevorzugt.

◆ *Hepar sulfuris*

Hepar sulfuris, die homöopathische Zubereitung des Kalk-Schwefels, fordert für ihren Einsatz eine sehr akute, abszeßbildende Entzündung mit

Lymphknotenschwellung und großer Berührungsempfindlichkeit. Die Sulfur-Komponente fördert die Ausreifung der Abszedierung und somit einen schnelleren Heilungsverlauf. Auch hier sind selbstverständlich konstitutionelle Aspekte der Arzneimittelwahl zu beachten.

◆ *Graphites*

Die Kurzformel für die homöopathische Wahl des Arzneimittels Graphites lautet: Fett, faul, frostig, verstopft! In besonderer Weise zeigen die Graphitsymptome gelbliche Schorfbildungen, wie sie typisch für Staphylokokkeninfektionen der Haut sind.

Juckreiz

Das Symptom *Juckreiz* läßt sich selbstverständlich durch sehr viele Behandlungsmethoden und je nach Ursache beeinflussen: Ernährung, Psychotherapie, Autogenes Training, physikalische Therapie, Bewegung usw. Als homöopathische Mittel kommen – nach meiner Erfahrung – vorzugsweise in Betracht: Apis, Calcium, Dolichos pruriens, Ignatia, Magnesium, Rhustoxicodendron.

◆ *Apis*

Der Einsatz von Apis als Homöopathicum erfordert brennesselartige, quaddelähnliche, juckende Ausschläge, die sich durch kalte Anwendungen bessern. Unruhe, Nervosität, Aufgeregtsein, Bewegungsbesserung sind zusätzliche Kennzeichen des homöopathischen Arzneimittelbildes.

◆ *Calcium carbonicum*

Von Calcium ist die antiallergische, juckreizstillende Wirkung bekannt. Die Arzneimittelwahl erfolgt hauptsächlich nach konstitutionellen Gesichtspunkten. Vermehrte Schweißbildung und Befall der Gelenkbeugen sind wahlanzeigend.

◆ *Dolichos pruriens*

Dieses „kleine" homöopathische Mittel kann bei Juckreiz in niedrigen Potenzen eingesetzt werden. Obwohl dieses Homöopathicum häufig empfohlen wird, ist es nach meiner Erfahrung nicht sehr zuverlässig. Ein Versuch lohnt sich aber allemal. Niedrige Potenzen in häufiger Dosierung sind vorzuziehen.

◆ *Ignatia*

Dieses schöne Homöopathicum wirkt bei Juckreiz insbesondere dann, wenn geistig-seelische Irritationen Ursache für dieses Symptom sind.

◆ *Magnesium carbonicum*

Mag. carb. wirkt krampflösend, beruhigend, juckreizstillend. Es sind häufig Potenzierungen angezeigt.

◆ *Rhus toxicodendron*

Dieses Homöopathicum ist besonders dort wertvoll, wo der Juckreiz durch Bewegung, Kühle und im Rahmen allergischer Erkrankungen auftritt.

Kneipp-Therapie

Geschichtliches

Die *Hydrotherapie*, im Deutschen mit der Bezeichnung *Wasserheilkunde* am ehesten wiederzugeben, hat einen weit zurückreichenden, festen Platz in der Geschichte der Heilkunde in nahezu allen Kulturkreisen.

Im abendländischen Kulturkreis sind die Ursprünge der Hydrotherapie bereits bei Hippokrates zu finden. Eine Wiederbelebung dieser Behandlungsmethode erfolgte durch Paracelsus, Hufeland, Prießnitz und vor allem durch Sebastian Kneipp (1821-1897). Der Pfarrer *Sebastian Kneipp*, 1855 als Seelsorger in das Dominikanerkloster in Bad Wörishofen berufen, formte seine Erfahrungen mit dieser Heilmethode zu einem systematischen und differenzierten Konzept der Wassertherapie. Deshalb ist die Wassertherapie eng mit seinem Namen verknüpft und wird im allgemeinen Sprachgebrauch als *Kneipp-Therapie* bezeichnet. Desgleichen wurde *Bad Wörishofen*, der wesentliche Ort seines Wirkens, durch das Lebenswerk des Pfarrer Kneipp weit über die Grenzen des Allgäus hinaus weltweit bekannt.

Das Wirken des Pfarrers Kneipp lediglich auf die Neuordnung der Wasserheilkunst zu beschränken, würde bedeuten, einen wesentlichen Teil seines Werkes unberücksichtigt zu lassen. Über die Verfeinerung dieser Behandlungsprinzipien zu einem Reiz-Reaktions-Training für Menschen verschiedener Konstitution und unterschiedlicher gesundheitlicher Verfassung erfolgte die Einordnung dieser Behandlungsmethode in ein klassisches Konzept einer umfassenden Ganzheitsbehandlung; dies insbesondere auch deshalb, weil – auch unter der Einbringung seiner Erfahrungen als Seelsorger – die Beachtung psychisch-geistiger Ursachen und Symptome von Krankheiten und Funktionsstörungen neben den somatischen körperlichen Aspekten in das therapeutische Konzept eingefügt wurden.

Ein weiterer wesentlicher Grund für die Bedeutung der Kneippschen Tätigkeit sowie für die noch heute weltweit bestehende Gültigkeit seines Lebenswerkes bestand in der Tatsache, daß er seine Therapieformen der Ärzteschaft näherbringen konnte. Damit war sowohl die Grundlage für eine in den Fortschritt der Medizin integrierte Weiterentwicklung der Hydrotherapie gelegt als auch die dem jeweiligen Stand der Wissenschaft entsprechende Erforschung des Wirkungsprinzipes dieser Behandlungsform.

Nicht zuletzt aus diesem Grunde ist die Kneipp-Therapie auch etwa 100 Jahre nach der ersten weltweiten Veröffentlichung seiner Behandlungsmethoden in seinem Werke *Meine Wasserkur* ein anerkanntes Naturheilverfahren im Rahmen der Vorbeugung, Therapie und Nachsorge chronischer Krankheiten.

Die fünf Säulen der Kneipp-Therapie

Die heutige mißverständliche Gleichsetzung von Keipp-Therapie mit der alleinigen Durchführung von Wasseranwendungen macht nur einen Teil des Kneippschen Therapiekonzeptes aus. Neben der *Hydrotherapie* besteht die Kneipp-Therapie aus vier weiteren Therapieprinzipien, welche in ihrer Wertigkeit dieser annähernd gleichzusetzen sind:

Als erstes ist hier auf die *Diätetik* im Sinne des Setzens von Nahrungsreizen mittels Diäten auf der Grundlage naturgerechter Vollwertkost sowie der Vermeidung von Genußgiften hinzuweisen.

Als weiteres Prinzip ist die *Phytotherapie* in die Kneipp-Therapie integriert. Unter Phytotherapie versteht man das Erzielen von Arzneireizen aus dem Bereich der milden Heilpflanzen zum Ersatz und zur Ergänzung von Drogen mit unerwünschten Nebenwirkungen.

Von gleicher Bedeutung ist die *Bewegungstherapie*; als aktive Form bestehend aus Sport und Gymnastik, als passive Form bestehend in der Anwendung physiotherapeutischer Behandlungsformen.

Das fünfte Therapieprinzip – und wohl durch die seelsorgerische Tätigkeit des Pfarrer Kneipp am meisten geprägte Prinzip der Kneippschen Ganzheitstherapie – ist die *Ordnungstherapie*. Ihr Ziel ist eine natürliche Lebensordnung im Bereich von Körper und Seele durch bewußte, aktive Gesundheitserziehung.

Diese fünf Therapieprinzipien: Hydrotherapie, Diätetik, Phytotherapie, Bewegungstherapie und Ordnungstherapie bilden das in- und miteinander wirkende Konzept der Kneipp-Therapie und werden auch als die *Fünf Säulen der Kneipp-Therapie* bezeichnet.

Ein großer Vorzug der Kneipp-Therapie besteht in der Möglichkeit, wesentliche Elemente der während einer Kur erfahrenen Anwendungen danach im Rahmen des alltäglichen Lebens weiterführen zu können. Dadurch ist eine hervorragende breitgefächerte Behandlungsmethode zur Vorbeugung, zur Behandlung von chronischen Krankheiten und von alltäglichen Befindlichkeitsstörungen über einen längeren Zeitraum gegeben.

Voraussetzung für eine eigenständige Anwendung Kneippscher Behandlungsmethoden ist die ärztliche Beratung über die im konkreten Falle anzuwendenden Maßnahmen unter Berücksichtigung des *Ganzheitsprinzips* im Sinne der fünf Säulen der Kneipp-Therapie.

Darüber hinaus sind hierbei einige grundlegende, in jedem Falle einzuhaltende Regeln zu berücksichtigen.

Kneipp-Regeln

Die wichtigste Kneipp-Regel lautet: Niemals eine kalte Anwendung auf einen fröstelnden Körper oder auf einen kalten Körperteil.

Nach kalten Anwendungen ist der Körper nicht abzutrocknen, sondern man sollte das Wasser nur abstreifen und zur Wiedererwärmung das Bett aufsuchen oder sich warmlaufen, um auf diese Weise durch die Verdunstungskälte einen intensiven Kältereiz hervorzurufen.

Zwischen den einzelnen Anwendungen, auch wenn sie wenig umfangreich und wenig „eingreifend" erscheinen mögen, sollen immer 1-2 Stunden Pause liegen. Desgleichen sollte zwischen zu großen Mahlzeiten oder zu großflächigen Hautbeeinflussungen und dem Schwimmen ein Abstand von mindestens 2 Stunden eingehalten werden.

Nach *warmen Anwendungen* ist eine Ruhephase im Bett dringend notwendig, weshalb Wickel sowie Heusackanwendungen und Packungen nur im Bett durchgeführt werden sollten. Im Rahmen dieser Anwendungen ist auf bestmögliche Ruhe sowie Abschirmung des Patienten von Umgebungsreizen zu achten.

Sämtliche Anwendungen erfordern eine angenehme Raumtemperatur sowie das Vermeiden von Zugluft.

> Bei *kalten Anwendungen* ist darauf zu achten, daß die Schmerzschwelle nicht gewaltsam überschritten wird; sollte sich auf eine Kaltanwendung nicht die erwünschte Erwärmung einstellen, muß eine ärztliche Konsultation erfolgen.

Zu empfehlen ist weiterhin eine gesundheitsfördernde, nicht zu eng sitzende Kleidung, während synthetische Stoffe, die in direktem Kontakt mit der Haut stehen, vermieden werden sollten.

Wirkungen

Zum Verständnis der Wirkung der Kneippschen Therapieprinzipien hat ihre Erforschung durch moderne Methoden der medizinischen Diagnostik sowie der Einsatz moderner Meßmethoden wesentlich beigetragen. Ein wesentliches bei diesen wissenschaftlichen Untersuchungen zutage getretenes Phänomen ist die sogenannte *konsensuelle Reaktion*. Hierunter versteht man, daß an bestimmten Hautsegmenten angewandte kalte Reize auch in unbehandelten, entfernt vom Ort der Reizeinwirkung liegenden Körperpartien Reaktionen auslösen. Dies gilt ebenso für Organe, die bestimmten Hautsegmenten (*Headsche Zonen*) zugeordnet sind.

Mit dieser Erkenntnis war der Nachweis erbracht, daß die einwirkenden Reize über das zentrale Nervensystem erfaßt und bestimmten Organsystemen in ihrer Wirksamkeit zugeordnet werden. Dies bedeutet eine Ganzheitswirkung von nur lokal gesetzten Reizen und somit die Wirkung lokaler Anwendungen auf den gesamten Organismus.

Anwendungsgebiete

Wesentliche weiterführende Forschungen, welche insbesondere im *Sebastian Kneipp-Forschungsinstitut* in Bad Wörishofen durchgeführt werden, beschäftigen sich derzeit mit den Einflüssen der Kneipp-Therapie auf die Rheologie bzw. auf die Fließeigenschaften des Blutes in den Gefäßen. Die zu erwartenden Ergebnisse dürften in erster Linie hinsichtlich der Verhütung von Erkrankungen des Herz-Kreislauf-Systems von Bedeutung seien, insbesondere im Blick auf die Vorbeugung von Herzinfarkt und Schlaganfall, zwei der großen Volkskrankheiten unserer Zeit: Die Tatsache vom grundsätzlichen Zusammenhang dieser Erkrankungen mit den Fließeigenschaften des Blutes und somit auch mit den Veränderungen der Gefäße ist hinlänglich bekannt. Aus diesem Grunde wird derzeit zur Verbesserung der Fließeigenschaften des Blutes eine intensive, kostspielige und – aufgrund der Nebenwirkungen der dabei eingesetzten Medikamente – risikoreiche Dauertherapie befürwortet. Nicht zuletzt im Rahmen dieser Erkenntnisse kam es zu einer Wiederentdeckung der Acetylsalicysäure. Sollten die obengenannten Forschungen zu den entsprechenden Ergebnissen führen, würde dies eine weitere Aufwertung eines anerkannten therapeutischen Prinzips der Erfahrungsmedizin infolge des wissenschaftlichen Nachweises der empirisch bereits bekannten Wirkungen zur Folge haben.

Ein weiteres wesentliches Anwendungsgebiet der Kneipp-Therapie in ihrer heutigen Form ist die Prophylaxe (Vorbeugung) von Erkältungskrankheiten durch Anregung des Immunsystems, was im allgemeinen Sprachgebrauch mit dem Begriff *Abhärtung* bezeichnet wird.

Ein ebenfalls wesentlicher Anwendungsbereich ist die Vorsorge von Erkrankungen des Herz-Kreislauf-Systems und im Rahmen dessen auch die des Herzinfarktes, wobei kreislaufanregende sowie blutdrucksenkende Anwendungen und die Ernährungstherapie – sich einander ergänzend und in ihren Wirkungen verstärkend – gemäß dem Ganzheitsprinzip der Kneipp-Therapie zusammenwirken.

Nahezu sämtliche Kneippschen Kaltanwendungen sind in hervorragender Weise der Vorbeugung des Bluthochdrucks, einer der bedeutsamsten „Seuchen“ unserer Zeit, förderlich. Zu beachten ist hierbei auch, dies sei hier nur am Rande bemerkt, der immense Kostenaufwand, mit dem die konventionelle Medizin diese Krankheit mit nur mäßigem Erfolg einzudämmen versucht. Auch im Hinblick auf die Prophylaxe des Bluthochdrucks ist neben den Kälteanwendungen die Beachtung der Prinzipien der Diätetik und hier auch insbesondere der Ordnungstherapie bedeutsam.

Weitere Anwendungsgebiete der Kneipp-Therapie sind die Behandlung von Neurodermitis und anderen dermatologischen Erkrankungen, von Allergien, Erkrankungen aus dem Bereich der Frauenheilkunde, gefäßbedingten Kopfschmerzen, Erkrankungen des Magen-Darm-Traktes, von chronischer Bronchitis, Rückenschmerzen und Schlafstörungen. Eines der wichtigsten Ziele der Kneipp-Therapie bei diesen Erkrankungen besteht im Ausgleich vegetativer Funktionsstörungen.

Die Durchführung von Kneipp-Anwendungen im häuslichen Bereich sind mit geringem Aufwand und geringen Kosten durchführbar. Wesentliche Utensilien sind hierzu ein 3/4-Zoll-Gummischlauch von 1,2-1,5 m Länge, der an jeder Duscharmatur anzubringen ist. Des weiteren werden zwei Fußbadewannen aus Plastik zur Durchführung von Fußwechselbädern benötigt. Zu empfehlen ist weiterhin ein Lattenrost aus Holz für Badewanne oder Duschkabine, damit die Füße nach Kaltanwendungen nicht einer Dauerunterkühlung ausgesetzt sind. Weiterhin ist die Anschaffung einer Naturfaserbürste sowie entsprechender Sätze für Hals-, Brust- und Wadenwickel zu empfehlen.

Güsse

Ein wesentlicher Bestandteil der hydrotherapeutischen Anwendungen sind die Güsse, deren Besonderheit darin besteht, daß sie ein breites Anwendungsspektrum ermöglichen. Zum einen ist die Beschränkung auf einzelne Körperabschnitte möglich, zum anderen eine Variation der Temperatur (kalt, temperiert, heiß, wechselwarm), desgleichen eine unterschiedliche Dauer sowie ein Variieren des angewandten hydrostatischen Druckes. Hierdurch ist eine jeweils der Empfindlichkeit des Patienten angepaßte Behandlung möglich, übergehend von der milderen, langsamen zur kräftigeren Anwendung.

Der normale *Kneipp-Guß* wird mit einem zusammenhängenden Strahl bei geringem Wasserdruck so durchgeführt, daß der begossene Körperabschnitt bzw. der ganze Körper mantelförmig umspült wird. Jedes Abspritzen ist zu vermeiden. Entscheidend hinsichtlich der Reizwirkung und somit der darauffolgenden Reaktion ist die Differenz der Wassertemperatur zur Körpertemperatur. Güsse sollten unter Berücksichtigung der Verträglichkeit so kalt und so heiß wie möglich durchgeführt werden.

Bei *Teilgüssen* entkleidet man lediglich den zu begießenden Körperteil. Sinnvoll ist das Beginnen mit kleineren Güssen (Knieguß, Schenkelguß, Arm-Schultergüsse). Im allgemeinen gilt das *Prinzip des Einschleichens* sowohl hinsichtlich des Umfangs der Anwendung als auch der Reizerzielung.

Eine Wirkungssteigerung gegenüber den normalen Güssen ist den *Wechselgüssen* zueigen. Sie bedeuten die jeweils in einem Rhythmus von ca. 8-10 Sekunden wechselnde Behandlung bestimmter Körperteile mit heißen (39°-43°C) und kalten (8°-10°C) Güssen. In der Regel wird der Wechsel zweimal durchgeführt. Um eine kräftigere Einwirkung zu erzielen, kann der Wechselguß jedoch auch bis zu viermal durchgeführt werden. Wechselgüsse sind insbesondere angezeigt bei Patienten mit schlechter Reaktion und großer Körperempfindlichkeit.

Temperaturansteigende Bäder

Von wesentlicher Bedeutung ist weiterhin die Durchführung temperaturansteigender Bäder, insbesondere des *temperaturansteigenden Armbades.* Hierzu benötigt man eine Armwanne, in die man die Arme bis etwa zur Mitte der Oberarme eintauchen kann. Das Bad beginnt mit einer Anfangstemperatur von 34°-36°C und steigert die Temperatur langsam (20-30 min) auf 42°-45°C. Die Wirkung des ansteigenden Armbades besteht zunächst in einer allgemeinen Erwärmung, gelegentlich etwas Herzklopfen und später (meist im letzten Drittel des Bades) im Auftreten eines Schweißausbruches. Danach nimmt man die Arme aus der Wanne, trocknet sie ab und packt sie ebenso warm ein wie den übrigen Körper. Nach ca. 15-20 min entfernt man die Tücher, frottiert den ganzen Körper gut ab und hält noch eine halbe bis eine Stunde Ruhe.

Bei Menschen mit normalem Blutdruck wirken die ansteigenden Armbäder leicht blutdrucksenkend. Bei Kranken mit hohem Blutdruck tritt jedoch – ohne Kollapsgefahr – eine erhebliche Blutdrucksenkung ein. Der Effekt tritt nicht ein bei einer Sklerose der Nierengefäße.

Ein weiteres wesentliches Element ist die schlaffördernde Wirkung der ansteigenden Armbäder, weshalb man diese am besten nachmittags appliziert. Darüber hinaus sind günstige Wirkungen bei Kopfdruck, Druck auf der Brust, Herzklopfen, Extrasystolen, asthmatischen Beschwerden sowie bei chronisch kalten Füßen zu erwarten. Weiterhin wird über eine krampflösende Wirkung bei Angina pectoris und stenokardischen Beschwerden berichtet.

Nicht anwenden im akuten Stadium der Neurodermitis!

Abreibungen – Bürstungen – Waschungen

Weitere verbreitete Kneippsche Anwendungen sind Abreibungen und Bürstungen sowie Waschungen. Abreibungen und Bürstungen sind nicht den Bädern zuzuordnen. Es handelt sich hierbei um eine Hautmassage, die man stets mit einer nicht zu weichen, trockenen Badebürste ausführt. Anstelle der Bürste kann auch ein Massagehandschuh oder ein rauhes Massagetuch zur Anwendung kommen.

Sinn und Zweck dieser Anwendungen ist die Erwärmung infolge einer verbesserten Durchblutung der Haut; eine beim gesunden Menschen sehr schnell und fühlbar eintretende Wirkung. Zeichen einer voll eingetretenen Wirkung ist das Auftreten einer starken Rötung als Zeichen der Durchblutungssteigerung. Eine regelrecht ausgeführte Bürstenmassage vertreibt die

Müdigkeit und führt zu einem Gefühl gesteigerter Körperfrische und Leistungsfreude. Hierbei wird die Ausschüttung eines histaminähnlichen Stoffes diskutiert.

Angezeigt ist die Bürstenmassage bei Herzstörungen funktioneller und nervöser Art sowie bei Kraftlosigkeit.

Bei Neurodermitis nur an Körperteilen mit gesunder Haut zur vegetativen Umstimmung z.B. bei kalten Füßen.

Luftbäder

Die Luft stellt ebenfalls ein physikalisch-chemisches Heilmittel dar und kann somit von der Haut, also von der Körperdecke aus, auch im Sinne einer Umstimmung auf die inneren Organe einwirken. Im Gegensatz zu dem relativ starken Hautreiz des kalten Wassers übt die Luft eine verhältnismäßig milde, auch für nervöse und leicht reizbare Menschen bekömmliche Wirkung aus. Diese Wirkung wird durch die Anwendung von Luftbädern genutzt; die besten Ergebnisse erzielt man bei weitgehend unbedeckter Haut.

Bei jedem Luftbad ist auf ausreichende Körperwärme zu achten, wobei die Sonneneinwirkung in dieser Hinsicht als äußerst positiv anzusehen ist, zumal ihre Wirkungen den Luftreiz verstärken und ergänzen. Besonders zu empfehlen ist das tägliche Luftbad als Heilmittel bei nervöser und vegetativer Übererregbarkeit sowie bei Schlaflosigkeit.

Wassertreten

Eine der bekanntesten Kneippschen Kurmaßnahmen ist das Wassertreten. Die Anwendungsmöglichkeiten sind vielfältig. Möglich ist eine eigens dafür angelegte Wassertretstelle, ein Bach, der Strand sowie die häusliche Badewanne. Von großer Bedeutung ist dabei, in wadenhohem Wasser stapfen zu können. Mit knöcheltiefem Wasser sollte man sich nur im Ausnahmefall begnügen. Der zeitliche Umfang dieser Anwendungen sollte anfangs eine viertel Minute betragen und bis auf drei Minuten gesteigert werden. Wesentlich ist hierbei das ständige Heben und Senken der Füße, da hierdurch die Beine sowie ihre Blutgefäße rhythmisch dem Kältereiz sowie dem Druck des Wassers unterliegen. Das Wassertreten führt zu einer guten Abhärtung, zu einer Verlagerung des Blutes vom Kopf in die Beine, zu einer Verbesserung der Atmung und zu einer erhöhten Kreislaufleistung.

Taulaufen

Eine Behandlungsmaßnahme mit ähnlichen Anwendungsgebieten ist das Taulaufen, wobei man mit nackten Füßen frühmorgens 3-5 Minuten, später bis zu 15 Minuten, in taufrischem Gras umhergeht. Danach sollen ohne vorheriges Abtrocknen der Füße trockene, möglichst wollene Strümpfe und Sandalen angezogen werden. Anschließend geht man auf trockenen Wegen solange weiter, bis die Füße trocken und intensiv erwärmt sind. Der hierfür erforderliche Zeitraum beträgt ca. 10 Minuten. Entscheidend für die Wirkung ist die entstehende Wärmereaktion nach Beendigung des Taulaufens.

Zusammenfassend ist festzuhalten, daß durch die Verfeinerung und Systematisierung der bereits im Altertum bekannten Hydrotherapie sowie durch ihre Integration in ein ganzheitstherapeutisches Prinzip, bestehend aus den fünf Säulen der Kneipp-Therapie, durch Pfarrer Sebastian Kneipp eine auch heute noch wertvolle und einfach zu handhabende Heilmethode geschaffen wurde, deren Wertigkeit auch in der modernen medizinischen Entwicklung unbestritten ist.

Wickel

Wickel, Auflagen, Kompressen, Peloide, Kataplasmen

„Wickel sind eine Möglichkeit, einfache gesundheitliche Störungen auf natürliche Weise durchzustehen: Auf einfache Weise zu gesunden!“ wie Maya Thüler sagt.

Unter einem *Wickel* versteht man das Einhüllen eines Körperteils in Tücher. Das innerste der 2-3 Tücher wird mit der Wickellösung getränkt oder mit dem Wickelzusatz bestrichen. Je nach behandeltem Körperteil spricht man von einem „Fuß-, Waden- oder z.B. von einem Bauchwickel“ und je nach verwendetem Zusatz z.B. von einem „Senf- oder Kamillen-Wickel“.

Bei *Umschlägen, Kompressen* oder *Auflagen* werden die Tücher im Gegensatz zum umhüllenden Wickel nur aufgelegt. Als *Kataplasmen* bezeichnet man Breiumschläge (z.B. aus Leinsamen, Senf). Der Ausdruck *Peloide* kommt aus dem Griechischen und bedeutet nichts anderes als Schlamm, sinngemäß in der medizinischen Verwendung „Heilschlamm“.

Wie wirken Wickel?

Wickel wirken durch die Beeinflussung der Durchblutung und durch die sog. *ausleitende Wirkung*. Es erfolgt eine Entspannung des gesamten Körpers und die Zuwendung durch die pflegende Person tut uns wohl. Zusätzlich haben die verschiedenen Wickelzusätze noch ganz spezielle Wirkungen, auf welche später näher eingegangen werden wird.

Jeder Wickel beeinflußt die Durchblutung. Gute Durchblutung ist gleichbedeutend mit einer guten „Ernährung" des Gewebes, da das Blut Sauerstoff, Nähr- und Abwehrstoffe transportiert. Bei heißen oder warmen Wickeln erfolgt durch die zugeführte Wärme eine Erweiterung der Gefäße, bei kalten Wickeln erfolgt die nachfolgende Gefäßerweiterung und Durchblutungssteigerung durch den Kältereiz. Feuchte Haut leitet diese Temperaturreize sehr viel besser als trockene; nicht nur die Haut und die unmittelbar darunter liegenden Gefäße werden besser durchblutet. Durch nervös-reflektorische Bahnen überträgt sich die Wärmewirkung auch auf tieferliegende Organe, wobei bestimmte Hautzonen an der Körperoberfläche über die Nervenleitungen im Rückenmark ganz bestimmten Organen zugeordnet sind (im Fachjargon spricht man von Headschen Zonen). So kommt es durch Anwendung eines heißen Wickels zur besseren Blutversorgung innerer Organe, was für Heilung und Gesunderhaltung eine große Rolle spielt.

Unter der ausleitenden Wirkung eines Wickels versteht man die Anregung der Ausscheidungsfuntionen der Haut über Wärme und nachfolgende Schweißproduktion. Durch das Schwitzen wird es dem Körper ermöglicht, nicht nur Wasser und Salz, sondern zusätzlich viele Stoffwechselprodukte nach außen abzugeben.

Die spezifische Wirkung der Zusatzsubstanzen ist in ihrer komplexen Wirkungsweise wissenschaftlich nicht exakt faßbar. Viele Wirkungen werden mit der intensiven Hautreizung, z.B. beim Senfwickel, und der dadurch erfolgenden Durchblutungssteigerung erklärt. Kamille wirkt bekanntlich entzündungshemmend, andere Zusätze wie Zinnkraut und Eichenrinde gerbend und zusammenziehend (adstringierend).

Die beruhigende, entspannungsfördernde Wirkung beruht auf dem Wärmegefühl, das verspannte Muskeln entkrampfen läßt; man spürt eine Vertiefung der Atmung und eine wohlige Ruhe.

Die meisten Wickel können, wenn sie vorbeugend Anwendung finden sollen und die eigene Gesundheit es ermöglicht, auch selbst angelegt werden. Selbstverständlich trägt eine positive, ruhige Atmosphäre und die Zuwendung, die mit dem Verabreichen eines Wickels verbunden ist, zur ganzheitlichen Wirkung, zu einer Harmonisierung von Körper, Seele und Geist bei.

Anwendungsweise

Zur Schilderung der Anwendungsweise sind zunächst Material und Anwendungstechnik wichtig.

◆ *Material:*

Als Materialien sind beim warmen Wickel zunächst ein Innentuch aus Baumwolle oder Leinen und ein Außentuch aus Wolle, das die Flüssigkeit durchläßt und selbst warm bleibt, zu empfehlen. (Bitte kein synthetisches Material verwenden, da Plastik und Kunststoffe die Wärme- und Feuchtigkeitsabgabe behindert.)

Auch für kalte Wickel eignen sich zwei Wickeltücher. Soll das Außentuch vor verschmutzenden Zusätzen geschützt werden, empfiehlt sich ein Zwischentuch. Dieses soll dann 6-8 cm breiter als das Innentuch sein. Das Außentuch (Wolltuch) wird kleiner gewählt, damit es nicht durch die Schweißabsonderung verunreinigt wird. Die speziellen Wickelzusätze sind, wenn sie nicht ohnehin in Haushalt oder Hausapotheke vorhanden sind, in Apotheke, Drogerie oder, wie z.B. bei Zwiebel und Meerrettich, im Gemüseladen erhältlich.

◆ *Anwendungstechnik:*

Ein Wickel soll faltenfrei und rasch, jedoch ohne Hast aufgelegt werden. Dazu gehört, daß Material und zu behandelnde Personen gut vorbereitet sind. Besonders bei heißen Wickeln ist vorher eine Verträglichkeitsprobe auf der Haut durchzuführen. (So heiß wie möglich und verträglich.) Zur Vorbereitung gehört auch, daß das Wolltuch von beiden Seiten aufgerollt und unter den Rücken der zu behandelnden Person gelegt wird. Ein Frottiertuch über ein Wasserbecken legen und ein von beiden Seiten aufgerolltes Innentuch darauf: Nun kann die Auflage mit der gewählten, fast kochenden Wickellösung übergossen werden. Das Frottiertuch nun um das vorbereitete Auflagetuch wickeln, an den Enden anfassen (sonst wird es meist zu heiß!) und auswringen so trocken es geht!

So wird das nun noch ins Frottiertuch gewickelte Innentuch zum Bett gebracht. Mit dem heißen Tuch den Rücken betupfen und die Wärmeverträglichkeit prüfen. Das heiße Tuch hinter der Person ablegen, die sich vorsichtig darauflegen soll. Von beiden Seiten her wird das Innentuch anschließend auf den Bauch gerollt und das Wolltuch enganziehend darüber gelegt. Die Tuchenden sind dann unter den Körper zu stecken. Dann werden 1-2 nur wenig gefüllte Wärmflaschen seitlich angebracht, um die Wärme über 35 Minuten zu halten. Vor dem Abkühlen soll der Behandelte ausgewickelt werden und noch mindestens eine halbe Stunde ruhen. Der „Gutgewickelte" schläft eventuell ein und die Tücher trocknen dann einfach am Körper.

Wickel können grundsätzlich zu jeder Tageszeit verabreicht werden. Günstig für beruhigende Wickel sind naturgemäß die Abendstunden. Nach größeren Mahlzeiten eignen sich eher die verdauungsfördernden Leberwickel. Ansonsten gilt, daß sich das Anlegen des Wickels ohne Hast und Eile in den individuellen Zeitplan einbauen läßt. Die Pflegeperson soll für gute Lüftung und warme Temperaturverhältnisse sorgen, jedoch auch den Patienten nach seinen speziellen Wünschen bequem lagern und die Zeit während des Wickels durch aufmerksame, jedoch unaufdringliche Anwesenheit zu einer ungestörten Zeit der inneren Sammlung werden lassen. Die Einwirkungsdauer wird je nach gewähltem Wickel unterschiedlich sein. Für heiße Bauchwickel sind z.B. mindestens 15 Minuten, für hautreizende Zusätze bei Erstanwendung ca. 3 Minuten anzusetzen.

Der Wickel wird nach der vorgegebenen Zeit rasch entfernt oder bei Wohlbefinden während der Ruhezeit belassen. Eventuell soll nach der Entfernung des Wickels eine kalte Abwaschung erfolgen. Nach dem Wickel soll auf jeden Fall genügend Zeit zur Nachruhe verbleiben, um das Gleichgewicht Körper, Seele und Geist zu festigen. Danach kann nochmals eine feuchtkalte Abwaschung und die gewohnte Körperpflege mit öligen pflegenden Zusätzen erfolgen.

Die verwendeten Wickelzusätze gehören in den Abfall! Zur Kompostierung nach entzündlichen Erkrankungen und als Tierfutter sind sie wegen möglicherweise giftiger Stoffwechselprodukte oder bakterieller Besiedlung nicht geeignet. Die Innentücher sollten auskochbar sein, für das Wolltuch genügt das Trocknen an der Luft.

Wann eignen sich heiße und wann kalte Wickel?

Jeder Mensch reagiert auf Wärme und Kälte verschieden. Deshalb sollte immer das persönliche Bedürfnis, das instinktive Verlangen des Patienten berücksichtigt werden. Aus der beobachtenden Erfahrung ergeben sich jedoch folgende Richtlinien: Bei akuten Schmerzen und Entzündungen wirkt Kälte schmerzlindernd und abschwellend (verhindert die Ansammlung entzündungsbedingter Gewebsflüssigkeit). Z.B. erfolgt Kältebehandlung bei akuten Gelenkschmerzen, bei Hexenschuß, bei Verstauchungen, oberflächlichen Haut- und Venenentzündungen und auch bei Halsweh. Dagegen wird man bei Stirn- und Kieferhöhlenentzündungen, Ohrenentzündungen, Bronchitis, bei Blasen- und Nierenerkrankungen eher die Wärmebehandlung einsetzen. Ebenfalls gilt dies für chronische Gelenkserkrankungen und Rückenschmerzen. Ob eine Kälte- oder Wärmebehandlung als besser wirksam eingestuft werden kann, mag mit der aufgelegten Hand an der Schmerzstelle erspürt werden. Gibt die aufgelegte kalte oder warme Hand eine angenehmere Empfindung?

Heiße Wickel und Kompressen

Ein heißer Bauchwickel kann mit Wasser, Salzwasser (1 l Wasser/2 EL Meer- oder Kochsalz) oder Kamillentee (1 EL erstklassige Kamillenblüten mit 1 l kochendem Wasser übergießen, nach 5-10 Minuten Ziehen abgießen) bereitet werden.

Infolge seiner entspannenden, schmerzlindernden Wirkung ist der Anwendungsbereich breit gefächert und erstreckt sich über Krämpfe im Magen-Darmbereich (inklusive Menstruationsschmerzen), Blähungen, Anspannungen im Bauch, träge Verdauung – über Schlafstörungen, Nervosität und Streß – bis zu Leber- und Nierenerkrankungen (dann allerdings in Absprache mit dem behandelnden Arzt). Der Kamillenzusatz wirkt leicht beruhigend, Salzwasser intensiviert die Durchblutung, wirkt reinigend und entwässernd (Anwendungstechnik s.o.)

Ein heißer Brustwickel ist z.B. bei Mandelentzündung, Husten oder Bronchitis und bei Lungenentzündungen – in Absprache mit dem behandelnden Arzt – zu empfehlen. Als Zusatz eignet sich z.B. ungespritzte Zitrone (3/4 l kochendheißes Wasser wird in eine Schüssel gegeben und eine halbe Zitrone wird unter Zuhilfenahme einer Gabel unter Wasser geritzt – damit keine ätherischen Öle verloren gehen – und ausgequetscht. Zum Befestigen des Wickels eignen sich als Außenauflage große Halstücher oder auch T-Shirts und darüber Wollpullover. Als Innentuch sollte allerdings Baumwolle oder Leinen vorhanden sein. Bei der Befestigung der Brustwickel sind der Phantasie keine Grenzen gesetzt.

Zitrone wirkt „zusammenziehend" und unterstützt das Abschwellen entzündeter Gewebsstrukturen. Die Einwirkungsdauer kann hier, wenn rasches Abkühlen und Zugluft ausgeschlossen werden, eine halbe bis Dreiviertelstunde betragen. Als Kneippsche Anwendung beugt der Brustwickel chronischen Entzündungen der Atemwege vor. Als Vorbeugung kann die Anwendung von leitungskaltem Wasser, als Wickelzusatz evtl. auch Essig (1/2 l Essig auf 2-3 l Wasser) oder Salzzusatz (1 EL auf 1 l Wasser) oder jeglicher kalter Kräuterabsud (z.B. Kamille) empfohlen werden.

Wie schon erwähnt, sind Kompressen einfacher in der Handhabung als Wickel; z.B. die Dampfkompresse (mit kochendheißem Wasser zubereitet) verspricht Linderung bei Nacken- und Schulterverspannungen, bei Rückenschmerzen und als Bauchkompresse bei krampfartigen Beschwerden im Bauchbereich. Als Leberkompresse kann Schafgarbe als Zusatz angewendet werden. Diese verstärkt die krampflösende Wirkung der feuchten Wärme und hat speziell auf die tieferliegenden Organe eine durchblutungsfördernde Wirkung. (1 geh. Teel. Schafgarbe mit 1/2 l kochendem Wasser übergießen, 3-5 Minuten ziehen lassen, jedoch nicht kochen).

Vorbeugende Wirkung ist zu erwarten nach schweren Mahlzeiten, zur Unterstützung der Entgiftungsfunktion der Leber und zur Aktivierung der Verdauung. Am günstigsten wird die Leberkompresse nach der Mahlzeit angelegt (bei Lebererkrankungen ist wiederum die Rücksprache mit dem behandelnden Arzt erforderlich).

Kalte Wickel und Auflagen

Kalte Wickel finden ihren Anwendungsbereich bei akuten Entzündungen, bei Fieber, Verstauchungen, Quetschungen, Prellungen und zur Blutstillung.

Vorsicht ist geboten bei alten, geschwächten Menschen, auch bei gelähmten Körperteilen, bei Empfindungsstörungen und Geweben mit gestörter Durchblutung.

Der fiebersenkende Wadenwickel sollte trotz chemisch wirksamer Mittel als Begleittherapie nicht in Vergessenheit geraten. Ein kalter Wickel entzieht dem Körper Wärme. Dies ist jedoch nur möglich, wenn die Kälte anhaltend ist. Daher sind die Wadenwickel, um eine Wirkung zu gewährleisten, innerhalb der ersten Stunde alle 8-10 Min. zu wechseln. Eine schnelle Absenkung, d.h. mehr als 1° C pro Wechsel, sollte jedoch nicht erfolgen; ebenso sollte bei hohem Fieber das Wasser zunächst temperiert sein (auf ca. 30° C), um keine Schockwirkung zu erzielen. Danach kann kaltes Leitungswasser verwendet werden.

Als Zusätze eignen sich Essig- oder Zitronensaft. Ist der fiebernde Körper kalt (Hände, Füße), so ist die Zirkulation gestört und es muß zunächst eine Aufwärmung vor der Kälteanwendung erfolgen.

Als Material sind zwei Baumwoll- oder Leinentücher geeignet, die vom Fußgelenk bis zur Kniekehle beidseits angelegt werden. Darüber können zur Befestigung ein Paar Baumwollsocken oder darüberliegende Wollsocken verwendet werden, die dann noch mit Frotteetüchern (um die Unterlage zu schonen), umwickelt werden.

Fieber ist zunächst eine Heilmaßnahme der Natur. Der Körper setzt sich mit eindringenden Bakterien, Viren oder Fremdkörpern auseinander. Solange sich der Patient wohlfühlt, sollten diese Abwehrmaßnahmen und die vom Körper diktierten Ruhephasen respektiert werden. Anhaltendes Fieber über

39° C sollte man jedoch wegen seiner Nebenwirkungen auf den Kreislauf absenken.

> Bei Personen mit anderen Krankheitsrisiken (Schüttelfrost, Durchfall, Schmerzen, Asthma, Neigung zu Fieberkrämpfen) sollte unbedingt der Arzt zu Rate gezogen werden.

Der *Eiswickel* eignet sich bei Hautentzündungen leichteren Grades, auch z.B. bei Sonnenbrand. Es handelt sich hierbei um eine feuchte Kälteanwendung. Eiswürfel werden zerkleinert und in ein Stoffsäckchen gefüllt. Dieses wird mit genügend Stoff umwickelt, um das Schmelzwasser aufzufangen, und mit einem Tuch um den zu behandelnden Körperteil fixiert. Diese Behandlung kann ca. 5-30 Min. erfolgen.

Der *kalte Wickel* mit Ringelblumen- oder Arnikazusatz wirkt schmerzlindernd und trägt zur Regenerierung des Gewebes bei. Anwendung findet er bei nässender Hautentzündung, Verstauchungen, Zerrungen, Quetschungen, Blutergüssen, oberflächlichen Venenentzündungen, Schwellungen nach Insektenstichen, aber auch bei nervösen Herzbeschwerden! Vor allem bei den oben genannten Beschwerden an den Beinen, verbunden mit Hochlagerung, kommt es zu einer Engerstellung der Gefäße; dem Anschwellen entzündeten Gewebes wird damit entgegengewirkt.

Der *Lendenwickel* nach Pfarrer Kneipp dient zur allgemeinen Gesunderhaltung, hilft die Nachwehen üppiger Mahlzeiten zu verhindern, normalisiert die Ausscheidungsfunktion und wirkt beruhigend bei Nervosität und Streß. Außerdem ist er zur Beseitigung von Schlafstörungen dienlich. Insgesamt fördert er die Ausscheidung von Stoffwechselabbauprodukten durch die Haut.

Der Lendenwickel reicht vom Oberbauch bis zur Mitte der Oberschenkel. Nach der Kneippschen Methode werden 3 Wickeltücher verwendet, das innerste Leinentuch in einem Becken mit leitungskaltem Wasser (10-18°C) – wahlweise auch in Kräuterabsud oder mit Essigzusatz – getränkt und direkt auf den Körper aufgelegt. Darüber wird das etwas breitere Baumwolltuch gewickelt. Zum Warmhalten folgt das wiederum etwas kleiner bemessene Wolltuch, das nicht durch Körperschweiß verschmutzt werden soll. In dieser „Packung“ ist die Verweildauer ruhig mit 45 Minuten bis 1 1/2 Stunden anzusetzen. Nach Abtrocknen der verbliebenen Schweißreste erfolgt noch ein sog. „Nachdünsten“.

Peloide und Kataplasmen

Zahlreiche Hilfsmittel für wohltuende Wickel und Auflagen sind in der Molkerei bzw. im Gemüseladen erhältlich. Hier einige Beispiele:

Magerquark oder *Yoghurt* leitet durch einen Milchsäureprozeß die Ausleitung von Entzündungsstoffen ein. Er wird 0,5-1 cm dick auf eine Kompresse gestrichen und bei akuten Entzündungen nach 20 Min. – bei chronischen Entzündungen auch länger – abgenommen. Anwendungsgebiete sind Akne (1-2 x wöchentlich aufs Gesicht auftragen; wenn Eintrocknung erfolgt, abwaschen), Entzündungen von Gelenken, Sehnenscheiden- und Venenentzündungen (hier erfolgt die Auflage als Kompresse), Kopfweh (Anwendung als Stirnkompresse), Insektenstiche oder auch Brustdrüsenentzündungen bei stillenden Müttern. Auch bei Halsweh und Heiserkeit wirkt eine kalte Quarkkompresse, z.B. im Anschluß an ein warmes Bad und von Ohr zu Ohr angelegt, ausgezeichnet.

Kohl wurde schon bei den alten Griechen und Römern zu Heilzwecken verwendet und ist ein ausgezeichnetes, über die Haut wirkendes Reinigungsmittel. Kohl fördert die Sekretion von Giftstoffen, wirkt desinfizierend und zumeist schmerzlindernd, kann jedoch auch durch die Sekretionsanregung vorübergehend größere Schmerzen hervorrufen, um dann die Heilung einzuleiten. Zur medizinischen Anwendung eignet sich am besten die Sorte Wirsing, auch Welschkohl genannt (Weißkohl ist nicht für die Wickeltechnik geeignet).

Die einzelnen Blätter des Wirsings werden zunächst von den gröbsten Rispen (die bei der Auflage stören könnten) befreit und mit einer Flasche (oder falls eine Warmauflage gewünscht, mit einem Bügeleisen) gequetscht. Dann werden die Blätter dachziegelartig auf die gewünschten Körperstellen aufgelegt; so kann die Flüssigkeit besser abfließen. Eventuell sind Zwischentücher zum Aufsaugen der Flüssigkeit nötig.

Die Einwirkungsdauer kann 1-12 Stunden betragen und ist bei akuten Erkrankungen dann beendet, wenn der schlechte Geruch, der infolge der durch den Wickel hervorgerufenen Ausscheidungsprodukte zustande kommt, den Abbruch der Anwendung nahelegt. Empfohlen wird die Anwendung bei Gelenkschmerzen, bei Gicht, bei sog. „offenen Beinen“ infolge venöser Durchblutungsstörungen und bei Quetschungen. Zusätzlich kann die Anwendung bei Ohrenweh, Halsentzündung und bei Abszessen, welche nach außen abgeleitet werden können, erfolgen (dann jedoch nur nach Rücksprache mit dem Arzt).

Kartoffeln sind preiswerte, gute Wärmeträger. Sie lindern Husten, wirken schleimlösend bei Bronchitis und haben zudem eine wassertreibende Wirkung. Die Kartoffel eignet sich überall dort, wo Wärme zugeführt und gleichzeitig die Ausscheidung angeregt werden soll, ausgezeichnet auch zur vorbeugenden Anwendung bei Organen, die immer wieder eine Krankheitsanfälligkeit zeigen. Speziell empfohlen werden kann die Kartoffelauflage oder der Kartoffelwickel bei Verspannungen im Schulter-Nackenbereich, bei Schmerzen im Rücken, bei abnützungsbedingten Gelenkerkrankungen und bei immer wiederkehrenden Nierenbecken- und Blasenentzündungen.

Hierzu benötigt man ca. 4-6 Kartoffeln, die nach der üblichen Methode gekocht werden und nach einer Abkühlungsphase (Wärmeprobe), in ein Innentuch verpackt, auf den zu behandelnden Körperteil aufgelegt werden. Die Wärme wird sehr lang gehalten, wenn die behandelte Person *auf* dem zu behandelnden Körperteil liegt; ansonsten sollte zusätzlich eine Wärmflasche auf das Außentuch mit aufgelegt werden. Der Wickel oder die Auflage verbleibt, solange ein wohliges Wärmegefühl verspürt wird. Sehr wichtig ist auch hier das Nachruhen.

Lehm- oder Heilerde enthält viel Kieselsäure in Form von Silikaten und ein Gemisch aus verschiedenen Mineralien. Lehm entzieht dem Körper Hitze und Flüssigkeit, wirkt außerdem desinfizierend und entfettend und beseitigt schlechten Geruch. Lehm allein oder in Kombination mit pflanzlichen Stoffen hat einen sehr breiten Anwendungsbereich. Empfohlen werden kann die heiß oder körperwarm aufgelegte Kompresse bei Nasennebenhöhlenentzündungen, bei Sehnenscheiden- oder Schleimbeutelentzündungen, bei Insektenstichen, bei oberflächlichen Venenentzündungen, und bei Verstauchungen.

Kalte Lehmumschläge oder Heilerde sind z.B. bei akuter Hautentzündung zu empfehlen. Die Zubereitungsmöglichkeiten erstrecken sich von einer Kompresse mit fertiger Lehmpaste, die im Handel erhältlich ist, über die selbst aus Lehmpulver angerührte Kompresse bis zur Anwendung als Trokkenverband.

Beim Lehm-Wasserwickel wird das Lehmpulver zu einem dünnen Brei angerührt und das Innentuch darin getränkt. Diese Zubereitungsweise eignet sich auch da, wo die Haut mit Rötung auch auf einen verdünnten Lehmbrei reagiert. Zur Einwirkungsdauer ist zu sagen, daß der Lehm entfernt werden sollte, sobald er nicht mehr als kühl empfunden wird. Dies wird nach ca. 1-2 Stunden der Fall sein. Er kann jedoch auch länger, z.B. über Nacht, liegenbleiben, denn gewisse Lehmsorten können anstelle von Wasser mit kaltgepreßtem Pflanzenöl angerührt werden, so daß sie bis zum Morgen feucht bleiben. Da Lehm entfettend wirkt, ist es gut, die Haut nach einer solchen Behandlung mit Öl oder Creme zu pflegen.

Wickel und Kompressen, Peloide und Kataplasmen bieten uns mannigfache Möglichkeiten, bei Krankheiten den Heilungsprozeß zu unterstützen, die Schmerzen ohne Nebenwirkungen zu lindern und im Alltag gesundheitlichen Störungen vorzubeugen. Gesundheit und Wohlbefinden sind unbezahlbare Güter und es lohnt sich daher gerade in unserem schnellebigen Zeitalter, sich an das reichhaltige Angebot der Apotheke Natur zu erinnern und sich selbst entsprechend die Zeit und Ruhe zur Regeneration zu gönnen.

Phytotherapie

Unter Phytotherapie versteht man die Behandlung mit Heilpflanzen. In der Behandlung der Neurodermitis ist sie ein wichtiger Therapiefaktor der innerlichen und äußerlichen Wundbehandlung bei Appetit- und Verdauungsstörungen, zur Ausleitung bei Verstopfung sowie bei Störungen des Nervensystems.

Appetitanregende Bitterstoffe

Bitterstoffdrogen werden auch *Amara-Drogen* genannt. Aufgrund ihres Bitterstoffgehaltes führen sie zu einer Steigerung der Magensaftsekretion. Außerdem fördern sie den Gallefluß und die Funktion der Bauchspeicheldrüse.
Zu den wichtigsten Bitterstoffdrogen gehören:
- Chinarinde (*Cinchona pubescens*)
- Enzian (*Gentiana lutea*)
- Kondurangostrauch (*Marsdenia condurango*)
- Pomeranze (*Citrus aurantium*)
- Tausendgüldenkraut (*Centaurium*)
- Wermut (*Artemisia absintium*)

Einnahme

Bitterstoffdrogen gehören zu den ältesten Heilpflanzen überhaupt. Zeitweise war ihre Verwendung so häufig, daß die Pflanzen vom Aussterben bedroht waren und für sie sehr hohe Summen bezahlt wurden. So rührt der Name *Tausendgüldenkraut* daher, daß tausend Gulden für die Pflanze bezahlt worden sein sollen. Heutzutage gibt es zahlreiche Fertigpräparate auf dem Markt, z.B. Gastroplant, Amaratinktur, Iposolvent, um nur einige zu nennen. Selbstverständlich beinhalten auch zahlreiche Verdauungsliköre Bitterstoffdrogen und können so zur Selbstbehandlung – in Maßen! – eingesetzt werden.

◆ *Teezubereitungen*

Tausendgüldenkraut-Tee
2-3 g (1-2 Teelöffel) Kraut für 1-2 Tassen, heiß übergießen, 5-10 min ziehen lassen, dann abgießen. Etwa eine halbe Stunde vor dem Essen trinken.

Wermut-Tee
1/2 Teelöffel Kraut pro Tasse, heiß übergießen, 5-10 min ziehen lassen. Ebenfalls vor dem Essen trinken.

Kombinations-Magentee
Enzianwurzel 20 Teile
Pomeranzen-Schale 20 Teile
Tausendgüldenkraut 25 Teile
Wermutkraut 25 Teile
Zimtrinde 10 Teile
2 Eßlöffel pro 150 ml Wasser, kalt ansetzen und aufkochen lassen, danach abgießen und eine Tasse eine halbe Stunde vor dem Essen trinken. Auch hier gibt es zahlreiche Teemischungen auf dem Markt, die in entsprechender Weise verwendet werden können.

Verdauungsfördernde und blähungswidrige Drogen

Drogen, d.h. Pflanzenzubereitungen mit verdauungsfördernden und blähungswidrigen Eigenschaften werden auch *Carminativa* genannt. Sie enthalten in der Regel ätherische Öle und Gerbsäuren und wirken blähungswidrig. Über ihre Wirkungen ist noch wenig bekannt; aufgrund der vorliegenden Daten ist allerdings eine durchblutungsfördernde Wirkung auf die Verdauungsorgane sowie ein krampflösender Effekt auf die Darmmuskulatur anzunehmen. Auch ein anregender Effekt auf die Verdauungsdrüsen ist nicht auszuschließen. Die wichtigsten Carminativa sind:

- Anis (*Pimpinella anisum*)
- Fenchel (*Foeniculum vulgare*)
- Galgant (*Alpinia officinalis*)
- Ingwer (*Zingiber officinalis*)
- Kümmel (*Carum carvi*)
- Melisse (*Melissa officinalis*)
- Pfefferminze (*Mentha piperita*)

Einnahme

Als fertige Präparate seien genannt Carminat, Carminativum Hetterich, Harongan usw. Selbstverständlich kann auch Anisöl, Fenchelöl, kandierter Ingwer usw. verwendet werden. Es kommt hier sehr auf die Erfahrung und auf die Verträglichkeit des einzelnen an.

◆ *Teezubereitungen*

Anis-Tee
1-2 Teelöffel Anisfrüchte, gequetscht, pro 150 ml Wasser; heiß überbrühen, abgießen und vor dem Essen trinken.

Zimt-Tee
0,5-1 g Zimtrinde (1 kl. Teelöffel) pro 150 ml Wasser, überbrühen, 10 min ziehen lassen; 1/2 Stunde vor dem Essen trinken.

Kombinationstee gegen Blähungen
Pfefferminzblätter 25 Teile
Kamillenblüten 25 Teile
Kalmus-Wurzel 25 Teile

Kümmel-Früchte (zerstoßen) 25 Teile
1 Eßlöffel der Mischung mit 150 ml heißem Wasser übergießen, 10 min ziehen lassen und vor den Mahlzeiten je eine Tasse trinken.

Pflanzliche Abführmittel

Pflanzliche Abführmittel wirken unterschiedlich.
- Anthrachinonhaltige Präparate führen zu einer vermehrten Flüssigkeitsansammlung im Darm, dadurch zu einem vermehrten Dehnungsreiz der Darmschleimhaut und damit zu einer verbesserten Entleerung.

Dazu gehören:
- Senna (*Cassia angustifolia*)
- Cascararinde (*Cascara sagrada*)
- Faulbaumrinde (*Cortex fangulae*)
- Rhabarber (*Rheum palmatum*) und
- Aloe (*Aloe ferox*).

Diese Stoffe sind hochwirksam und können selbstverständlich auch zu entsprechenden Nebenwirkungen führen, z.B. zu Mineralverlust (wie Kalium) oder auch bei längerer Einnahme zur entsprechenden Schädigung des Nervengeflechts des Darms. Geläufige Präparate sind derzeit Bekunis® Kräuterdragees (Senna), Pursennid (Sennesblätterextrakt). Sennespräparate werden in der Regel abends vor dem Schlafengehen eingenommen. Laxopol®/mild (Rhizinusöl). Einnahme 1-2 Kapseln täglich morgens. Cefralax® (Rhabarberwurzel, Sennesblätter, Aloe); 1-2 Dragées nach dem Essen einnehmen.

Neben den anthrachinonhaltigen abführenden Pflanzenstoffen werden auch sogenannte Quellstoffdrogen und osmotisch wirkende Füllstoffe verwendet.

Quellstoffdrogen führen durch Wasseraufnahme zur Volumenvergrößerung, führen auf diese Weise zu einem Dehnungsreiz im Dickdarm und damit zur Entleerung. Hierher gehören
- Leinsamen (*Linum usitatissimum*)
- Flohsamen (*Psylli icemen*) und
- Indischer Flohsamen (*Plantago ovata*).

Leinsamen oder Flohsamen werden auf natürlichste Weise durch Schroten und Vermischen mit Flüssigkeit oder Joghurt eingenommen. Entsprechende Präparate wären

– Agiolax® (*Plantago ovata*),
– Metamucil® (*Plantago ovata*),
– Linusit Gold® (*Leinsamen*)

Immer ist auf reichliche Flüssigkeitszufuhr zu achten, da nur unter dieser Bedingung die entsprechenden Drogen ausreichend aufquellen können!

Osmotisch wirksame Füllstoffe beruhen auf dem Gehalt an Pektin und binden dadurch im Darm vermehrt Wasser. Zu diesen Füllstoffen gehören:

– Manna (*Fraxinus ornus*)
– Feige (*Fecus carica*).

Diese Naturprodukte werden in diätetischer Weise verwendet.

Teebehandlung

Gerade bei dieser Indikation gibt es zahlreiche Tees in unterschiedlichen Darreichungsformen, die alle nach entsprechender Anweisungsvorschrift verwendet werden können. Als Beispiel seien an dieser Stelle erwähnt:

– Kneipp® Abführtee (Faulbaumrinde, Sennesblätter, Pfefferminzblätter, Fenchel, Schlehdornblüten),

oder

– Abführtee Depuraflux® (Faulbaumrinde, Anis, Kümmel, Fenchel, Koriander, Minze, Tausendgüldenkraut, Schachtelhalm, Senna).
– Cascararinden-Tee

Verwendet wird Rinde von Cascara sagrada (*Rhamnus purshianus*); einen halben Teelöffel pro Tasse Wasser aufkochen und abkühlen lassen, danach abseihen und nach Bedarf 1-2 Tassen trinken.

– Faulbaumrinden-Tee

Verwendet wird die Rinde des Faulbaums; ein halber Teelöffel pro Tasse Wasser kalt ansetzen, aufkochen und nach dem Abkühlen und Abseihen 1-2 Tassen täglich trinken.

– Sennes-Tee

Verwendet werden Sennesblätter oder -früchte, davon werden je ein halber bis ein gestrichener Teelöffel pro Tasse Wasser verwendet, aufkochen, 5-10 min ziehen lassen, abseihen und warm je nach Bedarf 1-2 Tassen täglich trinken.

Arzneipflanzen bei Störungen des Nervensystems (Schlafstörungen, Nervosität, Depression, Reisekrankheit)

Seit Jahrtausenden werden Heilpflanzen bei Störungen des Nervensystems eingesetzt. Darunter vor allem der

- Baldrian (*Valeriana offizinalis*), die
- Melisse (*Melisa offizinalis*), der
- Hopfen (*Humulus lupulus*) sowie der
- Hafer (*Avena sativa*) und die
- Passionsblume (*Passiflora incarnata*).

Neue wissenschaftliche Arbeiten erweisen, daß diese Pflanzen neben einer beruhigenden, sedierenden, entspannenden und relaxierenden Wirkung auch z.B. krampflösende Effekte im Bereich der Verdauungsorgane zeigen, z.B. die Melisse.

Einnahme:
Die meisten der oben erwähnten Heilpflanzen sind in entsprechenden Präparaten zu bekommen; stellvertretend seien an dieser Stelle genannt:
- Hopfen-Baldrian Kapseln (Baldrianwurzeln, Hopfenzapfen),
- Plantival® (Baldrian, Passiflora, Avena sativa, Lupulus) oder
- Kneipp® Melissensaft (Melisse).

Zahlreiche Präparate verbürgen die oben beschriebenen Effekte. Eine selbst zusammengestellte Teebereitung kann aber den gleichen Effekt haben.

◆ *Teezubereitung:*

Baldrian-Tee
Verwendet wird Baldrianwurzel. Diese wird kalt angesetzt und aufgekocht. Nach 10-20 Minuten kann der Tee zur Beruhigung warm getrunken werden.

Melissen-Tee
Verwendet werden Melissenblätter. Diese werden kurz überbrüht und 5-10 Minuten ziehen gelassen. Abends, vor dem Schlafengehen 1-2 Tassen.

Beruhigender Kombinationstee
Melissenblätter 20 Teile
Baldrianwurzel 20 Teile
Hopfenzapfen 10 Teile

2 Teelöffel pro Tasse, kalt ansetzen, aufkochen lassen, nach 5-10 Minuten abseien und bei Bedarf 1-2 Tassen trinken.

Das Pflanzenreich bietet auch Heilpflanzen bei depressiven Stimmungen. Am meisten verwendet wird:

- Johanniskraut (*Hypericum perforatum*)

Hier wird das Kraut zur Drogen- oder Teebereitung eingesetzt. Ein Behandlungsversuch ist nicht nur bei depressiven Stimmungen angezeigt, sondern auch bei klimakterischen Beschwerden, bei Kopfschmerzen, bei vegetativen Störungen sowie bei Angst- und Spannungszuständen. Johanniskrautöl wird auch äußerlich bei Neuralgien, Muskel- und Narbenschmerzen eingesetzt.

Erwähnt werden muß, daß bei lichtempfindlichen Personen Johanniskraut die Beschwerden verstärken kann.

Einnahme:

- Kneipp® Johanniskraut-Pflanzensaft (Johanniskraut),
- Neuropas®. Diese Tabletten enthalten neben Johanniskraut auch Baldrian, Passionsblume, Lerchensporn, Escholtzia und Cicuta.

Teezubereitung:

Die Johanniskraut-Droge wird überbrüht. Nach 10-20 Minuten abseien und den jeweils frisch zubereiteten Tee mehrmals täglich trinken.

Wundbehandlung

Seit altersher spielen Heilpflanzen in der Wundbehandlung eine große Rolle. Schon im Altertum wurden die

- Schafgarbe (*Millefolium*) und die
- Kamille (*Chamomilla*) verwendet.

Im europäischen Kulturkreis werden häufig entsprechende Zubereitungen aus

- Arnika (*Arnica montana*)
- Ringelblume (*Calendula*) oder
- Sonnenhut (*Echinacea purpurea*) eingesetzt.

Zur Einnahme, aber auch zu Umschlägen, gibt es zahlreiche Fertigpräparate, von denen beispielweise Kamillosan (Lösung, Creme, Salbe aus Kamille) oder auch Echinacin als Salbe oder Lösung aus Sonnenhut erwähnt werden sollen. Selbstverständlich kann man diese Heilpflanzen selbst sammeln und daraus einfache Aufgüsse anfertigen. So könnte man Schafgarbe, Hirtentäschel und oder Ringelblume sammeln, kleinschneiden und einen Aufguß davon zubereiten, d.h. die kleingeschnittenen Kräuter mit kochendem Wasser übergießen und etwa 10 Min. ziehen lassen. Der so bereitete Absud kann nach Abkühlung zu Bädern oder Umschlägen verwendet werden. Bei Hautentzündungen, stumpfen Prellungen, Quetschungen, Blutergüssen oder Verstauchungen empfiehlt sich die Verwendung von Arnika oder Ringelblume. Auch hier können Absud oder Salben zu Umschlägen oder Salbenverbänden verwendet werden. Fertigpräparate enthalten manchmal mehrere Bestandteile, z.B. mit Minze, Johanniskraut, Hamamelis oder Roßkastanie.

Balneotherapie und Heilpflanzen

Die Verwendung von Heilpflanzen als Badezusatz ist sehr alt. Mögen dafür zuerst rein kosmetische und aromatische Gründe verantwortlich gewesen sein, so wurde schon bald die Möglichkeit der therapeutischen Anwendung von Kräuterbädern gesehen. Kneipp selbst sagt: „Bei allen Warmwasseranwendungen benutze ich nie oder höchst selten Wasser allein; ich mische stets Zusätze von verschiedenen Heilkräutern bei."

Die Wirkung von Kräuterbädern (oder Bädern mit pflanzlichen Zusätzen) geht über die rein physikalische Wirkung des Bades hinaus: Eindrucksvolle Untersuchungen (z.B. von Römmelt, Münchner Medizinische Wochenschrift 116:537-540, Nr. 11, 1974) mit aromatischen Ölen zeigen, daß diese dosisabhängig über die Haut resorbiert und über die Atemluft ausgeatmet werden.

Die Anwendungsmöglichkeiten sind vielfältig, sie reichen von einfachen Teilbädern wie z.B. dem Hand- oder Fußbad bis hin zu Ganzkörperbädern. Bei trockener Haut – was bei Neurodermitis fast immer der Fall ist – empfehlen sich rückfettende Maßnahmen nach der Badeanwendung.

Aromatische Kräuterbäder mit tonisierender Wirkung

Rosmarinbad

Rosmarinkampfer als tonisierendes Element mit Wirkung auf Kreislauf und Nervensystem. (Resorption von Kampfer durch Bürgi nachgewiesen).

Indikation: Kreislaufbeschwerden durch niedrigen Blutdruck, vegetative Dystonie.

Anwendung: pro Vollbad ein Aufguß von 50g Rosmarinblättern (*Folia Rosmarini*) auf 1/2 l Wasser
Präparat: Kneipp® Kreislauf-Bad (*Campher*, *Ol. Rosmarini*)
Dosierung: 1/2 Schraubverschlußdeckel für 1 Vollbad; 780 g (6 Vollbäder)
Das Rosmarinbad soll vormittags genommen werden.

Lavendelbad
Ätherisches Lavendelöl wirkt allgemein anregend und tonisierend; zum Teil über die Stimulation vegetativer Zentren im Mittelhirn.
Indikation: vegetative Dystonie, Rekonvaleszenz.
Anwendung: Aufguß 50 g Lavendelöl auf 1/2 l Wasser; 1 Eierbecher/Vollbad (verwenden Sie z.B. die Kneipp-Geschenkpackung).

Aromatische Kräuterbäder mit sedierender Wirkung

Hier sind an erster Stelle Baldrian und Melisse zu nennen.
Wirkung: beruhigend, entspannend
Indikation: Allgemeine Unruhe, Schlafstörungen, nervöse Herzbeschwerden.
Dosierung pro Vollbad: Baldrian: Aufguß von 100 g *Radix Valerianne* oder 250 g Baldriantinktur.
Melisse: 1-2 Eßl. *Oleum Melisse*
Präparat: a) Kneipp® Sedativbad (enthält Baldrianöl, Hopfenextrakt, Melissenöl)
b) Silvapin® Brombaldrianbad (enthält: Baldrianöl und Kaliumbromid)
Badedauer 15-20 min., 36-37°C.

Aromatische Kräuterbäder mit adstringierender und entzündungshemmender Wirkung

Kamillenbad
Indikation: Wundheilungsstörungen, Ekzem, Abszesse. Als Sitzbad bei Hämorrhoiden.
Anwendung: 100 g *Flores Chamomillae* als Aufguß pro Bad.
Präparat: Kamillen-Bad Ritsert (*Flores Chamomillae*, *Oleum Chamomillae*).

Schafgarbenbad
Die Schafgarbe hat eine ähnliche Wirkung wie die Kamille. Allerdings enthält die Schafgarbe auch noch Gerbstoffe, Bitterstoffe und Stoffe mit hämostyptischer Wirkung. Aus diesem Grunde wird die Schafgarbe auch als Sitzbad empfohlen bei spastischen Unterleibsbeschwerden (*Pelvipathia spastica*).

Gerbsäurehaltige Bäder

Fichtennadelbad
Hier ist je nach Herstellungart auf den unterschiedlichen Gerbsäuregehalt zu achten:

- *Fichtennadel-Voll-Extrakt* aus Nadeln und kleinen Zweigen. Enthält ätherisches Öl und Gerbsäure (15-16 %)
- Das *Lohtannin-Bad* wird aus der Rinde hergestellt und enthält damit einen höheren Anteil an Gerbsäure (26-28 %). Es übt deshalb eine stärkere Reizwirkung aus.
- Das *Fichtennadel-Holz-Bad* enthält geringe Mengen ätherischen Öls und Gerbsäure. Es hat eine geringe Reizwirkung und einen angenehmen Duft.

Nach dem Bad sollte für 15-30 Minuten für abklingende Ruhigstellung gesorgt werden oder Nachschwitzen im Ganzwickel.

Adstringierende Bäder

Lohtanninbad
Das Lohtanninbad wird aus Tannenrinde hergestellt und enthält 15-16 % Gerbstoffe.

Eichenrindenbad
Unterscheidet sich vom Fichtennadelbad dadurch, daß es kein aromatisches Öl enthält und daß der Gerbstoffgehalt höher ist (26-30 %!) Es hat einen rein örtlich entzündungshemmenden Effekt. Umschläge und Teilbäder werden häufiger angewandt als Vollbäder.
Dosierung: 1 Handvoll Eichenrinde auf 1 l Wasser, längere Zeit kochen, bis es auf 1/2 l eingekocht ist. Diese Menge reicht für Teil- oder Halbbad. Leichtere Gerbstoffwirkung durch 15-20 min kochen lassen und nach Abseihen unverdünnt für Umschläge verwenden.
Präparat : Eichenrinden-Extrakte entsprechender Firmen.

Kleie- und Ölbäder

Diese Badezusätze enthalten eine beruhigende, mild entzündungshemmende, juckreizstillende Wirkung. Hier gibt es sehr viele Kombinationszubereitungen, z.B. mit adstringierenden Gerbstoffen, Molkepulver, Saponindrogen und Teeren. Bei akuten Hauterscheinungen sollten mehr die Kleie-Anteile im Vordergrund stehen. Bei chronisch entzündlichen Veränderungen mit trockener Haut mehr die rückfettenden Anteile.

Anwendungsgebiete: Ekzeme unterschiedlicher Genese, Psoriasis, Intertrigo, Ichthyosis, Verbrennungen, Verbrühungen.

Chancen der Klimakur – Reizklima an der Nordsee, im Hochgebirge der Alpen, am Toten Meer

Bei vielen chronisch, immer wieder rezidivierend verlaufenden Krankheitsbildern hat man erkannt, daß Klimaveränderungen sich positiv auf die Krankheit auswirken. Paradebeispiele hierfür sind besonders das *Asthma bronchiale*, der *Heuschnupfen* und die *Allergien*, aber auch *rheumatische Krankheitsbilder*, *Viteligo* (Weißfleckenkrankheit) und *chronischer Haarausfall* (Alopecia).

Man weiß gerade bei Allergien, daß sich beispielsweise im Hochgebirge der Alpen keine allergieauslösenden Hausstaubmilben aufhalten, und am Toten Meer nur Blütenpollen fliegen, mit denen der Kranke bis zum Ausbruch seiner Allergie nie in Berührung gekommen ist und somit nicht gegen sie sensibilisiert ist.

Von der Nordsee ist bekannt, daß die jodhaltige Luft die Bronchien entlastet, wie sich überhaupt ein Urlaub oder eine Kur positiv auf das Immungeschehen des Menschen auswirken.

So entstanden, überwiegend über die Rentenversicherungsträger, im Hochgebirge der Alpen und an der Nordsee Kliniken, in denen die Kranken „Urlaub von der Krankheit" machen können. Leider ist es eben nur so, daß dann, wenn der Patient wieder in seinen häuslichen Bereich zurückgekehrt ist, auch die Krankheitsbilder recht schnell wieder auftauchen.

Besonders gravierend zeigt sich dies bei den Patienten, die wegen einer Neurodermitis an das Tote Meer reisen. Hier wurde vom *Bundesverband Neurodermitiskranker in Deutschland* eine Studie an 295 Patienten durchgeführt, deren Ergebnis zeigte, daß sich innerhalb von durchschnittlich 34,3 Tagen die Krankheitssymptome wieder bemerkbar machten.

Dies ist einfach eine zu kurze Zeit für den Aufwand, den man betreiben muß, um nach Israel und an das Tote Meer zu gelangen, wo speziell für die Neurodermitis eine durchschnittliche Kurverweildauer von 6 Wochen empfohlen wird. Während man im Hochgebirge, vornehmlich im schweizerischen Davos, aber auch in den Kliniken an der Nordsee mehr und mehr dazu übergeht, nicht eine klassische Klimakur (Luft, Sonne, Wasser) zu praktizieren, sondern den Kranken auf Allergien und Nahrungsmittelunverträglichkeiten hin testet, und damit versucht, das für ihn richtige Ernährungsverhalten zu finden, sind derartige Dinge in den Kliniken am Toten Meer noch reine Zukunftsmusik. Auch sollte der Begriff „Klinik am Toten Meer" nicht in die Irre führen, denn dieser Begriff – aus dem Englischen kommend – bezeichnet eine „Arztpraxis", während das „Hospital" eine Klinik nach unseren Vorstellungen darstellt.

Es soll aber nicht der Eindruck entstehen, als wären wir grundsätzlich gegen derartige Kuren; allein die Tatsache, daß ein oft – wortwörtlich – bis aufs Blut gequälter Patient einmal sechs Wochen Urlaub von seiner Krankheit macht und danach möglicherweise nochmals mehrere Wochen oder Monate sein Krankheitsbild vergessen kann, ist es wert, diesen Betroffenen diese Form des Kururlaubs auch weiterhin durch die Krankenkassen oder Rentenversicherungsträger zu ermöglichen. Auf derartige Maßnahmen haben chronisch kranke Menschen ein Recht, und in aller Regel gibt es bei der Kostenübernahme dann keine Probleme, wenn der Arzt ausführlich attestiert, warum eine derartige Therapie erforderlich ist.

Kuren werden nach *§ 40, Abs. 3 Sozialgesetzbuch V* in der Regel nur alle 3 Jahre dem Kranken zugestanden und bezahlt, es sei denn, der Arzt hält eine vorzeitige Kurmaßnahme aus gesundheitlichen Gründen für dringend notwendig.

Speziell für die Atopiker, Allergiker und Schuppenflechten-Patienten kann hier den gesetzlichen Krankenkassen und Beihilfestellen nur attestiert werden, daß eine für den Patienten sehr großzügige Handhabung der Anträge auf vorzeitige Kuren zumeist die Regel ist.

Der Kranke und die Ernährung

Es ist unbestritten, daß die Neurodermitis, daß Asthma, Heuschnupfen und Allergien immer auch in einem kausalen Zusammenhang mit der Ernährung stehen. Dies bestreitet heute auch die Schulmedizin nicht mehr, und wenn doch, so sind dies in der Regel nicht repräsentative Einzelfälle. In solchen Fällen versuchen wir dann, bei dem betreffenden Therapeuten ein bißchen Aufklärungsarbeit zu leisten.

Es dürfte jedenfalls keinen Neurodermitispatienten geben, der nicht auf für ihn falsche Nahrungsmittel mit Juckreiz oder sogar schweren Krankheitsschüben reagiert. Welche Nahrungsmittel oder Nahrungsmittelgruppen dafür in Frage kommen, ist jeweils ganz unterschiedlich. Es gibt Patienten, die möglicherweise nur auf Milchprodukte mit Symptomen reagieren, alle anderen Lebensmittel jedoch gut vertragen. Andere Patienten wieder sind inzwischen mit so vielen Unverträglichkeiten belastet, daß oftmals nur noch Hydrolysate oder Astronautenkost vertragen wird. Es muß klar gesagt werden, daß es für diese Patientengruppe nie eine „Standardernährung" geben wird und die vielen Kochbücher, die bisher für diese Kranken geschrieben worden sind, können immer nur Anregungen geben, welche Nahrungsform man einmal versuchen sollte. Nie sollte jedoch der Patient dem Irrtum verfallen, er besäße nun ein Buch, welches ihm seine Ernährungsprobleme endgültig zu lösen vermag.

Die Ernährungsformen, die ein Neurodermitis-, Asthma-, Heuschnupfen- oder Allergiepatient jedenfalls einmal ausprobieren sollte, sind die *Vollwerternährung*, die *Rotationsdiät*, die von tierischem Eiweiß völlig freie *Frischkost* und die *Auslaßdiät*.

Ob tierische Eiweiße und Fette immer gegen hochwertige pflanzliche Eiweiße und Fette ausgetauscht werden müssen, kann nur von Fall zu Fall entschieden werden. Man weiß allerdings gesichert, daß der Patient möglichst keine ungesäuerten Milchprodukte zu sich nehmen sollte; man sollte zudem Schweinefleisch meiden und möglichst auf Zucker in Glucose- und Fructoseform verzichten. Als schubauslösend haben sich außerdem Nüsse, Zitrusfrüchte, Tomaten, Erdbeeren und alle Arten von Hülsenfrüchten gezeigt. Da bei sehr vielen Patienten Unverträglichkeiten auf Hühnereiweiß bestehen, die sich teilweise mit sehr schnellen Reaktionen bemerkbar machen, sollte auch bei diesen tierischen Produkten der Patient sehr vorsichtig sein.

Beim Säugling und Kleinkind muß unbedingt die Regel **„so wenig Diät wie möglich, aber so viel wie nötig“** beachtet werden.

Gerade bei diesen kleinen Patienten wird oft in überzogener Weise Diät betrieben, was nicht selten zur Folge hat, daß eine gefährliche Mangelernährung anerzogen wird. Daß dies sich verheerend auf das Immungeschehen auswirkt, bedarf hier keiner besonderen Erläuterung. Speziell hinsichtlich des Säuglings sei gesagt, daß die Muttermilch die wertvollste und natürliche Ernährungsform ist, weil sie u.a. dazu beiträgt, daß sich beim Kind die Darmflora ausbilden kann und das Immunsystem stärkt. Selbst wenn die Mutter wegen ihrer eigenen Neurodermitis Cortisone verwenden sollte, bleibt die Muttermilch jeder anderen Form der Ernährung vorzuziehen.

Jede Mutter sollte versuchen, ihren Säugling mindestens die ersten 6 Lebensmonate voll zu stillen. In dieser Zeit sollte sie sich selbst ein absolutes Alkohol- und Rauchverbot auferlegen, Bohnenkaffee und schwarzen Tee meiden und viel Frischkost zu sich nehmen, insgesamt ein gesundes Leben führen und nach Möglichkeit sogar Sport treiben.

Milchprodukte sollten von der stillenden Mutter nur in kleinen Mengen und dann möglichst als gesäuerte Produkte verzehrt werden. Um das Kind vor dem Wundsein zu schützen, sollte die Mutter ferner auf Zitrusfrüchte verzichten.

Kommt dann die Zeit, wo dem Kind „zugefüttert“ werden muß, geben uns die Hersteller von Baby-Fertignahrung eine wichtige Hilfe an die Hand. Zwar sind diese Babynahrungen alle sehr hochwertig und für das gesunde Kind akzeptabel. Auch schaffen sie die Möglichkeit, das Kind in jeder Wachstumsphase ausreichend zu ernähren. Jedoch muß natürlich der Hersteller von Babynahrung seine Produkte konservieren. Dabei verzichtet er zwar auf Chemie, muß sich aber zum Beispiel der Zitronensäure bedienen, um die Nahrung haltbar zu machen. Wir wissen nun aber, daß sich gerade dieses Produkt beim Neurodermitiskranken oft schubauslösend auswirkt.

Daher schlagen wir vor, daß sich die Mutter am Stand für Babynahrung darüber informiert, was ihr Kind in welchem Alter, wäre es gesund, für Nahrung erhalten hätte, um dann dieses Essen für ihr Baby zu Hause selbst zu kochen. Dabei kann natürlich immer eine größere Menge vorgekocht werden, die man dann portioniert in leere Babynahrungsgläschen abfüllt und einfriert. Bestimmt gibt es eine Freundin, von der man solche Gläschen bekommen kann. Wichtig ist, daß man wieder auf Breie aus Pfirsichen, Aprikosen und Zitrusfrüchten verzichtet!

Ob die Zutaten für die Babynahrung nun unbedingt aus dem Naturkostladen bezogen werden müssen, wagen wir zu bezweifeln. Man sollte jedoch auf keinen Fall tiefgefrorene Zutaten aus dem Supermarkt kaufen, denn Obst- und Gemüsemärkte haben in aller Regel auch Waren hoher Qualität, so daß es oft nur eine Frage des Preises ist, wo man am besten die Nahrung bezieht, was übrigens auch für die Ernährung des Erwachsenen gilt.

Man sollte eben nur darauf achten, daß möglichst keine Konservierungsstoffe in der Nahrung sind. Gegen Düngemittel kann man sich in der Nahrung und im Wasser sowieso nur ungenügend schützen. Auch dem Bio-Bauern macht „saurer Regen" den Acker naß und damit wird natürlich auch dessen Obst oder Gemüse zumindest teilweise belastet.

Ein weiteres ganz wichtiges Kriterium in der Säuglingsernährung betrifft übrigens das Wasser. Wenn wir uns heute die Trinkwasserqualität in unserem Land anschauen, so finden wir erhebliche Qualitätsunterschiede. Laut Euronorm ist bei uns beispielsweise Trinkwasser auch dann noch zum Genuß zugelassen, wenn nicht mehr als 50 Milligramm Nitrat pro Liter Wasser nachweisbar sind. Nitrat ist ein hochtoxischer Stoff, der bei Kindern Blausucht hervorrufen kann.

> Wir empfehlen deshalb, bereits bei einer Belastung von mehr als 20 mg Nitrat pro Liter Trinkwasser die Säuglingsnahrung mit nitratfreien stillen Wassern zuzubereiten.

Herkömmliche Filteranlagen sind nicht in der Lage, Nitrate aus dem Trinkwasser zu filtern. Dieses erreicht man eigentlich nur über eine Trinkwasseranlage auf der Basis der Wasser-Destillation oder mit einer guten Filteranlage die nach dem Wirkprinzip der Umkehr-Osmose funktioniert. Letztere Filterart bevorzugen wir, weil destilliertes Wasser letztendlich „totes Wasser" ist, daß dem Körper zu stark Mineralien entzieht.

Mit einfachen Meßstäbchen läßt sich der Nitratgehalt im eigenen Trinkwasser bestimmen. Derartige Teststreifen bekommt man entweder in der Apotheke oder im Zoohandel, denn für den Aquarianer ist es Gepflogenheit, regelmäßig den Nitratgehalt seines Aquarienwassers zu kontrollieren, da Zierfische auf dieses Gift besonders empfindlich reagieren.

Daß die Problematik um unser Trinkwasser weiter zunehmen wird, ist unbestritten, und wer vorbeugend sich schon jetzt einmal um eine vernünftige Trinkwasser-Filteranlage bemühen möchte, erhält über den Bundesverband Auskunft, welche Anlagen im hauseigenen Test gut bzw. empfehlenswert abgeschnitten haben.

Um aber wieder zurück zum Säugling und zum Stillen zu kommen, sei hier festgehalten, daß immer dann, wenn die Mutter aus biologischen Gründen nicht stillen kann, oder das Stillen vor Ablauf von 6 Monaten einstellen muß, der Rat des Ernährungsberaters gefragt ist. Man sollte hier keine eigenen Experimente machen und vor allem beim Neurodermitiskind nicht unbedingt auf adaptierte Kuhmilch-Produkte ausweichen.

Kuhmilch ist im Vergleich zur Muttermilch ganz anders aufgebaut und enthält – anders als die Milch der Mutter – Kasein und Laktose.

Aber nicht nur die natürliche und häufige Kuhmilchunverträglichkeit ist zu berücksichtigen, sondern auch die Gewinnung und der Herstellungsprozeß von Kuhmilchnahrung. Wohl kaum ein Großbauer, der seine Milch zur Weiterverarbeitung abgibt, wird heute seine Kühe noch von Hand melken. Er bedient sich statt dessen moderner Melkmaschinen, die nach dem Melken natürlich gereinigt und desinfiziert werden müssen. Dieses geschieht mit einer Chlorlauge. Um aber alle Rückstände des Chlors aus den Leitungen der Melkmaschine herauszuspülen, müßten sehr große Wassermengen nachgespült werden, was die Milchproduktion enorm verteuern würde. Daß aber Chlor sogenannte „Pseudo-Allergien“ auslöst, ist heute unbestritten. Ein Ernährungswissenschaftler wird deshalb in aller Regel, wenn eine Mutter nicht stillen kann und zudem eine Kuhmilchunverträglichkeit gegeben ist, Mandelmilch empfehlen; sie enthält wertvolles pflanzliches Eiweiß und Fett, was garantiert, daß eben keine Mangelerscheinungen auftreten können.

Die anderen weiter oben angesprochenen Erährungsformen bei Neurodermitis werden überwiegend stationär, d.h. in Fachkliniken dem Patienten vermittelt, da nur auf diesem Wege die Möglichkeit besteht, eine derartige Diät in allen wichtigen Details einmal kennenzulernen.

Wer eine ambulante Therapie durchführt und unsicher ist, was er essen und trinken kann, dem sei die folgende kleine Nahrungsmittelliste eine kleine Hilfe. Dieser Ernährungsleitfaden ist aus dem empirischen Wissen von Therapeuten und des *Bundesverbandes Neurodermitiskranker in Deutschland e.V.* entstanden, wo man bei Hunderten von Patienten beobachtet hat, wie sich die verschiedenen Nahrungsmittel auf das Krankheitsgeschehen auswirken.

Zuvor sei aber noch ein Hinweis für alle Asthma-Patienten gegeben. Dieser Patientengruppe wird unbedingt geraten, sich über einen längeren Zeitraum (ca. 3 bis 6 Monate) einmal völlig ohne tierische Fette und Eiweiße zu ernähren und gleichzeitig dafür Sorge zu tragen, diese Eiweiße und Fette mit pflanzlicher Nahrung ausreichend auszugleichen. Es hat sich nämlich gezeigt, daß sich der Verzehr von tierischen Eiweißen und Fetten oft nachteilig auf das Asthma auswirkt und oft sogar den nächsten Asthma-Anfall provoziert.

Hier nun die Palette der Nahrungsmittel, die der Atopiker und Allergiker meiden sollte:

- Alkohol jeglicher Art
- Nikotin
- Bohnenkaffee und Kaffee-Ersatzprodukte
- Schwarzer Tee
- gesüßter Früchte-Fertigtee
- Cola
- Limonaden
- Orangen- und Grapefruitsaft sowie fertige Apfel-, Kirsch- und andere Fruchtsäfte. In aller Regel sind eben diese Säfte wieder mittels Zitronensäure konserviert.

Schweinefleisch sollte der Patient unbedingt in allen Formen meiden, da dieses Fleisch sehr viel Histamin und Schwefel enthält. Bitte beachten Sie, daß in der Regel in Wurst immer auch Anteile Schweinefleisch (z.B. auch in Geflügelleberwurst) mit verarbeitet wurden.
Der Neurodermitiskranke sollte auch auf Pferdefleisch sowie auf gegrilltes Rindfleisch völlig verzichten.
Wenn er Milchprodukte zu sich nehmen will, dann nur gesäuerte und solche mit einer niedrigen Fettstufe.
Fertiggewürze, Würzmischungen sowie Nahrungsmittel, die konserviert oder mit Farbstoffen behandelt sind, gehören ebenfalls nicht auf den Speisezettel des Neurodermitispatienten.

Zu meiden sind des weiteren Zitrusfrüchte (z.B. Orangen, Grapefruit, Kiwi, Nektarinen, Mandarinen), da deren Säure sich offenbar negativ auf die Darmflora von Neurodermitiskranken auswirkt. Auch Früchte mit Samthaut (z.B. Pfirsiche) sollte der Kranke nicht zu sich nehmen.

Zucker ist direkte Nahrung für die beim Neurodermitiskranken gehäuft anzutreffenden Hefepilze im Darm. Daher sollte zumindestens einmal während eines halben Jahres die Nahrung völlig zuckerfrei sein. Im Bedarfsfall kann einmal eine Speise oder ein Kuchen mit Süßstoff zubereitet werden. Dabei ist darauf zu achten, daß man den Süßstoff nur in Tablettenform verwendet, da Flüssigsüße wieder mittels Zitronensäure konserviert ist.

Honig wird oft nicht vertragen, entweder weil – bei Billighonig – zuviel raffinierter Zucker zugesetzt ist oder weil die Patienten auf bestimmte Blütenpollen, die der Biene als Nektar dienen, rhinitisch reagieren. Diverse Tests mit guten ausländischen Honigsorten bei Patienten, die unter Honigunverträglichkeiten litten, haben ergeben, daß der Patient auf die dort der Biene zugänglichen Blüten nicht sensibilisiert ist, weshalb diese Honigsorten in aller Regel gut vertragen werden. Als besonders verträglich und hochwertig sehen wir den Manuka-Honig aus Neuseeland an.

Meiden sollte der Patient ferner gehärtete Fette, Nüsse, Mandeln (nicht Mandelmilch) sowie Konserven aller Art.

Tiefkühlkost sollte nur aus frisch zubereiteter Nahrung, die man selbst eingefroren hat, bestehen und nicht aus der Tiefkühlgondel des Supermarktes stammen.

Es gibt natürlich eine ganze Reihe Nahrungsmittel, die in den „Grenzfallbereich" gehören, aber immer wieder von Neurodermitiskranken vertragen werden – trotz strengster Verbote bestimmter „Ernährungspäpste". Hierzu zählen Produkte mit Hühnerei oder aber auch das Hühnerei selbst. Oft ist es hier eine Frage der Quantität, was noch vertragen wird; es wird deshalb angeraten – verträgt man das Hühnerei grundsätzlich – nicht mehr als 2 Eier pro Woche zu essen. Ferner gehören in diese Gruppe der „Grenznahrungsmittel":

- ungeschwefelte Rosinen
- getrocknete Gewürze
- Erdbeeren
- Johannisbeeren und Weintrauben.

Von den Beeren der Saison sollte man nicht mehr als eine Handvoll pro Tag zu sich nehmen. Auch Ananas und Khakifrüchte verträgt mancher Neurodermitiskranke sehr gut.

Gleiches gilt für Tomaten, für Joghurt und Quark in den Magerstufen und ohne Fruchtzusatz, sowie für Nudel- und Reisprodukte.

In aller Regel werden vom Neurodermitiskranken Kartoffeln, Vollkornreis und Vollkornnudeln, Gemüse aller Art (außer Bohnen, Erbsen und Linsen – auch hier wieder oft eine Frage der Quantität), Salate aller Art sowie Salatdressing aus Apfelessig und Kefir gut vertragen.

Rind-, Lamm- und Geflügelfleisch werden in kleineren Mengen häufig auch sehr gut vertragen. Schnitt- und Streichkäse sollten nicht mit Pilzen oder Fertigkräutern durchsetzt sein und in der Fettstufe nicht über 30 Gramm liegen.

Frische Pilze, frische Küchenkräuter, Salz, Pfeffer und Paprika, aber auch Hirschhornsalz sind ebenfalls unproblematisch.

Beim Brot sollte man darauf achten, daß dieses möglichst ein Natursauerteigbrot ist, bei dem der überwiegende Anteil des verarbeiteten Getreides Roggen ist. Auch Dinkelbrot ist unbedenklich und sollte immer dann eingesetzt werden, wenn offensichtlich nach dem Verzehr von Brot Durchfälle auftreten. Hier sollte dann aber auch noch einmal eine diagnostische Klärung durch einen Arzt erfolgen, um auszuschließen, daß als Begleitkrankheit möglicherweise eine Zöliakie vorliegt (der Betroffene muß dann auf streng glutenfreie Ernährung achten).

Vollkorngrieß, Buchweizen, Kokosnüsse, Sonnenblumenkerne, Sesam und Kartoffelmehl sind ebenso recht unbedenklich.

Haferflocken sollte man sich selbst aus frischem Hafer herstellen. Gekaufte Haferflocken werden nach dem Quetschen auf 80°C erhitzt, um zu verhindern, daß durch die Enzyme der Hafer zu blühen beginnt und kleine Blättchen austreibt; diese Enzyme sind jedoch Bestandteil einer vollwertigen Ernährung. Im Fachhandel gibt es akzeptable Haferquetschen für einen Preis von unter 200,– DM.

Selbstgemachter Senf, Tomatenketchup und Mayonnaisen (wenn Ei vertragen wird) können ebenfalls den Speisezettel bereichern. Gleiches gilt für selbstgemachtes Speiseeis.

Bei den Ölen hat sich besonders das hochwertige Distelöl bewährt. Als Brotaufstrich kann man hochwertige Margarine verwenden sowie Sauerrahmbutter versuchen.

Zu Beginn nannten wir verbotene Getränke; wir empfehlen, daß der Neurodermitispatient zunächst überwiegend mit stillem Wasser (z.B. Volvic® oder Contrex®), mit Pfefferminz-, Hagebutten- und anderen wohlschmeckenden Teesorten seinen Durst löscht, aber auch ausleitende Teesorten zu sich nimmt. Beispielsweise den Stiefmütterchen-Tee kann man einmal über einen Zeitraum von ca. 6 Monaten in einer Menge von täglich bis zu 2 Liter zu sich nehmen. Auch der Infirmarius-Rovit-Tee® hat sich für ausleitende Kuren als sehr gut erwiesen. Man sollte nur beachten, eine solche Kur nicht zu abrupt abzubrechen, sondern die Trinkmenge über einen Zeitraum von 2 bis 3 Wochen von 2 Liter auf Null reduzieren. Es könnte sonst zur Stuhlverhärtung kommen. Gegen selbst hergestellte Säfte aus der frischen Frucht ist ebenfalls nichts einzuwenden, wogegen der Verzehr von herkömmlichen Trinkwasser aus dem Wasserhahn nur dann problemlos ist, wenn man seine Qualität sicher kennt.

Will man herausfinden, ob man weitere, zusätzliche Nahrungsmittel verträgt, so kann man dieses am besten über einen Provokationstest machen. Dafür sollte sich die Haut jedoch in einem möglichst symptomfreien Zustand befinden, und die Neurodermitis nicht beispielsweise mit Cortisonen behandelt werden.

Das auszutestende Lebensmittel nimmt der Patient nun über einen Zeitraum von sieben Tagen in einer sich jeden Tag steigernden Menge zu sich. Reagiert die Krankheit nicht in dieser Zeit, kann angenommen werden, daß man dieses Lebensmittel verträgt. Erst dann sollte man das nächste Lebensmittel hinzusetzen.

Neben den Grundnahrungsmitteln, die man verträgt, kann man auf diese Art und Weise innerhalb eines Zeitraums von 4 Wochen entweder feststellen, daß man vier weitere Nahrungsmittel verträgt; oder man stellt fest, daß man diese Lebensmittel weiter meiden muß.

Über spezielle Tests in einer Klinik kann selbstverständlich viel schneller dem Patienten ein reichhaltiger Speisezettel an die Hand gegeben werden, der zum einen verhindert, daß durch die Nahrungsaufnahme die Krankheit unterhalten wird und zum anderen sicherstellt, daß der Kranke keine „selbstverschuldete“ Mangelernährung praktiziert.

Der Kranke und sein Immunsystem

Jeder Mensch benötigt zum Leben eine Vielzahl miteinander harmonisch arbeitender Organe, wie z.B. das Herz, die Leber, die Lunge, den Magen, die Ausscheidungsorgane, um nur einige Beispiele zu nennen. Eines der größten Organe des Menschen ist seine Haut, die nur noch vom Darm übertroffen wird, der auseinander gefaltet bald die Größe eines Fußballfeldes einnimmt.

Im Zusammenspiel mit der bereits im Mund beginnenden und sich dann im Magen fortsetzenden Verdauung ist es eben der Darm, der im Bereich des Dickdarms dafür Sorge zu tragen hat, daß der Speisebrei aus dem Magen richtig resorbiert und dem Stoffwechsel zugeführt wird.

Unterstützt wird er dabei durch viele nützliche Bakterienstämme. Diese spalten den Speisebrei auf, so daß die lebensnotwendigen Mineralien, Vitamine, Spurenelemente, Kohlenhydrate, Eiweiße und Fette über die Darmzotten den Darm verlassen und in den Blutkreislauf, aber auch in das Lymphsystem, aufgenommen werden können.

Die nicht mehr verwertbaren, ausgelaugten Bestandteile der Nahrung und der aufgenommenen Flüssigkeit werden dann über Stuhl und Urin wieder aus dem Körper ausgeschieden.

Die alten griechischen Ärzte sagten immer, „daß der Tod im Darm liege“; wenn wir uns heute unsere vielen Zivilisationserkrankungen anschauen, die oftmals auf falsche oder unzureichende Ernährungsformen zurückzuführen sind und wir zudem erkennen, daß die harmonische Symbiose im Darm heute zunehmend durch Umweltgifte gestört und durch den Befall mit Hefepilzen noch zusätzlich dysbiotisch (gegeneinander) ausgerichtet wird, so muß in gleicher Weise festgehalten werden, daß ein großer Teil unseres Immunsystems nur dann funktionieren kann, wenn der betreffende Mensch über eine geordnete und gesunde Darmflora verfügt. Das Immunsystem ist ferner die Summe aller Abwehrkräfte, die der Mensch benötigt, um gesund zu sein bzw. zu bleiben; Blutuntersuchungen können dabei ziemlich genau Auskunft darüber geben, wie das Immunsystem jeweils zu beurteilen ist.

Unser Immunsystem ist nicht nur der Garant dafür, daß wir virusbedingte Krankheiten überstehen, gegen die die Medizin bisher noch verhältnismäßig machtlos ist.

Auch bei allen bakteriellen Infekten steht zunächst einmal unser Immunsystem an vorderster Front, um die „Eindringlinge“ zu vernichten. Dabei bedient sich das körpereigene Immunsystem einer Fülle von Mechanismen, die alarmiert bzw. eingeleitet werden, sobald ein Bakterium oder Virus in den Körper gelangt.

Dazu zählt u.a. die schnellstens vom Immunsystem veranlaßte Vermehrung der Antikörper, die aus früherer Erfahrung mit dem Eindringling diesen noch kennen; dazu zählt weiterhin die Aktivierung von T- und B-Helferzellen, Makrophagen, Killerzellen, das Aktivieren von T-Suppressorzellen und die Reaktivierung von sogenannten Gedächtniszellen. All dies läuft mit einer Präzision im Organismus ab, die wohl von keinem noch so modernen Computer der heutigen Zeit zu bewerkstelligen wäre.

Das Immunsystem tritt zunächst überall dort in Aktion, wo der menschliche Organismus mit Giften, Fremdkörpern, Bakterien, Viren, Pilzen oder Parasiten in Kontakt kommt, so vor allem im Darm, an der Haut, an den Schleimhäuten und natürlich bei offenen Wunden.

Die Makrophagen sind dabei beispielsweise in der Lage, Fremdkörper einfach zu verschlucken. Killerzellen gelingt es, Viren und Bakterien zu zerstören. Die T-Helfer-Zellen haben vor allem die Aufgabe, den Einsatz anderer Immunzellen zu regulieren und zu koordinieren, können aber auch von sich aus Viren bekämpfen.

Die T-Suppressor-Zellen sind zunächst ebenfalls für die Abwehr von Viren zuständig, erkennen aber auch Tumorzellen oder weiße Blutkörperchen mit einem fehlerhaften genetischen Code und machen diese unschädlich.

Um wirksam arbeiten zu können, muß das Immunsystem den Eindringling erkennen und identifizieren können. Dafür ist das Immunsystem mit winzigsten Antikörpern ausgestattet, die überall im Organismus umherschwimmen, und die darauf programmiert sind, sich mit den Eindringlingen „zu verbinden“. Auf diese Weise bilden sie quasi das Gedächtnis des Immunsystems. Nach jedem Kontakt bleibt eine gewisse Anzahl Antikörper erhalten, die dadurch beim nächsten Kontakt den „Feind“ sofort erkennen und identifizieren können; durch ihr Anheften an ein Antigen machen sie den Eindringling für die anderen Immunzellen sofort erkennbar.

Bei Neukontakten mit entsprechenden Eindringlingen kommt es auf eine gute Immunlage an; trotzdem dauert es dann immer noch 3 bis 4 Tage, bis entsprechend passende Antikörper gebildet sind, die eben nach der Immunreaktion und Eliminierung des Eindringlings in verminderter Form als Gedächtniszellen im menschlichen Organismus bestehen bleiben. Beim zweiten Kontakt ist die Reaktionszeit der Antikörper dann wesentlich kürzer.

Ist ein Kontakt zwischen Antikörpern und dem Eindringling hergestellt, werden die für die Herstellung von Antikörpern zuständigen B-Zellen alarmiert; sie sorgen dafür, daß massenhaft Antikörper derselben Sorte hergestellt werden, um den Ansturm der Angreifer abzuwehren.

Natürlich kann das Immunsystem nur dann wirkungsvoll funktionieren, wenn es nicht selbst bereits Schäden aufweist bzw. der Abwehrmechnanismus geschwächt ist. Welche verheerenden Folgen es hat, wenn das Immunsystem nicht funktioniert, wird bei den Menschen sichtbar, die unter einer angeborenen oder erworbenen Immunschwäche leiden. Sie sind hilflos allen Infektionserregern ausgeliefert und teilweise nur mit unzähligen Vorsichtsmaßnahmen überhaupt in der Lage zu überleben.

Schwächen oder schädigen kann man sein Immunsystem auf vielerlei Art und kein Mensch ab dem 25. Lebensjahr wird heute noch über ein völlig intaktes Immunsystem verfügen. Dafür sorgen eben schon unsere heutzutage oft denaturalisierten Nahrungsmittel, die nicht ausreichende körperlich-sportliche Betätigung, dafür sorgt unsere täglich mehr und mehr vergiftete Umwelt, deren Schadstoffe wieder über den Nahrungsmittelkreislauf in unsere Körper gelangen; und nicht zuletzt sorgt der Mensch selbst durch übermäßigen Genuß von Giften wie Tabakrauch, Alkohol, Bohnenkaffee, schwarzen Tee und anderen Drogen für die Schwächung seines Immunsystems.

Streß, Schlafmangel, Unzufriedenheit und Krankheiten tun ein übriges und lassen die Selbstheilungskräfte des Menschen, hier als Immunsystem bezeichnet, ebenfalls erlahmen; ähnlich einer nicht trainierten und mit Fetten angereicherten Muskulatur, die durch mangelnde Bewegung und übermäßiges Essen hervorgerufen wird.

Das Immunsystem wird dann einfach träge. Vom Eindringen eines Virus oder Bakteriums bis hin zur alarmierenden Mobilisierung der Abwehrkräfte dauert es dann viel zu lange, so daß sich der Erreger schon im Körper vermehren und „etablieren“ kann, bevor die körpereigenen Abwehrmaßnahmen zu greifen beginnen.

Man weiß heute sehr genau, daß viele Kinderkrankheiten heutzutage viel dramatischer verlaufen als noch vor 30 oder 40 Jahren, so daß man mit Vehemenz daran gegangen ist, auch gegen einfachste Kindererkrankungen – von denen frühere Ärzte und Pädiater noch sagten, sie „stärken das Immunsystem“ – zu impfen.

Kleinste bakterielle Infekte bekämpft der Arzt heute mit antibiotischen Mitteln, um das Immunsystem beim Kampf gegen bakterielle Infekte zu unterstützen. Bei einer derartigen medikamentösen Therapie werden aber nicht nur die feindlichen Bakterien durch das Antibiotikum zerstört, sondern auch alle nützlichen, im Darm angesiedelten Bakterienstämme werden zunächst vernichtet und müssen sich neu bilden. In dieser Zeit haben pathogene Keime im Darm keinerlei Gegenspieler, so daß immer wieder zu beobachten ist, daß nach antibiotischen Behandlungen das Wachstum der Hefepilze im Darm explosionsartig zunimmt. Vorreiter ist hier der wohl gerade auch bei den atopischen und allergischen Erkrankungen sehr störende *Candida albicans.* Dieser Name kommt aus dem Griechischen bzw. Latainischen und bedeutet „weiß-glänzend".

Pilzbefälle und Erkrankungen bezeichnet man schlechthin als „Mykosen". Gerade Neurodermitiskranke – zumal wenn bei ihnen eine starke Nahrungsmittelunverträglichkeit vorliegt – sind oft in schwerster Weise von diesen Parasiten befallen; ist eine Befallsdichte beim gesunden Menschen mit 10^2 pro Bluttiter gerade noch vertretbar, so liegt sie beim Neurodermitiskranken nicht selten bei 10^3 oder bei 10^4 pro Bluttiter.

Der typische Neurodermitiskranke leidet eben in aller Regel unter einem schlecht ausgeprägten oder vorgeschädigten Immunsystem; seine oft hohe Infektanfälligkeit auf die der Mediziner häufig mit Antibiotika reagiert, tut dann noch das ihrige in diesem Circulus vitiosus.

Gleiches gilt für den Patientenkreis der Atopiker insgesamt, wo also nicht das allergische Asthma und der beispielsweise auf Pollenflug zurückzuführende Heuschnupfen, sondern wirklich die atopische Veranlagung die Erkrankung „am Leben erhalten".

Natürlich gibt es Atopiker, die erzählen, daß sie außer ihrer Neurodermitis, ihrem Asthma oder ihrem Heuschnupfen ansonsten sehr gesund sind und nichts mit Infektionen zu tun haben. Bei diesen Patienten verläuft das Krankheitsgeschehen auch in aller Regel in Wellen oder Schüben, während der Kranke mit einem schlecht ausgeprägten Immunsystem zumeist ständig unter seinem Asthma oder Heuschnupfen leiden muß.

Bei den zuletzt genannten Patienten kann das Krankheitsgeschehen in aller Regel sehr positiv beeinflußt werden, findet ein Ernährungstherapeut die Lebensmittel heraus, auf die der Patient – und sei es nach Abschluß des Leberstoffwechsels – atopisch reagiert, während der Psychotherapeut dem Patienten dabei hilft, sein seelisch-geistiges Gleichgewicht wiederzuerlangen.

Ferner wird das Immunsystem durch eine ausreichende Versorgung mit Vitaminen der Gruppe A, C und E sowie mit dem Mineral Selen unterstützt. Entspannungsübungen wie autogenes Training oder Yoga können sich in diesem Zusammenhang ebenfalls sehr positiv auswirken.

Anders verhält sich das Immunsystem bei Allergikern. Dieses kann völlig in Ordnung sein, der Mensch fühlt sich wohl und kommt nun irgendwann plötzlich mit einem Allergen zusammen, auf das er früher einmal sensibilisiert wurde.

Das beste Beispiel hierfür ist immer wieder der Kontakt mit einem Tier: Das kleine Kind streichelt und liebkost zum ersten Mal einen Hund oder eine Katze und dabei gelangen sowohl Kontakt-, vor allem aber auch Inhalationsallergene in den menschlichen Organismus. Diese erkennt das Immunsystem und bildet Antikörper, jedoch kurioserweise in einer so großen Anzahl, daß eben beim nächsten Kontakt mit dem Tier das Immunsystem eine viel zu große Anzahl Antikörper gegen den vermeindlichen Feind produziert; die Mastzellen geben sehr hohe Histaminmengen frei, wodurch nicht nur der Neurodermitis vergleichbare Ekzeme entstehen können, sondern auch die bekannten Probleme in den Atemwegsorganen, an den Schleimhäuten der Nase und des Rachens sowie an den Augen auftreten.

Allergien treten sehr oft spontan auf; da dies viele Allergiker wissen, versuchen sie das jeweilige Allergen zu meiden. Leider funktioniert dieses offenbar nicht so ganz, denn Allergiker haben häufig einen hohen Immunglobulin E-Spiegel. Dieser erhöhte IgE-Spiegel wird heute schon beim Neugeborenen aus dem Nabelschnurblut gemessen, um die Eltern auf eine mögliche Neigung des Kindes zu Allergien vorbereiten zu können.

Der erhöhte IgE-Spiegel ist dafür verantwortlich, daß sich das zu hohe Vorkommen von Histaminen in den Mastzellen quasi automatisiert, so daß sich der Organismus – auch bei Meidung eines erkannten Allergens – oft und schnell ein neues Allergen „sucht". Auf diese Weise werden Allergien, vor allem aber auch Pseudoallergien (Tabakrauch, Farb- und Geschmacksstoffe in der Nahrung, Nitrate im Trinkwasser usw.) regelmäßig weiter unterhalten. Daher sind *Hyposensibilisierungen*, also das Einspritzen der betreffenden Allergene, nach unserem Wissen nur ein vorübergehend wirksames Mittel, eine Allergie zu beseitigen.

Ein Fall aus der Praxis möge dieses verdeutlichen: Ein junger Mann reagierte stark allergisch auf Weizenmehl. Nun übte er zudem noch den Beruf des Bäckers aus und mußte, so sein Arzt, hyposensibilisiert werden. Kleine Mengen des Weizenmehls wurden dem Kranken unter die Haut gespritzt, wobei man langsam die Potenz steigerte. Tatsächlich kam die Weizenmehlallergie auch zum Stillstand, nur reagierte aber der Bäcker plötzlich auf Roggenmehl mit einer sehr ausgeprägten Allergiebereitschaft.

Ähnlich erging es einem Tierfreund, der sein Hobby, die Zucht von Wellensittichen, wegen seiner starken Allergiebereitschaft aufgeben mußte. Das Hyposensibilisieren funktionierte in diesem Fall nicht, so daß sich der Tierfreund schweren Herzens von seinen Wellensittichen trennen mußte und fortan eine Karnickelzucht betrieb. Obwohl das allergieauslösende Allergen damit eigentlich beseitigt war, dauerte es nicht lange und es traten deutliche schwerste allergische Reaktionen immer dann auf, wenn er sich in die Nähe seiner Karnickel begab. So schwer die Entscheidung auch fiel, die Tiere mußten geschlachtet werden, wobei der Züchter zu allem Überfluß inmitten dieses Schlachtvorganges noch einen derartig starken Asthmaanfall erlitt, daß nur unter Einsatz stärkster Medikamente (Cortison und Antihistaminika) der möglicherweise eingetretene Erstickungstod abgewendet werden konnte.

Bei allen Krankheiten, besonders aber bei Neurodermitis, bei den Atopien und Allergien, stellt man sich ja immer wieder die Frage, warum nun ausgerechnet man selbst unter einer oder gar mehrerer dieser Krankheiten leiden muß.

Aus dem bisher Gesagten ist vielleicht klar geworden, daß für die Krankheitsbilder ganz offenkundig eine erblich bedingte Disposition bzw. ein zu schwach oder fehlerhaft arbeitendes Immunsystem vorliegen muß, respektive ein Immungeschehen, das dazu neigt, überschießende Reaktionen an den Tag zu legen.

Es kann daher auch nicht im Interesse dieser Kranken und ihres Immunsystems sein, wenn auch hier verstärkt Cortisone oder Antihistaminika zum Einsatz gelangen. Beide Medikamente haben eben nur einen unterdrückenden Effekt, gehen also gezielt gegen die Symptome, nicht aber gegen die Ursachen der Krankheitsbilder vor.

Das Stärken und Stabilisieren des zu schwach funktionierenden Immunsystems beim Atopiker, das Einstellen des Kranken auf die richtige Ernährung, psychotherapeutische Begleitmaßnahmen sowie das Vermeiden der Allergene – all diese Maßnahmen sind viel geeigneter, dem Kranken wirksam und nachhaltig zu helfen.

Bei den Atopien, aber auch bei Allergien ist in den letzten Jahren eine neue, modifizierte Form der Eigenblut- und Eigenurintherapie entwickelt worden. Diese als *autohomologe Immuntherapie* bezeichnete ambulante Behandlung bietet eine weitere gute Möglichkeit, Atopien, aber auch Allergien zu eliminieren, ohne daß unerwünschte Wechelwirkungen im Rahmen der Behandlung auftreten; wie dies eben bei einigen anderen Eigenblutbehandlungen geschehen ist, wo zwar die Neurodermitis erfolgreich behandelt werden konnte, dafür der Patient aber anschließend an Asthma litt.

Neurodermitis und Immunsystem

Neurodermitispatienten, die einen naturheilkundlichen Arzt zur Behandlung ihrer Erkrankung aufsuchen, stellen eine ganz besondere Patientengruppe dar. Gemäß einer Statistik aus dem Jahre 1991 waren die Patienten, die mich aufsuchten, 9,7 Jahre erkrankt gewesen. Der lange Leidensweg war in der Regel durch zahllose Stationen ärztlicher und naturheilpraktischer Arbeit gekennzeichnet. Meist waren die Patienten – oder die Eltern der kleinen Patienten – gegen die Anwendung von Cortisonsalben empfindlich geworden. Häufig war diese Sensibilisierung durch die Konfrontation mit Ärzten, die nicht in der Lage waren, diese Sensibilisierung auf ein vernünftiges Maß zu reduzieren, noch gepaart mit einer saftigen Portion an Aggression.

Im Grunde genommen ist eine derartige Haltung des Neurodermitispatienten durchaus verständlich. Man versetze sich einmal in die Situation eines medizinischen Laien mit gesundem Menschenverstand – der Neurodermitiker ist in der Regel ein ausgesprochen lieber, intelligenter Patiententyp – der mit seinen juckenden, quälenden Hautproblemen zum Arzt geht, wo ihm ohne langes Nachdenken eine Cortisonsalbe verschrieben wird, die ihn vorübergehend zwar prompt von seinen Beschwerden befreit, das Leiden aber hernach genauso prompt wieder in unverminderter Heftigkeit erneut ausbrechen läßt. Unter dem Eindruck der vorübergehend genossenen Ruhe wird der neuerliche Schub subjektiv sogar noch intensiver empfunden. Der Patient stellt nun fest, daß er wiederholt nach dem Genuß von Zitrusfrüchten immer wieder von starkem Juckreiz gequält wird, im Frühjahr zur Zeit des Pollenflugs sich die Schübe häufen und im Sommer, wenn die Sonne ihm einige Erleichterung verschafft, er den Sprung ins gechlorte Wasser des Freibades mit einem neuen Ausschlag büßen muß.

Unserem Standardpatienten mit dem berühmten gesunden Menschenverstand fallen diese Zusammenhänge natürlich bald auf und er beginnt, sein Leben danach auszurichten. Er sucht erneut seinen Arzt auf, berichtet ihm über diese Zusammenhänge und fragt den Mediziner, warum er eigentlich ausschließlich seine Haut behandele, wo die Ursache für seine Erkrankung nach den nunmehr eigenen unumstößlich gemachten Erfahrungen doch eigentlich ganz woanders zu suchen sei. Je nach Art seines Gegenübers erhält er dann folgende Antworten:

- „Das sind reine Zufälligkeiten. Die Ursache der Neurodermitis hat man noch nicht gefunden. Schmieren Sie weiter Cortison."
- „Das ist typisch für die Neurodermitis. Die Neurodermitis ist eine multifaktorielle Erkrankung. Das müssen sie alles meiden."
- „Derartig definierte Allergien können durchaus zu Neurodermitisschüben führen. Die eigentliche Ursache der Neurodermitis ist jedoch in der Psyche zu suchen. Sie müssen ruhiger werden, machen Sie autogenes Training."
- „Die Ursache der Neurodermitis sitzt im Darm. Sie hat den Charakter einer Stoffwechselerkrankung. Sie müssen die von mir verordnete Diät streng einhalten, dann können Ihnen diese schädlichen Einflüsse, die sie geschildert haben, auch nichts anhaben."

Manche dieser Antworten befriedigen unseren Patienten sicherlich teilweise oder auch nur vorübergehend, andere wiederum lassen ihn gänzlich unbefriedigt. Fest steht jedenfalls für ihn und die meisten der an der Krankheit beteiligten Ärzte, daß die Haut nur das Erfolgsorgan für eine Reihe von

Schadeinflüssen ist und daß man daher den Hebel möglichst früh in der Ursachenkette des Krankheitsgeschehens ansetzen muß.

Man ist sich heute darüber im klaren, daß die Neurodermitis eigentlich eine Erkrankung des Immunsystems ist und die Haut nur das Endorgan des Erkrankungsgeschehens darstellt. Ja mit einem gewissen Recht kann behauptet werden, die Haut selbst ist ein Teil des Immunsystems.

Was aber ist nun dieses Immunsystem:
Täglich muß unser Körper mit einer wahren Invasion von Eindringlingen, Viren, Bakterien, Pilzen, aber auch anderen körperfremden Stoffen, die über Wunden, Lunge, Darm und andere Passagen in den Körper eindringen, fertig werden. Werden diese Eindringlinge und Schadstoffe nicht überwunden, so können sie sich ungehemmt vermehren und damit sogar tödliche Auswirkungen haben. Die Abwehr, die unseren Körper vor diesen Invasionen schützt, ist unser Immunsystem.Dabei unterscheidet man ein angeborenes und ein erworbenes Immunsystem.

Zum Bereich der *angeborenen Immunabwehr* gehört beispielsweise ein Eiweiß, das im Blut, Speichel und Tränen vorkommt und Bakterienwände zerstört. Auch Zellen, die Eindringlinge „auffressen“ und vernichten, zählen dazu. Andererseits sind manche Erreger erstaunlich widerstandsfähig und setzen dieser Form der Abwehr eine erhebliche Gegenwehr entgegen. Sie werden letztendlich dann aber doch das Opfer des erworbenen Immunsystems, einer speziell „erzogenen Körperpolizei“, die unmittelbar mit diesem Erreger reagiert und ihn inaktiviert. Der „Polizist“, der diese Aufgabe erledigt hat, erinnert sich sehr genau an die Struktur des Eindringlings, des *Antigens* und seine Nachkommen, die diese Erinnerung erben, erledigen ihre Aufgabe dann um so gründlicher und schneller. Ihre Abwehrwaffen nennen wir *Antikörper*.

Das *erworbene Immunsystem* ist dafür verantwortlich, daß wir beispielsweise Pocken, bestimmte Formen der Grippe und Cholera durch Impfen ihre Schrecken nehmen konnten. Auf der Erinnerung des erworbenen Immunsystems beruht auch die lebenslange Immunität z.B. gegen Masern, Mumps und Röteln.

Das Immunsystem funktioniert nur optimal, wenn es mit der notwendigen Energie ausreichend versorgt wird. Eine gesunde vitalstoffreiche Ernährung ist daher eine der Grundvoraussetzungen für ein gut funktionierendes Immunsystem. Man kann das Immunsystem aber auch stimulieren, beispielsweise durch Fieber, dann leistet es mehr, ähnlich einem Motor, der, wenn er mehr Kraftstoff konsumieren kann, auch höhere Leistung erbringt.

Es gibt allerdings auch Fehlfunktionen in diesem System. Es muß sich mit unzähligen Erregern und Schadstoffen auseinandersetzen, sich die Strukturen dieser Schadstoffe merken, um bei erneutem Kontakt entsprechend rasch

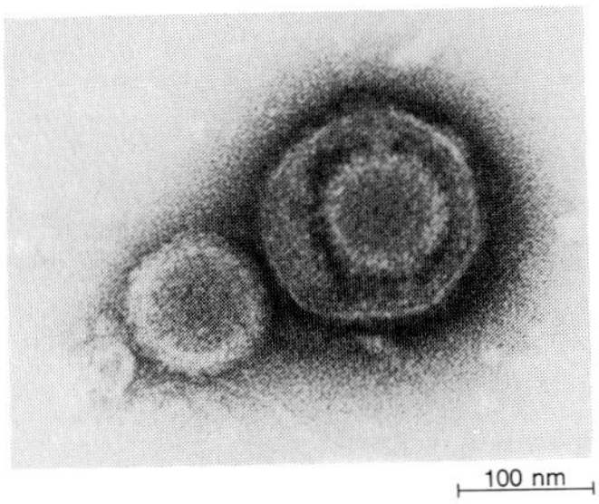

Abb. 1
Komplettes Viruspartikel mit Lipoproteinhülle (Vergrößerung 100 000)

reagieren zu können. Dabei kann es vorkommen, daß die Selbst-Fremd-Erkennung (das „Gedächtnis") nicht mehr funktioniert. Das Immunsystem greift dann eigene Körperzellen und eigene Gewebestrukturen an: Es ist eine *Autoimmunerkrankung* entstanden. Dazu gehören u.a. viele Rheumaformen, der jugendliche Diabetes, Asthma bronchiale und auch die Neurodermitis.

Mancherlei Anzeichen weisen auf das gestörte Immunsystem des Neurodermitikers hin. Er zeigt häufig eine vermehrte Anfälligkeit auf Virusinfektionen der Haut und Schleimhäute mit Herpes- und Coxsackie-Viren; aber auch die Abwehr gegen bestimmte Bakterien wie Staphylokokken und Streptokokken ist herabgesetzt, was sich dann in gehäuften Eiterungen auf der Haut und in Abszessen äußert **(Abb. 1 u. 2)**. Durch klinische Versuche hat man herausgefunden, daß bei Neurodermitikern speziell die zellgebundene Immunität herabgesetzt ist, während die Abwehr des Atopikers (erbliche Überempfindlichkeit mit Symptomatik der Allergie), die an die flüssige Phase gebunden ist, d.h. an die Absonderung von Eiweißen, normal verläuft.

Einige Veränderungen im Blutbild und immunologische Abnormitäten sprechen letztendlich für eine Autoimmunerkrankung. So findet man bei Neurodermitikern nicht selten Autoantikörper gegen die eigene Schilddrüse, Zellkerne oder Organe, ohne daß jedoch diese Autoantikörper direkt oder indirekt Gewebssschäden hervorrufen. Im Bereich der entzündeten Haut findet man um die Gefäße herum bestimmte weiße Blutkörperchen, Lymphozyten, aktive Bindegewebszellen, Freßzellen und Eosinophile (dies sind ebenfalls weiße Blutkörperchen, die sich durch eine besondere Färbetechnik im Blutbild erkennen lassen und die durch besonders intensive Abwehrfunktionen ausgezeichnet sind. Sie sind bei Belastung des Organismus mit Parasiten, bestimmten allergischen Reaktionen, aber auch in der Heilphase nach einer schweren Erkrankung häufiger zu finden).

Die häufige Verknüpfung von Neurodermitis mit allergischem Schnupfen und Asthma bronchiale (50-60 %), das nicht selten gleichzeitige Vorkommen von Nesselsucht, Quinckeödemen (ein blitzartiges, manchmal lebensgefährliches Anschwellen von Haut und Schleimhäuten im Gesichtsbereich) und Magen-Darmallergien, der häufig gleichzeitige oder aber auch wechselnde Verlauf, die meist positiven Reaktionen bei Allergietests und die ebenso häufige,

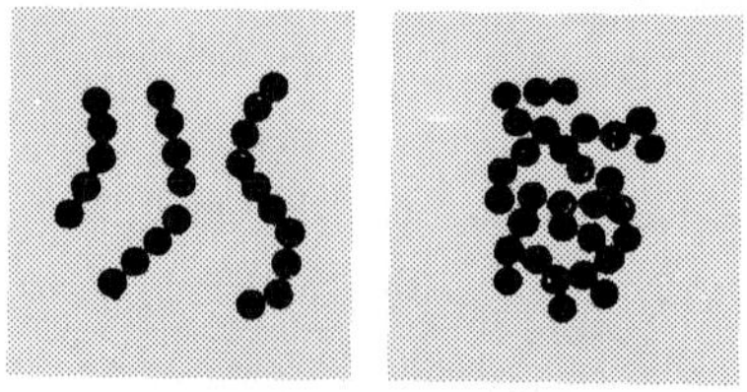

Streptokokken Staphylokokken **Abb. 2**

aber nicht beweisende Erhöhung eines bestimmten Serum-Eiweißkörpers, des IgEs, lassen eine allergische Ursache vermuten. Das IgE (Immunglobulin E) ist ein Antikörper, der eine zentrale Bedeutung im Krankheitsablauf einer Allergisierung und der daraus erfolgten Reaktionen ausübt.

Für die besondere Bedeutung von Allergenen bei Neurodermitis sprechen folgende Reaktionen:

- Verschlimmerung oder vermehrter Juckreiz bei Kontakt mit Tierhaaren, Blumengrund, Staubkontakt, Einnahme von bestimmten Nahrungsmitteln und die Besserung der Neurodermitis nach Entfernung dieser Allergene.
- Gewisse, zumindest zeitweise auftretende Erfolge bei Aufenthalt von Neurodermitikern in einer allergenfreien Kammer oder in einem allergenarmen Klima oder auch nach spezifischer Desensibilisierung.

Zur Möglichkeit psychischer Ursachen der Neurodermitis ist zu sagen: Ohne Zweifel sind psychische Spannungen, seelische Belastungen und eine besondere psychische Konstitution in der Lage, Neurodermitis, beziehungsweise neurodermitische Reaktionen auszulösen. Mit Sicherheit wird auch durch ungünstige psychische Faktoren eine atopische Konstitution, die zur Neurodermitis führt, verstärkt. Gegen eine alleinige oder primäre Auslösung der Neurodermitis durch psychische Konflikte spricht jedoch die eigene Erfahrung, nach der Neurodermitisschübe, sofern einmal der Heilungsprozeß im Immunsystem initiiert wurde, durch psychische Belastungen nicht mehr ausgelöst werden können. Beim Neurodermitiker sind bestimmte Hormone des Nebennierenmarks im Plasma erhöht; ebenso ist ein Enzym, das einen Nervenüberträgerstoff abbaut (Acetylcholinesterase bzw. Acetylcholin), in der Haut vermehrt. Die erhöhte Bereitschaft des Neurodermitikers, auf psychische Konflikte mit einer Verschlimmerung zu reagieren, dürfte im wesentlichen auf diesen Tatsachen beruhen **(Abb. 3)**.

Welche Befunde sprechen nun für eine besondere Beteiligung des Immunsystems am Geschehen der Neurodermitis?

1. Mehr als 40 % der Neurodermitiker zeigen eine erhöhte Eosinophilie, d.h. sie zeigen eine über die Norm erhöhte Anzahl jener oben bereits

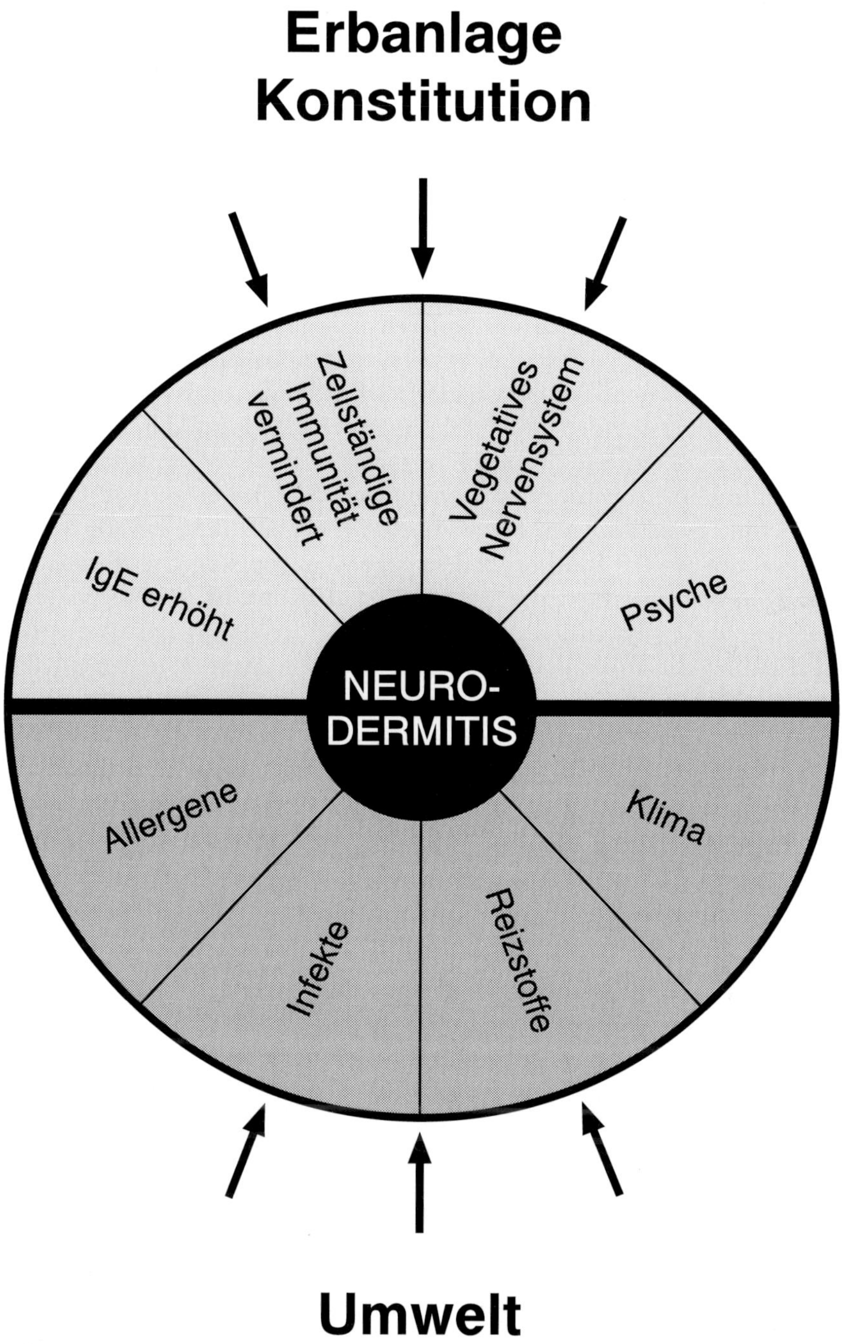

Abb. 3
Krankheitsursachen und Krankheitsfaktoren der Neurodermitis

erwähnten weiße Blutkörperchen. Der Schweregrad des neurodermitischen Schubes hängt offensichtlich mit der Anzahl der Eosinophilen im Blut zusammen **(Abb. 4)**.

2. Man kennt im Blut verschiedene Eiweißgruppen, die der körpereigenen Abwehr dienen, die Immunglobuline. Diese Immunglobuline sind mit den Buchstaben G, A und M, also IgG (*I*mmunglobulin *G*), IgA und IgM gekennzeichnet. Einige Autoren berichten von einer deutlichen Erhöhung des IgG, das besonders für die langdauernde Immunantwort, beispielsweise bei chronischen Infekten, verantwortlich zeichnet. Das nachfolgende Schema demonstriert die Häufigkeit, mit der man diese Veränderung – je nach dem Schweregrad der anderen Erkrankung – bei Neurodermitikern antrifft. Es steht fest, daß bei Neurodermitis eine deutliche Vermehrung der IgG-Globuline, sowie eine leichte Tendenz zur Vermehrung der IgA-Globuline und der IgM-Globuline vorhanden ist **(Abb. 5)**.
3. Eine weitere Funktion der körpereigenen Abwehr in der flüssigen Phase wird durch das sogenannte *Komplementsystem* bewerkstelligt; eine Kaskade von Eiweißkörpern, die letzten Endes dazu führt, daß die Vernichtungsaktion weißer Blutkörperchen gegen Eindringlinge stattfinden kann. Ein Komplementfaktor, den man *Beta I A* nennt, ist bei Neurodermitikern in der Regel deutlich vermindert.
4. Spaltet man die Globuline im menschlichen Plasma, d.h. jene Eiweißkörper, die besonders mit der körpereigenen Abwehr beauftragt sind, im elektrischen Feld auf, dann besteht die erste Fraktion dieser Eiweißkörper, die sogenannten *Alpha I Globuline,* nahezu ausschließlich aus einem Alpha I Antitrypsin. Dieser Eiweißkörper hemmt verschiedene eiweißspaltende Enzyme. Er ist bei Neurodermitikern häufig deutlich vermindert.
5. Desgleichen wird ein Eiweißkörper *(Ceruloplasmin),* der bei akuten Entzündungen und Infektionskrankheiten erhöht ist, bei Neurodermitikern je nach Schweregrad der Erkrankung vermehrt vorgefunden, während das Eiweiß, das ebenfalls eine besondere Beziehung zu akuten Entzündungs- und Gewebszerfallsprozessen hat *(Haptoglobin),* bei den Neurodermitikern je nach Schweregrad vermindert ist **(Abb. 6)**.
6. Ein weiterer Eiweißkörper, das Immunglobulin E, hat eine ganz besondere Funktion bei Neurodermitikern und allergischen Erkrankungen, denn es ist ein Botenstoff, der unmittelbar in den krankhaften Ablauf derartiger Reaktionen eingreift. Das nachfolgende Schema zeigt die krankhafte Erhöhung dieses Eiweißstoffes im Blut bei Neurodermitikern, je nach Schweregrad der Erkrankung **(Abb. 7)**. Es sei jedoch vermerkt, daß eine Erhöhung des IgE kein absoluter Beweis für das Bestehen einer Neurodermitis oder für den Schweregrad dieser Erkrankung darstellt. In gewisser Weise scheint der IgE-Spiegel mit dem Auftreten der eosinophilen weißen Blutkörperchen im Blut zusammenzuhängen. Ist er sehr hoch,

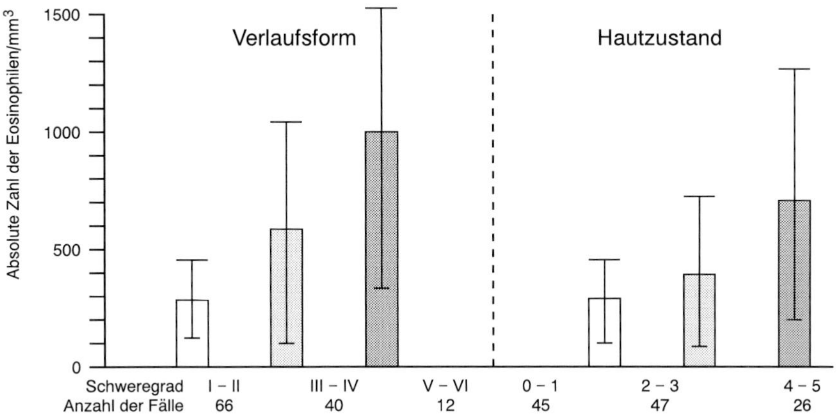

Abb. 4
Verhalten der eosinophilen Leukozyten bei Neurodermitis nach dem Schweregrad des Verlaufs und des Hautzustandes. Wir sehen hier, daß eine direkte Beziehung besteht zwischen der Anzahl der eosinophilen Leukozyten im Blut eines Patienten, dem Schweregrad der Verlaufsform der Neurodermitis und dem Krankheitsausmaß des Hautzustandes (nach B. Wüthrich „Zur Immunpathologie der Neurodermitis konstitutionalis", 1975, Bern).

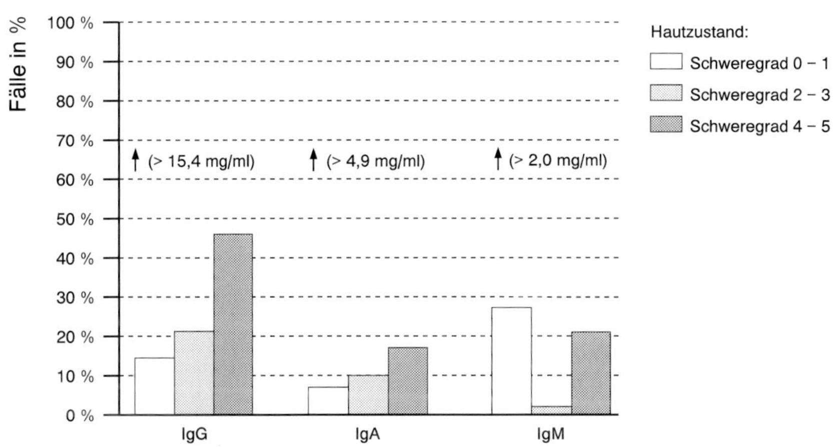

Abb. 5
Häufigkeit über die Norm vermehrter Immunglobuline IgG, IgA und IgM bei Neurodermitis in Abhängigkeit zum Schweregrad des Hautzustandes (nach B. Wüthrich). Während IgG- und IgA-Globuline eine gewisse Beziehung zum Schweregrad des Hautzustandes erkennen lassen, ist dies bei IgM nicht zu sehen.
Das Immunglobulin G besorgt die körpereigene Abwehr bei Langzeitinfekten, das Immunglobulin A ist für die Abwehr auf den Schleimhäuten verantwortlich und das Immunglobulin M stellt die „schnelle Eingreiftruppe".

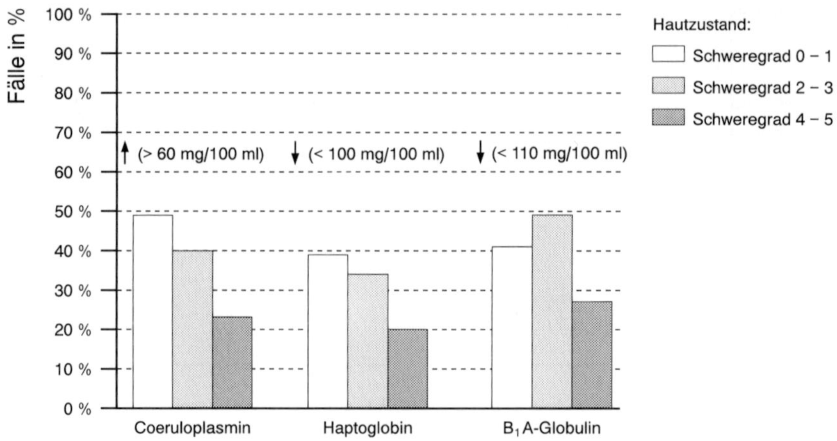

Abb. 6
Häufigkeit der Vermehrung von Coeruloplasmin und Verminderung von Haptoglobin sowie Beta-1-A-Globulin bei Neurodermitis in Abhängigkeit zum Schweregrad des Hautzustandes (nach B. Wüthrich).
Die drei genannten Eiweißkörper sind Plasmabestandteile unseres Blutes und gehören zur flüssigen Phase der körpereigenen Abwehr. Die Verminderung dieser Eiweißkörper geht Hand in Hand mit dem Schweregrad der Erkrankung.

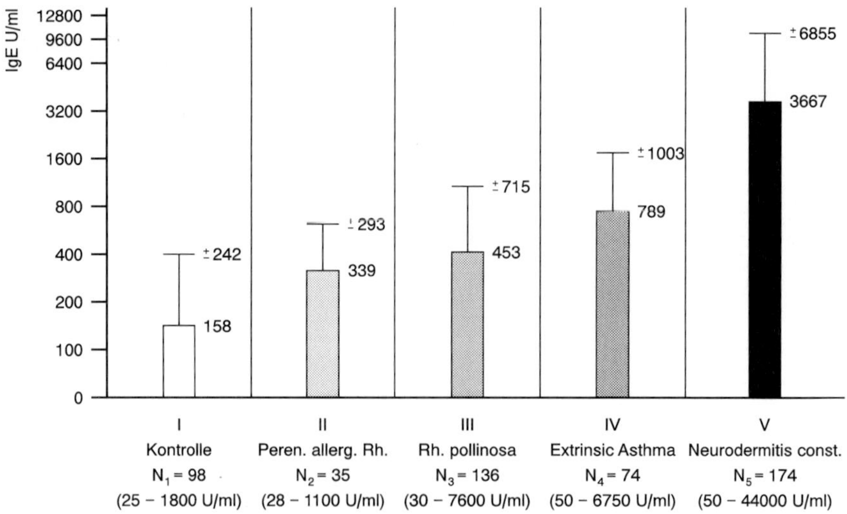

Abb. 7
IgE-Serumspiegel bei atopischen Erkrankungen (nach B. Wüthrich). Das Immunglobulin E ist einer der wichtigsten Vermittler für alle allergischen und atopischen Reaktionen (Heuschnupfen, Asthma, Neurodermitis). Der IgE-Serumspiegel steht offenbar in direkter Beziehung zu den jeweiligen atopischen Erkrankungen.

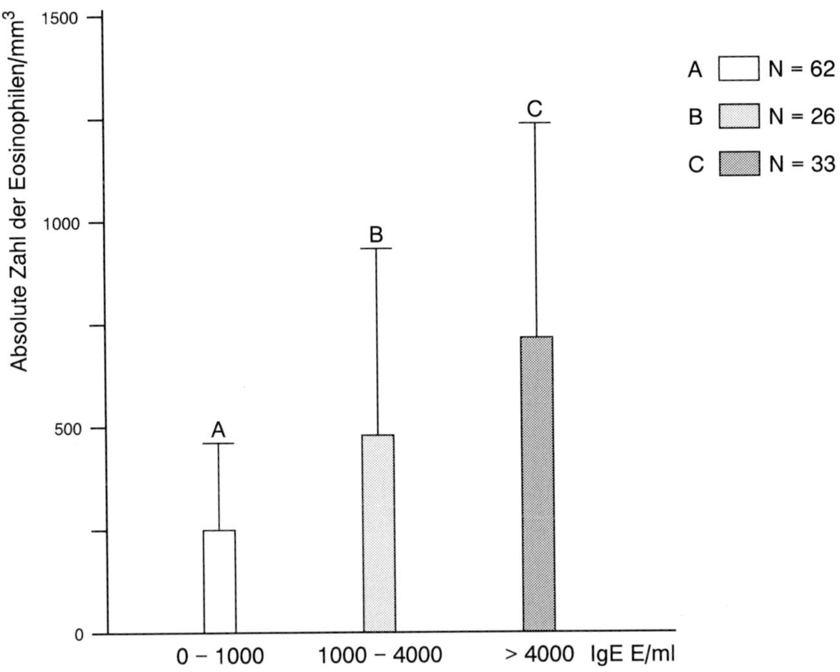

Abb. 8
Mißt man die Zahl der eosinophilen Leukozyten im Blut und vergleicht sie mit dem Serum-IgE-Spiegel, der wiederum mit dem Schweregrad der Erkrankung zusammenhängt, dann erkennt man eine Abhängigkeit der Anzahl der Eosinophilen von der Höhe des Serum-IgE-Spiegels (nach B. Wüthrich).

d.h. über 4 000 Einheiten pro ml, dann liegen die Eosinophilen in der Regel auch deutlich oberhalb der Norm **(Abb. 8)**.

7. Beim Neurodermitispatienten findet man häufig einen Mangel an Suppressorzellen. Das ist eine besondere Gruppe von Lymphozyten, die selbst wieder eine Untergruppe weißer Blutkörperchen darstellen. Die Suppressorzellen unterdrücken überschießende Antigen-Antikörper-Reaktionen und normalisieren somit ein zu weites „Ausschlagen" der Reaktionen der körpereigenen Abwehr.

Wie äußert sich Neurodermitis?

Typisch für die *Neurodermitis atopica* ist eine trockene Haut. Bei genauer Untersuchung der Hautoberfläche stellt sich heraus, daß die Oberflächenfette deutlich reduziert sind. Der Nachschub an jungen Zellen in der Talgdrüse ist vermindert, wodurch auch die Talgdrüsengröße verringert ist. Wird die Haut entfettet, ist die Regeneration der Hautfettwerte verzögert.

Die Neurodermitikerhaut weist außerdem eine Störung des Wasserhaushaltes auf. Der Wasserverlust über die Haut ist beim Neurodermitiker verstärkt bei einem verminderten Gehalt an gebundenem Wasser in den Zellen der Hornschicht.

Aus diesen Fehlregulationen resultieren die wichtigsten Forderungen der Hautpflege des Neurodermitikers: Sie muß gefettet und „bewässert" werden.

Aufgrund dieser Störungen wird die Haut des Neurodermitikers durch eventuelle andere chemische Einflüße verstärkt gereizt. Auf UV-Strahlen jedoch reagiert die Haut des Neurodermitikers ganz normal, womit u.a. auch der günstige Behandlungseffekt einer UVA-Strahlung erklärt werden kann.

Durch das veränderte Milieu der Haut ist sie vermehrt mit Keimen besiedelt.

Im Falle des Neurodermitikers sind es sog. *Staphylococcus aureus* - Stämme, deren Besiedlungsdichte 100- bis 1 000-fach höher liegt als die der gesunden Haut. (Staphylococcus aureus ist ein Keim, der auf Kulturplatten in „Haufen" wächst. Da seine Kolonien gelb gefärbt sind, nannte man ihn „aureus", den „goldenen". Den Beinamen hat der Übeltäter eigentlich nicht verdient!) Dies führt zu gehäuften Hauteiterungen beim Neurodermitiker sowie zu einer weiteren wichtigen Forderung: Nämlich die Haut durch Desinfektion und Reinigung möglichst keimarm zu halten. Auch gewisse antibiotische Salben müssen in schwereren Fällen zum Schutz vor erhöhter Keimbesiedelung eingesetzt werden.

Neben den immunologischen und den „örtlichen" Veränderungen im Organismus des Neurodermitikers finden wir aber auch noch ein krankhaftes Stoffwechselgeschehen. Bei einem kleineren Teil der N. a.- Patienten (N. a. = Neurodermitis atopica) ist der Stoffwechsel der ungesättigten essentiellen Fettsäuren gestört, was wiederum zu einer Störung der Produktion bestimmter Entzündungsbotenstoffe führt, die sowohl in die körpereigene Abwehr eingebaut sind als auch in das (krankhafte) immunologische Geschehen des Neurodermitikers. Man fand in diesen Fällen den Defekt eines Enzyms, das auf den schönen Namen *Delta-6-Desaturase* hört. Auch dieser Befund führte nun zu therapeutischen Konsequenzen: Man führt dem geschädigten Organismus einfach erhöhte Mengen an hochungesättigter essentieller Fettsäure zu, insbesondere Gammalinolensäure, die u. a. im Nachtkerzenöl vermehrt gefunden wird, um so diesen Mangel wieder auszugleichen. Nach eigenen Erfahrungen sprechen etwa 10 % der Patienten auf die Zufuhr der Gammalinolensäure gut an; die Angaben, daß gar 40 % der Patienten auf diese Therapie gut ansprächen, scheint mir zu hoch gegriffen. Aus der Sicht der „kontrollierten Studie“ würde man einen 10 %igen Erfolg in den Bereich der Placebos einordnen. (Eine kontrollierte Studie ist eine Untersuchung, in der die Wirksamkeit eines Medikaments an einem anderen getestet wird, am besten an einem „Placebo“, einem unwirksamen Medikament. Um ungewollte psychische Momente auszuschließen, wird sie im Idealfall „doppelblind“ ausgeführt. Untersucher und Patient wissen nicht, ob sie das Placebo oder das „Verum“ – das echte Medikament – verabreichen oder einnehmen).

Neben der Stoffwechselstörung sind noch weitere biochemische und neurovegetative Störungen im Neurodermitikerorganismus bekannt, die sich im sog. *weißen Dermographismus* äußern, d.h. in einer strichförmigen weißen Verfärbung der Haut bei Druck- und Berührungsreiz. Auch die Schweißregulation ist gestört sowie die Eigenkontrolle des vegetativen Nervensystems. Speziell an dieser Stelle greifen sehr viele Funktionskreise ineinander über, so daß diese komplexe Störung eine erhöhte Freisetzung von juckreizauslösenden und entzündungsfördernden Botenstoffen zur Folge hat. Nach neueren Ansichten liegt dieser komplexen Störung eine vermehrte Aktivität eines phosphorhaltigen Enzyms zugrunde (Phosphordiesterase).

Die oben erwähnte verminderte Widerstandskraft der Haut, die zur Besiedelung von krankmachenden Keimen führt, hat aber noch einen entscheidenden weiteren Nachteil. Offensichtlich ist die Haut des N.a.-Patienten auch empfänglich für Allergene, die normalerweise den Atemtrakt in Form von Heuschnupfen oder Bronchialasthma beeinträchtigen. Reibt man nämlich derartige Inhalationsallergene in die aufgeraute Neurodermitishaut, kommt es nicht nur zur typischen ekzematösen Veränderung an dieser Stelle, sondern auch die bereits erwähnten eosinophilen Leukozyten finden sich dort ein und eine für das menschliche Immunsystem besonders bedeutsame Zelle, die Langerhans-Zelle in der Haut, erhöht ihre Bindungsfähigkeit für das mehr oder weniger Neurodermitis typische Immunglobulin E. Da die Langerhans-Zellen auch in tiefere Hautschichten wandern können und ihre entzündungs- und juckreizauslösende Botschaft an das übrige Immunsystem weitervermitteln, ist auf diese Weise der unglückliche Kreislauf der Neurodermitis erneut angefacht. Damit ließe sich auch die saisonale Häufung von Neurodermitisschüben erklären.

Man könnte also diese Exkursion zur wissenschaftlichen Basis der Neurodermitis folgendermaßen zusammenfassen:

– Die Neurodermitis atopica ist eine durch viele Faktoren bedingte, häufig saisonal oder zyklisch verlaufende Hauterkrankung **(Abb. 9)**, für die es auch Anzeichen einer erblicher Veranlagung gibt, die durch eine Reihe von immunologischen, stoffwechselbedingten und biochemischen Absonderlichkeit sowohl am Organ *Haut* (**Abb. 10**) als auch in anderen Organsystemen gekennzeichnet ist. Eine einheitliche Ursache für die zahlreichen gestörten Funktionskreise innerhalb des Organismus des Neurodermitiskranken ist noch nicht gefunden.

Andererseits sind schon zahlreiche Details erforscht, die man wie folgt zusammenfassen könnte:

– Das krankhafte Geschehen der Neurodermitis ist durch einige meßbare Reaktionen im Bereich des Stoffwechsels, der Biochemie, des Nervensystems und des zellulären und flüssigkeitsgebundenen Immunsystems gekennzeichnet. Offenbar läuft ein Großteil des Geschehens weit unter der Haut in Funktionskreisen im Körperinnern ab, wobei die Haut nur das Endorgan dieser gestörten Funktionskreise ist.

Es liegt also auf der Hand, daß man ein derartiges Geschehen, will man das Übel an der Wurzel packen, möglichst dort reguliert, wo die Erkrankung ihren Anfang nimmt.

Cortison, Antiallergica, Eigenbluttherapien, Autohomologe Immuntherapie

Gerechterweise muß man sagen, daß *Cortison* durchaus ein Medikament in diesem Sinne ist. Gewissermaßen ist es sogar „natürlich", denn es ist ja in seiner ursprünglichen Form eine körpereigene Substanz (durch Veränderungen seiner molekularen Struktur kann es verändert und in seiner Wirkung vervielfacht werden, dann ist es nicht mehr „natürlich"). Es unterdrückt und reguliert viele dieser „überbordenden" Immunregulationskreise, leider hemmt es aber auch prinzipiell die Zellteilung an sich, sodaß bei langdauernder hoher Cortisondosierung das damit besonders belastete Gewebe verschmächtigt. Auf dieser Nebenwirkung beruht im Prinzip die Schadwirkung des Cortisons. Die Hemmung der Zellteilung wird von verschiedenen Cortisonen, die man durch Veränderung der Molekularstruktur in ihrer Wirkung variieren kann, unterschiedlich stark ausgeübt, sodaß es auch Cortisone gibt, bei denen diese Nebenwirkungen geringer sind. Der entscheidende Umstand, der die Nebenwirkung des Cortison beschränkt oder sogar verhindert, ist jedoch das Verantwortungsbewußtsein des Arztes, der Cortisone verordnet und um das „wo, wann und wieviel" weiß. Richtig eingesetzt, d.h. als

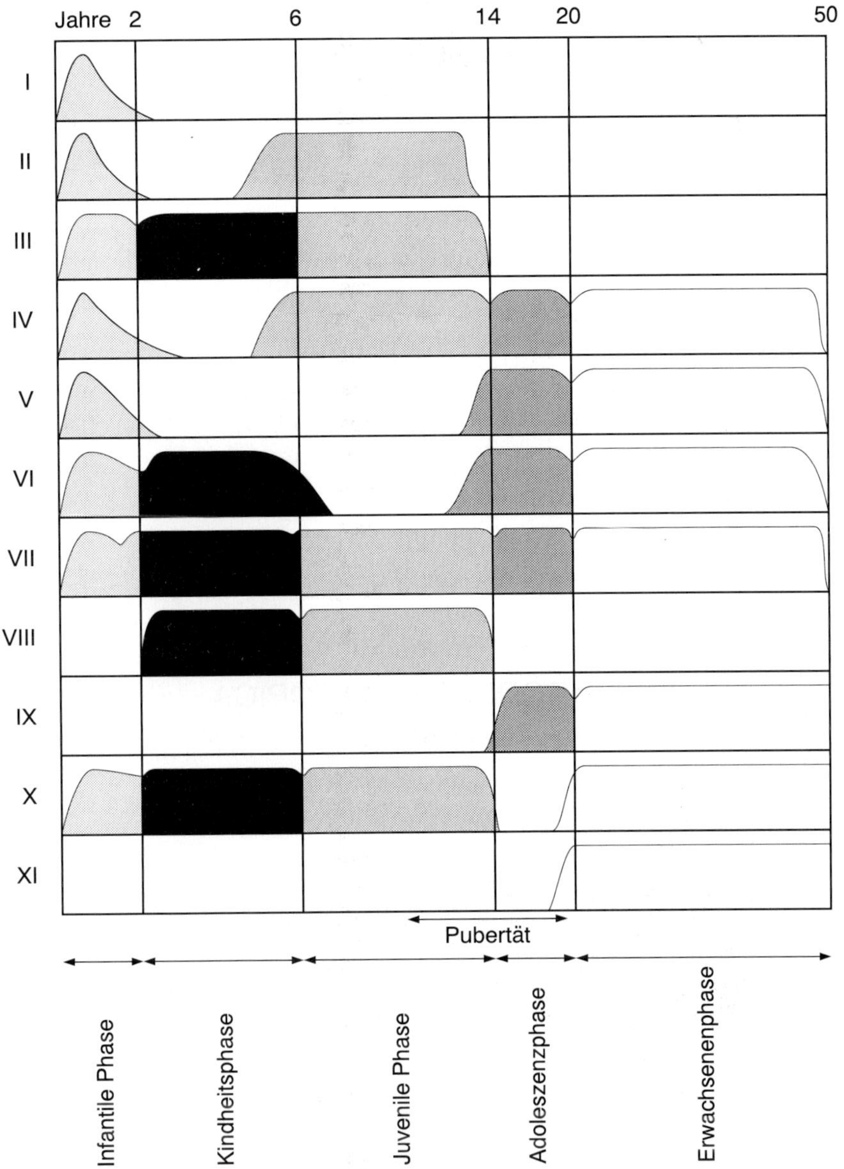

Abb. 9
Verlaufstypen der *Neurodermitis atopica* (nach B. Wüthrich und P. Schudel, 1983). *Verlaufstyp I* beginnt im Kleinkindesalter und endet auch dort. *Verlaufstyp II* beginnt im Kleinkindesalter und wiederholt sich nochmals in der Jugendphase. *Verlaufstyp VII* beginnt in der Kleinkindesphase und bleibt während des gesamten Lebens in verschiedenen Schweregraden bestehen. – Die durchschnittliche Erkrankungsdauer von 9,7 Jahren beim eigenen Patientengut zeigt, daß es sich im Durchschnitt um Verlaufstypen schwereren Ausmaßes handelt.

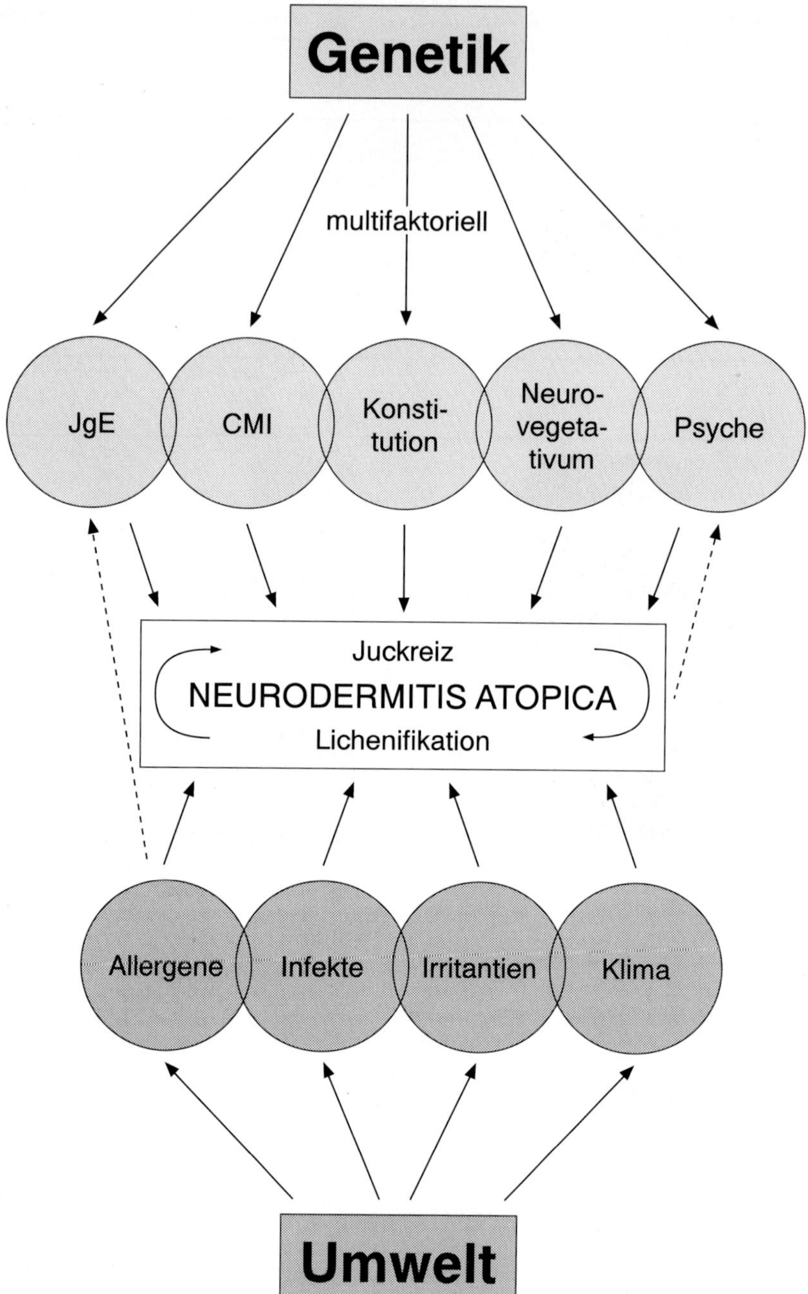

Abb. 10
Ätiopathogenetische Faktoren bei *Neurodermitis atopica*. Im Vordergrund stehen der Juckreiz und die Hautlichenifikation (CMI = cell-mediated-immunity).

Notfallmedikament, ist Cortison ein Segen und manch dramatischer Zwischenfall, etwa bei akuten allergischen Reaktionen oder Asthmaanfällen, würde ohne den Einsatz von Cortison zum Tode führen.

Eine zweite Gruppe von Medikamenten, die in unterschiedliche Funktionskreise eines allergischen Geschehens eingreifen, sind *Antiallergika;* Stoffe, die ziemlich am Ende eines derartigen Funktionsablaufes die Ausschüttung bestimmter Botenstoffe aus der Zelle verhindern, die sodann den Juckreiz auslösen würden. Bis es zur Auslösung des Juckreizes kommt, greifen sehr viele Funktionskreise ineinander. Daher gibt es verschiedene Arten von Antiallergika, je nachdem welcher Funktionskreis beeinflußt wird. So kann beispielsweise die Ausschüttung des Immunglobulins E gehemmt werden oder aber die Produktion von Botenstoffen, die viel früher diese Reaktion vermitteln, oder es wird die Ausschüttung gewisser nervaler Überträgerstoffe verhindern. Diese Substanzgruppe ist mit wesentlich weniger Nebenwirkungen behaftet.

Man sollte jedoch wissen, daß ein Großteil dieser Antiallergika müde macht und damit die Verkehrstüchtigkeit beeinträchtigt.

Hat man das auslösende Allergen eines Neurodermitisschubes exakt definiert, kann man es durch eine sogenannte *Hyposensibilisierung,* bei dem dieses Allergen in einer medikamentengerechten Zubereitung dem Patienten in steigender Dosis gespritzt wird, unschädlich machen. Der Patient entwikkelt dann eine sogenannte *Toleranz* gegenüber diesem Allergen und reagiert nicht mehr mit Juckreiz und Entzündungsschüben. Das exakte Geschehen, daß dieser Therapie zugrundeliegt, ist bis in seine letzten Details noch nicht entschlüsselt. Man weiß jedoch, daß durch die dauerende Zufuhr des fremden Allergens vermehrt Immunglobuline der G-Klasse gebildet werden, die sodann die Rezeptoren, d.h. die Kontaktstellen der empfänglichen Zellen besetzen, so daß der eigentliche Botenstoff, das IgE-Globulin, diese Zellen nicht mehr zur Ausschüttung der juckreizanregenden Stoffe bewegen kann. Der Vorteil dieser Behandlung liegt in der oft über Jahre oder gar Jahrzehnte zu erzielenden Beschwerdefreiheit oder Beschwerdeminderung. Ein Nachteil ist die über drei Jahre andauerende Spritzenserie, sowie plötzlich auftretende allergische Reaktionen während der Therapie, die bis zum Schock gehen können.

Eigenbluttherapien erwiesen sich in vereinzelten Fällen von Neurodermitis atopica immer wieder als wirksam. Sie werden in verschiedenen Formen und Zubereitungen bei allergischen und Autoimmunerkrankungen seit Jahrzehnten in der naturheilkundlichen Medizin angewandt. So kennt man die einfachste Form der Eigenbluttherapie, bei der bis zu 5 ml Venenblut entnommen und in das Gesäß zurückgespritzt werden; diese Form ist nach dem deutschen Arzt Prof. Bier benannt wird.

Wird dieses Eigenblut mit Ozonsauerstoffgemischen verschüttelt, erhöht sich die Wirksamkeit, wobei die Funktion, die das Ozon dabei ausübt, nur teilweise aufgeklärt ist. Diese Form einer einfachen Ozoneigenbluttherapie wurde nach ihrem Erfinder Dr. Windstosser benannt.

Man kennt eine weitere Eigenbluttherapie, bei der Eigenblut in verdünnter Form an ein sogenanntes *Immunadjuvans,* in diesem Falle Aluminiumhydroxid gebunden ist und in steigender Dosierung gespritzt wird (man spricht von einer Erfolgsquote bis zu 23 %). Ein Immunadjuvans ist ein Stoff, der sich mit dem immunreaktiven Substrat, hier dem Eigenblut, verbindet und die Immunantworten, die es auslöst, verstärkt.

Sodann kennt man noch eine Eigenserumtherapie nach Roter, bei der die zellulären Bestandteile des Blutes durch Zentrifugation abgetrennt werden und nur der flüssige Bestandteil als Medikament in verdünnter Form und in steigender Dosierung zugeführt wird.

Aus diesen vielfachen Anwendungsformen der Eigenbluttherapie wurde die *autohomologe Immuntherapie* entwickelt. Sie beruht auf folgenden Prinzipien:

Der Charakter und die Vorteile einer Eigenblutanwendung sollten gewahrt bleiben, d.h. Nebenwirkungsarmut und Nebenwirkungsfreiheit der Therapie – der oberste Grundsatz des Arztes: „nicht zu schaden“ – war die erste Maxime. Die Veränderungen einiger meßbarer Größen des Immunsystems bei Neurodermitis und anderen Autoimmunerkrankungen forderten geradezu dazu heraus, gerade diese Fraktionen zu benützen, um eine Gegensteuerung und Regulation des krankhaften Immungeschehens zu bewirken.

Die Aufgabe bestand also darin, diese Fraktionen zu gewinnen und mit körpernahen, möglichst körpereigenen Prozessen so zu verändern, daß sie einen neuen, besonders kräftigen Stimulus für das Immunsystem darstellten, sie aber dabei gleichzeitig in ihrer alten Struktur so zu belassen, daß kein neuer Allergenprozeß ausgelöst werden konnte.

Bei besonderen Erkrankungen besteht außerdem die Möglichkeit, durch quantitative Vermehrung bestimmter verminderter Fraktionen im Blut, etwa über Blutkulturen – man kann bestimmte weiße Blutkörperchen in Kulturen außerhalb des Körpers regelrecht züchten – und der daraus gewonnenen Produkte diese dann als Steuerung des fehlregulierten Immunprozesses in den Organismus zurückzugeben.

Aus dem bisher Gesagten geht schon hervor, daß der Begriff der *autohomologen Immuntherapie* eigentlich ein Sammelbegriff ist; denn die Abläufe bei verschiedenen Erkrankungen sind durchaus unterschiedlicher Natur, was zwingend eine spezielle Auswahl der einzelnen Blutfraktionen und deren besondere Weiterverarbeitung erfordert, um die notwendigen Impulse zur Gegensteuerung des Immunschadens auszulösen. Dies sei an zwei extremen Beispielen erläutert: Bei der erworbenen Immunschwäche (AIDS) besteht je nach Stadium der Erkrankung ein mehr oder weniger stark ausgeprägter Mangel an Helferzellen. Man wird also bestrebt sein, jene Fraktionen zuzuführen, die diesen Mangel an Helferzellen wieder ausgleichen **(Abb. 11)**. Das Gleiche gilt beispielsweise für Krebspatienten, die häufig einen weniger ausgeprägten, dafür aber um so konstanteren Mangel an Helferzellen aufweisen. Im Gegensatz dazu findet man beim Neurodermitispatienten sehr häufig einen Mangel an Suppressorzellen. Man wird ihm also Lysate jener Fraktion geben, die diesen Suppressorzellmangel wieder ausgleichen **(Abb. 12 u. 13)**. Selbstverständlich gibt es noch erheblich mehr Möglichkeiten, das Immunsystem zu steuern, jedoch genügen diese beiden Beispiele zum Verständnis der Therapie.

Bei der Entwicklung der autohomologen Immuntherapie mußten sehr viele Erfahrungen gesammelt werden, um die richtigen Blutanteile herauszufinden, die dann nach ihrer Verarbeitung zu Lysaten die gewünschten Steuerungseffekte auslösten. Als besonders wirksam erwies sich ein Lysat, das aus Blutplättchen und dem Serum des Patienten gewonnen wurde. Die Blutplättchen dienen in erster Linie der Gerinnung des Blutes, haben jedoch darüber hinaus auch noch wichtige Funktionen bei allergischen Prozessen zu erfüllen **(Abb. 14)**. Diese Lysate werden in einem mehrwöchigen Herstellungsprozeß aus den genannten Fraktionen produziert. Die Blutplättchen unterscheiden sich in einer wesentlichen Eigenschaft von den üblichen Blutkörperchen. Sie sind ziemlich ozonempfindlich und sind daher durch Ozonbegasung leicht aufzulösen, während andere Zellen dem Ozon erheblich mehr Widerstand entgegensetzen. Dieser Herstellungsprozeß, der zu einem wesentlichen Anteil auf einer gezielten mehrstufigen Ozonisierung beruht, darüber hinaus aber auch durch proteolytische (eiweißabbauende) Enzyme unterstützt wird, führt letztendlich also zu Lösungsprodukten aus dem Eigenblut, weshalb diese Medikamente auch *Lysate* oder *Hämolysate* genannt werden (der hier stark vereinfachte Prozeß läuft natürlich in Wirklichkeit etwas komplizierter ab; beispielsweise können bestimmte oxydative Teilschritte durch Zusätze von bestimmten Salzen gebremst werden oder auch durch andere Elemente beschleunigt werden).

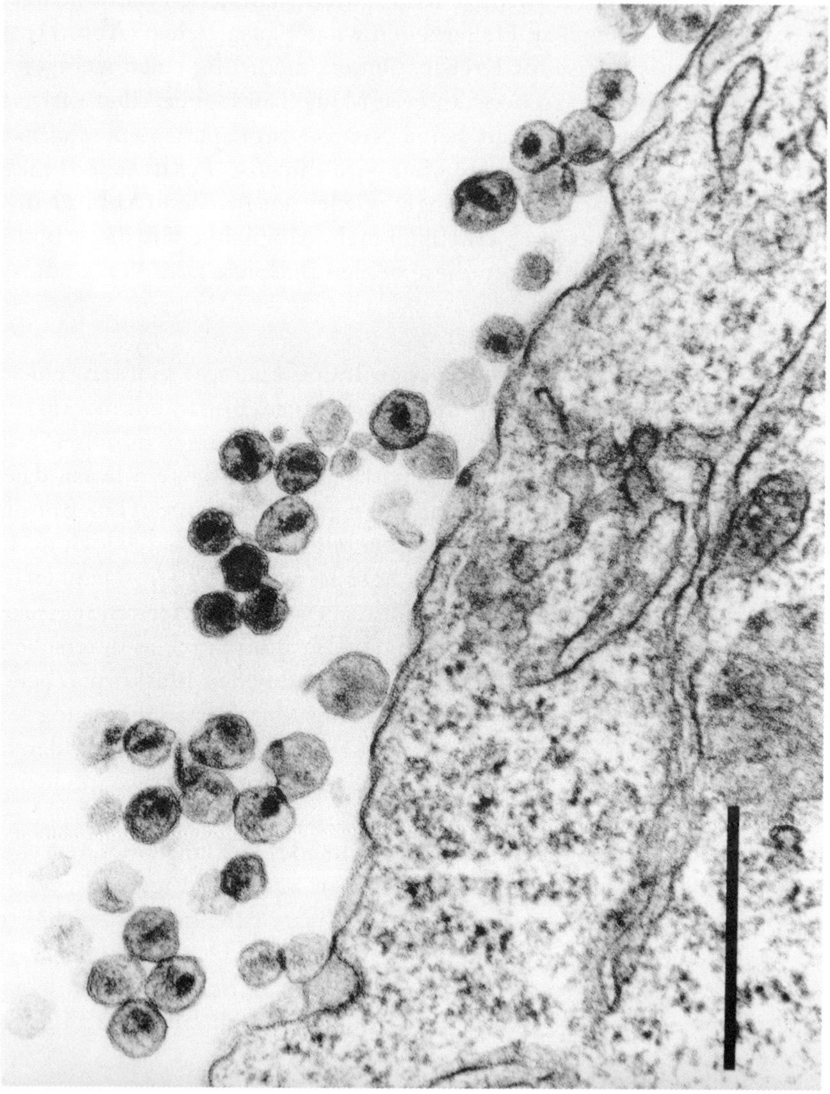

Abb. 11
AIDS-Viren verlassen eine T-Zelle (das AIDS-Virus vermehrt sich u. a. in T-Helferzellen und verursacht damit die Immunschwäche).

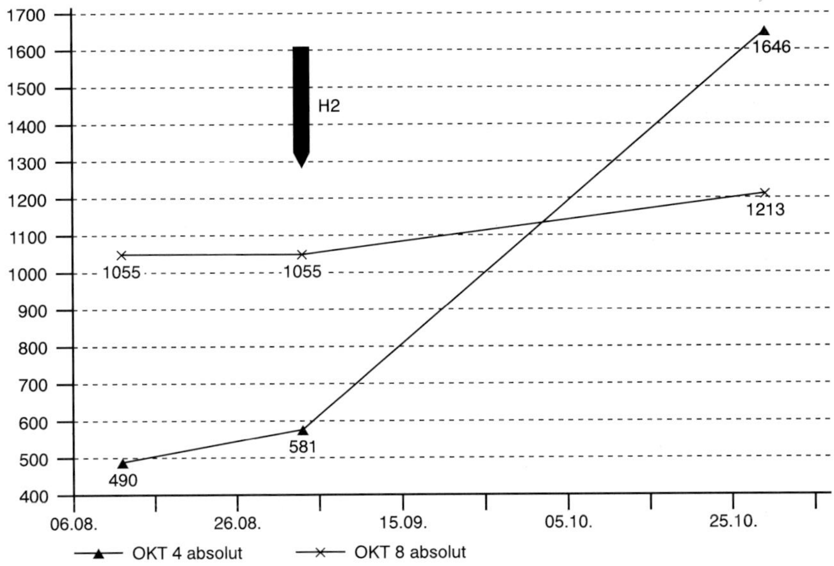

Abb. 12
Autohomologe Immuntherapie
OKT 4 = Helferzellen
OKT 8 = Impressorzellen
Quotient = Verhältnis von Helfer- zu Supressorzellen
H2 = Lysat zur Stimulation der Helferzellen

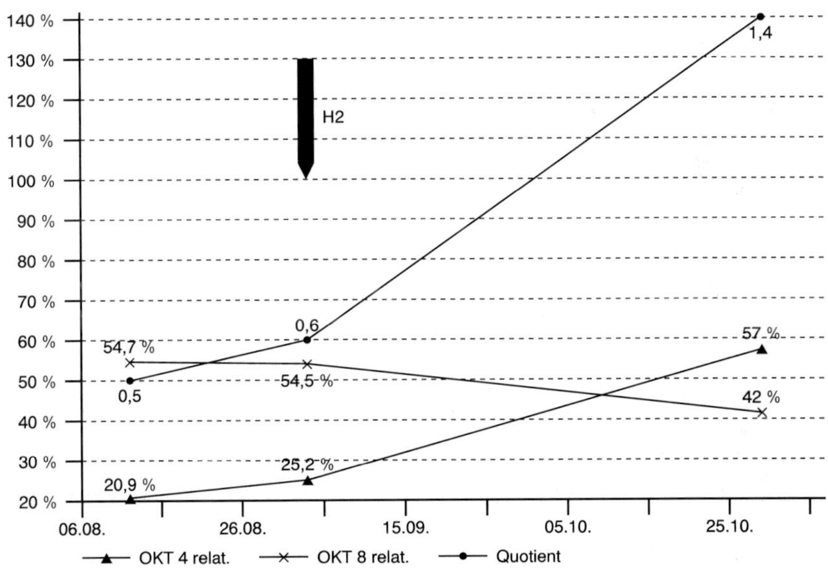

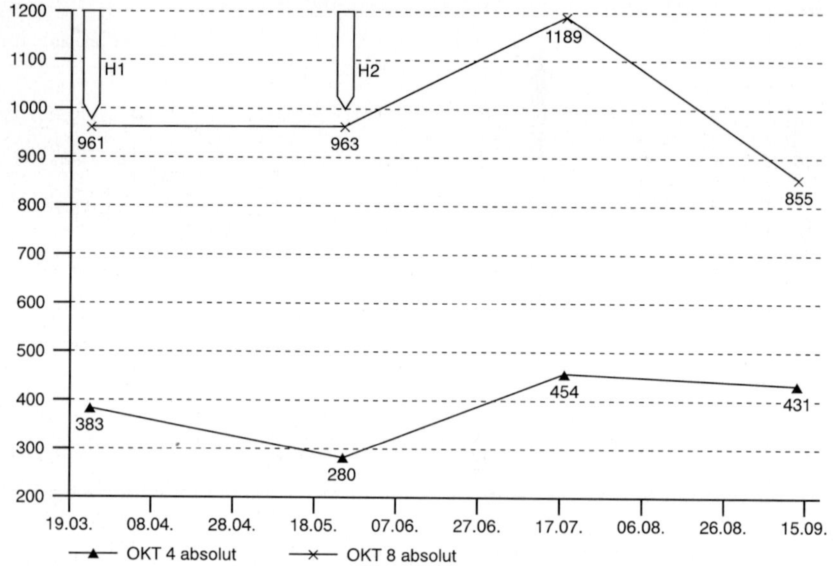

Abb. 13
Autohomologe Immuntherapie
OKT 4 = Helferzellen
OKT 8 = Impressorzellen
Quotient = Verhältnis von Helfer- zu Supressorzellen
H1 = Lysat zur Stimulation der Impressorzellen
H2 = Lysat zur Stimulation der Helferzellen

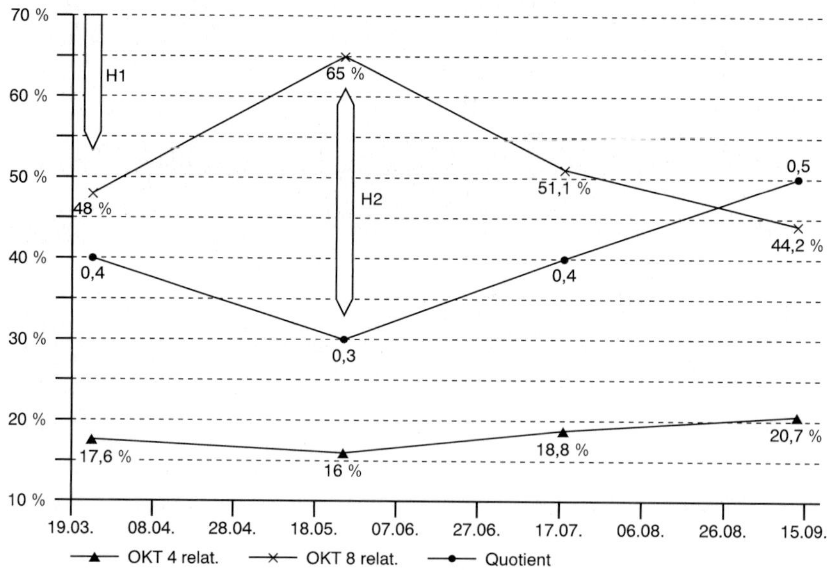

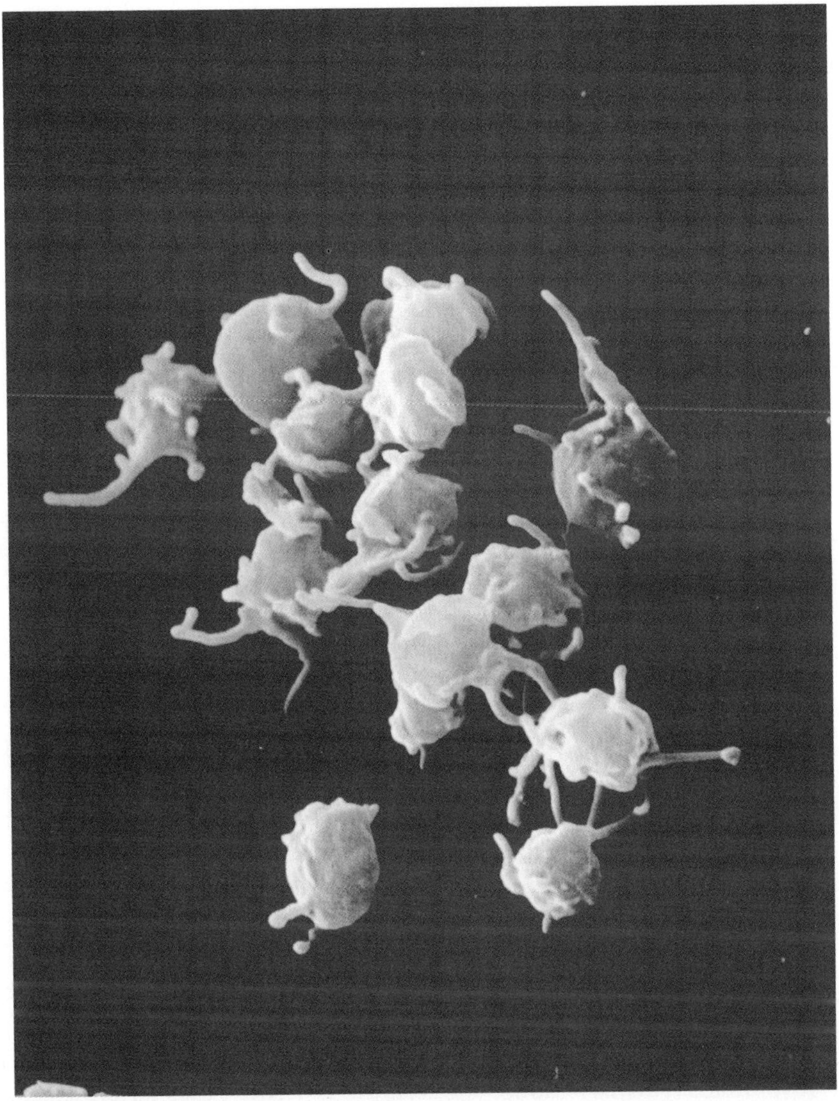

Abb. 14
Thrombozyt (Blutplättchen). Thrombozyten spielen in der Blutgerinnung eine wesentliche Rolle.

Grundlage der autohomologen Immuntherapie

Die Blutplättchen, die im eben beschriebenen Lysat eine wesentliche Rolle spielen, verdienen es, aufgrund ihrer besonderen immunologischen Eigenschaften einmal näher betrachtet zu werden:

- Sie sind an der Abwehr von bakteriellen Infektionen beteiligt, indem sie bakterienabtötende Stoffe *(Betalysin)* freisetzen; außerdem besitzen sie einige Merkmale, die auch der an späterer Stelle noch zu erwähnende Makrophage besitzt.
- Blutplättchen besitzen zudem Empfängerstellen für IgE-Globuline und IgG-Globuline, in der Fachsprache *Rezeptoren* genannt. Die IgE-Rezeptoren sind offensichtlich Glied eines Mechanismus zur Abwehr parasitärer Infektionen. Dies konnte man durch die Übertragung von Blutplättchen, die zuvor mit IgE-Antikörpern gegen Schistosomula – einem bestimmten Entwicklungstadium des Pärchenegels – markiert worden waren, auf Ratten und Mäuse nachweisen, die bislang mit diesen Parasiten keinen Kontakt gehabt hatten und auf diese Weise vor einer künftigen Infektion geschützt waren. Ein Teil des Spektrums antiallergischer Wirkstoffe, wie sie auch gegen Juckreiz und Heuschnupfen eingesetzt werden, beruht auf der Hemmung der Abgabe von IgE gesteuerten, freien Radikalen *(freie Radikale* sind hochreaktive Moleküle oder Atomgruppen, die elektrisch geladen als Ionen auftreten).

Seit 1955 ist bekannt, daß asthmatische Anfälle mit einem Mangel an Blutplättchen einhergehen. Dieser Mangel wird ausgelöst durch eine erhöhte Zusammenballung der Plättchen. Bei atopischen Asthmatikern ist außerdem die Lebensdauer der Blutplättchen stark verkürzt, was sich jedoch durch die Gabe von Cortison und bestimmten Antiallergika beheben läßt. Einige Abläufe im allergischen Geschehen der Lunge zeigen, daß die Blutplättchen sowohl Partner als auch Gegenspieler der eosinophilen Leukozyten sind.

Wenn ein Organismus von einem neuen Antigen getroffen wird, setzt eine ganze Kaskade von Prozeßschritten ein, die letztlich zur Produktion eines neuen Antikörpers führt. Diese Produktion beruht keineswegs auf einer absoluten Neuentwicklung, sondern die B-Zelle – dies ist die Antikörper produzierende Zelle – greift gleichsam in das eigene Lager mit fertig vorproduzierten Antikörpern, zerlegt den für das eingedrungene Antigen am besten passenden Antikörper in seine Bestandteile, setzt ihn neu zusammen, fügt gewissermaßen die passenden Schlüsselstellen dazu (die sogenannten *Epitope),* um ihn dann der körpereigenen Abwehr zur Verfügung zu stellen.

Man könnte also durchaus sagen, daß der Lösungs- und Spaltungsprozeß, der in der autohomologen Immuntherapie beispielsweise mit den Immunglobulinen, dem Reservoir unserer Antikörper durchgeführt wird, diesen feingliedrigen Prozeß, den die B-Zelle durchführt und den man in der Fachsprache „*Splitting*" nennt, im groben nachvollzieht. Da nunmehr das körpereigene Immunsystem mit seinen eigenen Exprimaten, bzw. mit den Bruchstücken dieser Exprimate erneut konfrontiert wird, könnte man dies als einen Prozeß verstehen, den man als *Anti-Antikörperprozeß* bezeichnet. Der Entdecker derartiger Prozesse, Nils Kai Jerne, hat dafür den Nobelpreis bekommen. Gerechterweise muß aber erwähnt werden, daß echte Anti-Idiotyp-Antikörperprozesse, wie sie eben beschrieben wurden, in der Regel durch Antikörperübertragung von einer Spezies, beispielsweise von Kaninchen, auf eine andere Spezies, also z.B. auf Meerschweinchen, erzeugt wurden. Zumindest aber bietet sich die Therapie der Anti-Idiotyp-Antikörperbildung sehr wohl bei der autohomologen Immuntherapie an, um die außerordentliche Effektivität, die diese Therapie bislang bei der Neurodermitis gezeigt hat, zu erklären.

Was geschieht bei der autohomologen Immuntherapie?

Die Neubildung ganzer Antikörperfamilien ist immer verbunden mit der Entwicklung ganzer Lymphozytenfamilien. Das Immunsystem merkt sich nämlich das Gesicht jedes Eindringlings, speichert es in einer Gedächtniszelle, die dann bei erneutem Kontakt den Antikörper nicht mehr neu durch Aufspaltung aus vorhandenen ähnlichen Antikörper entwickeln muß, sondern sogleich mit der richtigen Immunantwort paratsteht. Dies kann man sehr schön demonstrieren durch Kontrolle der jeweilen Antikörperspiegels nach Erst- und Zweitkontakt mit einem Antigen, die im zweitem Fall wesentlich höher und schneller ansteigen. Gibt man beispielsweise die AHIT-Lysate (*A*uto*h*omologe *I*mmun*t*herapie) in eine Kultur mit Lymphozyten, dann werden diese aufgrund der oben geschilderten Zusammenhänge zur Zellteilung angeregt. Es ist interessant, daß die Lysate dabei die eigenen Lymphozyten viel stärken anregen, als beispielsweise fremde Lymphozyten. Dieser Reiz der Anregung durch die körpereigenen Lysate ist stärker als ein standardisiertes Pflanzenlektin, das *Phythaemagglutinin,* das üblicherweise als Vergleichssubstanz zur Stimulation des Lymphozytenwachstums herangezogen wird **(Abb. 15)**.

Untersucht man nun, welche Art von Lymphozyten in der Kultur besonders stimuliert wird, findet man überraschenderweise T-Helferzellen; das sind jene Zellen, die im Prozeß der Antigenerkennung und in der Steuerung der Abwehr von besonderer Bedeutung sind. Es findet also ein Prozeß statt, als ob der Lymphozyt einem neuen Antigen begegnen würde. Tatsächlich

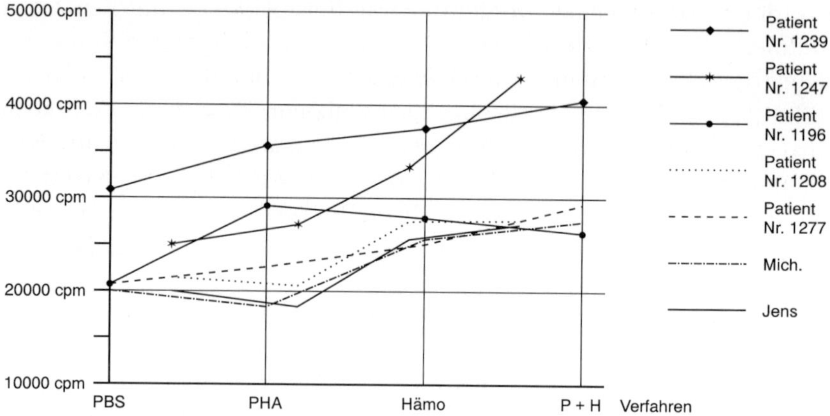

Abb. 15
5 d nach Stimulation

jedoch muß er offenbar einem Antigen begegnen, das mit der Neurodermitis eng verbunden ist. Denn bei der autohomologen Immuntherapie kommt es in 40 % der Fälle bei Erwachsenen und – in einem etwas höheren Prozentsatz bei Kindern – zu einer sogenannten *Erstverschlimmerung*. D.h., daß sie die jeweils im Vordergrund stehenden Symptome, das Hautbild des Patienten und der Juckreiz, zunächst verschlimmern. Gerade also der Ablauf der Antigenerkennung, in den die T-Helferzelle eingebaut ist, führt beim Neurodermitiker zu den besagten Hautreaktionen. Auch das Gegenexperiment bestätigt diese Zusammenhänge: Setzt man nämlich das Lysat wieder ab, beruhigt sich die Haut nicht selten innerhalb weniger Stunden.

Behandelt man einen Asthmatiker mit AHIT, dann reagiert er durchaus in ähnlicher Weise, sofern er überhaupt eine Erstverschlimmerung bekommt, d.h.: es tritt eine Verschlimmerung seiner Bronchialsymptomatik auf, ein Rheumapatient hat vermehrt Schmerzen an seinen erkrankten Gelenken, einem Heuschnupfen-Patienten fließt die Nase usw. Es scheint also tatsächlich so zu sein, als ob durch dieses Lysat dem Körper Gelegenheit gegeben wird, den eigentlichen Urheber der Neurodermitis ausfindig zu machen und ihn erneut zu bekämpfen. Daher hat die Therapie der autohomologen Immuntherapie durchaus Gemeinsamkeiten mit der sogenannten *Hyposensibilisierung*, die wir weiter oben bereits erwähnt hatten. Allerdings mit einem ganz entscheidenden Vorteil: Schockzustände wie sie durch die Einverleibung von Fremdeiweißen, beispielsweise von Lösungsprodukten aus Pollen-, Bienengift- oder Milbenextrakten ausgelöst werden können, treten bei der autohomologen Immuntherapie nicht auf, da es sich ja immer um körpereigene Eiweiße handelt.

Daß durch die autohomologe Immuntherapie tatsächlich dieser Standardablauf eines Antigen-Antikörperkontaktes nachvollzogen wird, läßt sich übrigens durch Kontrolle jener Empfängerstellen auf den Lymphozyten belegen, die vom Fachmann *Rezeptoren* genannt werden. Mißt man nämlich bei Neurodermitikern die Antwort dieser Rezeptoren auf das Lysat, dann finden wir in den Fällen, in denen eine Erstverschlimmerung stattfindet, ein Ansteigen der Rezeptoren, die auf besagten Immunreiz antworten, während sich in jenen Fällen, in denen diese Immunantwort nicht möglich ist, die Anzahl der Rezeptoren verringert **(Abb. 16, 17)**.

1959 entdeckte man, daß es während der Reifung von Lymphozyten ein Stadium gibt, in dem ein Antigenkontakt die Entwicklung des Lymphozyten so beeinflußt, daß er seine Immunfunktionen einbüßt, d.h. der Lymphozyt wird auf dieses Antigen „tolerant". Kurz darauf, in den frühen Sechzigern, zeigte sich, daß *Toleranz* und *Immunität* sowohl bei neugeborenen als auch bei erwachsenen Tieren mit jeder Art von Antigen angeregt werden kann. Es hing dabei allein von der Dosis ab, ob eine Toleranz entstand. Der immunologische Begriff der Toleranz ist möglicherweise der Schlüssel zur Erklärung der Wirksamkeit der autohomologen Immuntherapie.

Beachtet man nun zwei Prozesse, die sowohl im Laborversuch als auch beim Patienten mit der AHIT beobachtet werden konnten, nämlich:

A) Eine erste Anregung der T-Helfer-Zellen unter der AHIT und
B) eine Anhebung der Suppressorzellen bei gleichzeitiger Besserung des Krankheitsbildes,

dann muß man die Entwicklung einer sog. T-Zell-Toleranz durch die autohomologe Immuntherapie annehmen. Daneben ist nicht zu vergessen, daß man neben der T-Zell-Toleranz auch eine B-Zell-Toleranz kennt, die sich in einigen Merkmalen von ersterer unterscheidet:

1. Die Toleranz der T-Zellen entwickelt sich schneller
2. Sie hält wesentlich länger vor als die der B-Zellen
3. Die notwendigen Antigendosen zur Anregung einer T-Zell-Toleranz liegt um etwa das 1 000-fache niedriger. (Bei der Entwicklung der T-Zellen-Toleranz spielen die Suppressorzellen eine besondere Rolle. In Tierexperimenten hat man durch Überimpfen von T-Suppressorzellen von einem Tier auf das andere eine Toleranz, wenn auch nur zeitlich begrenzt, übertragen können.)

Da 30 % der Patienten, die sich einer AHIT unterziehen, in der Anfangsphase der Therapie eine Besserung des Hautbildes zeigen, während 40 % (der Erwachsenen) mit einer Anfangsverschlechterung reagieren, kann man demnach bei 70 % aller Patienten Reaktionen auf den ersten Immunstimulus der AHIT beobachten. Ein kleinerer Teil der Patienten reagiert erst bei wesentlich höheren Dosen, die häufig bei der 1 000- bis 100 000-fachen der Initialdosis liegen.

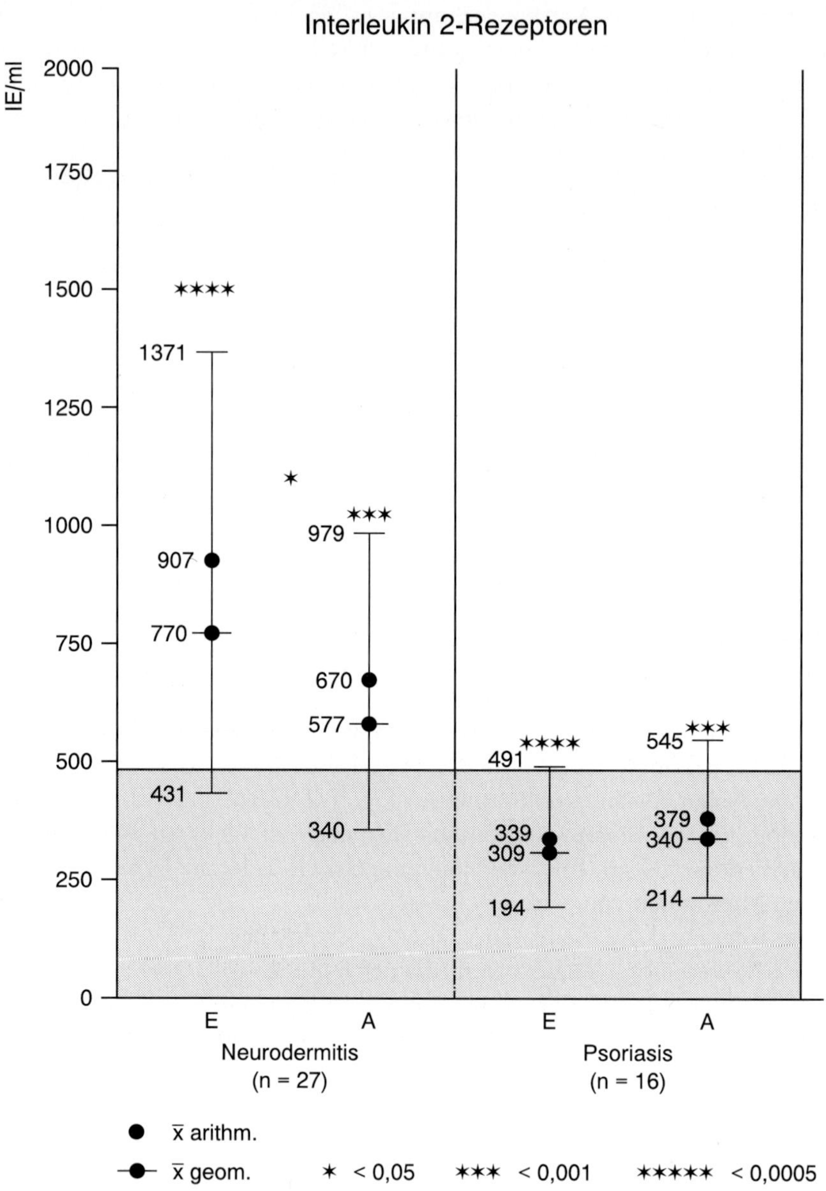

Abb. 16
Das Interleukin ist ein Botenstoff, der in unmittelbarer Beziehung zum Zellteilungsvermögen einiger Untergruppen der Lymphozyten steht. Der Spiegel der Interleukin-2-Rezeptoren gilt als ziemlich exaktes Maß für den Schweregrad der Erkrankung. Er wurde hier bei einer Patientengruppe vor und nach dem Aufenthalt in einer allergenarmen Umgebung (Davos) gemessen. Bei der Kontrollgruppe der Psoriasiskranken, der „Schwester" der Neurodermitis, liegt dieser Spiegel deutlich niedriger.

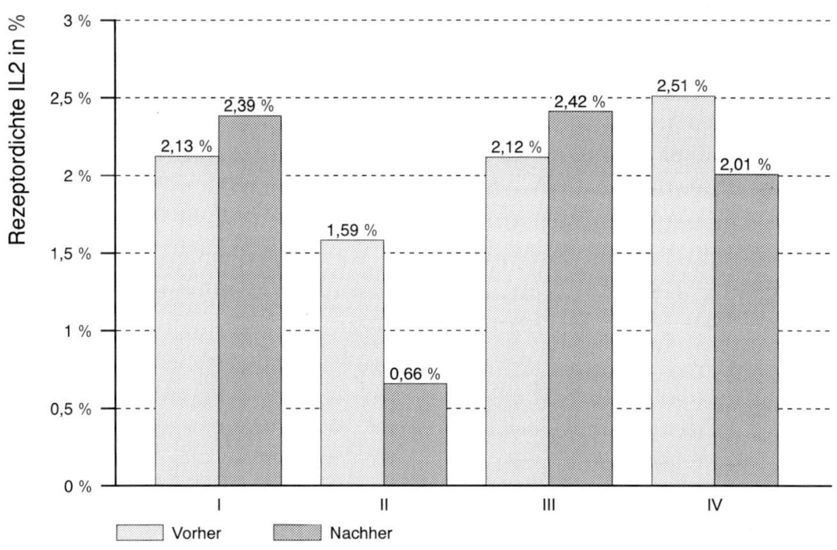

Abb. 17 Rezeptordichte IL2 in Prozenten nach vier Wochen AHIT.
Fall I. u. III. Erstverschlimmerung der N.a.
Fall II. u. IV. sofortige Besserung der N.a.

Man könnte also den erstgenannten Teil der Patienten, der auf die niedrigen Dosen reagierte, durchaus einer Toleranzzone zuordnen, die man in schönem wissenschaftlichem Neudeutsch „*Low zone Toleranz*" nennt, während die letztgenannte Gruppe einer „*High zone Toleranz*" zugehören könnte. Entscheidend scheint jedoch zu sein, daß die Therapie kontinuierlich durchgeführt wird, wie dies in den weiter unten angeführten Dosierungsanleitungen noch vorgestellt werden wird. Aufgrund der klinischen Erfahrung kann man sagen, daß nur die Langzeittherapie – genau wie bei der Hyposensibilisierung auch – von einem Langzeiterfolg bei der AHIT gekrönt ist, was wiederum einem zentralen Grundsatz der Toleranzentwicklung entspricht:

Voraussetzung für die Entwicklung einer Toleranz ist die kontinuierliche Anwesenheit eines Antigens.

Lysatproduktion und Lysatwirkungen

Ein Arzneimittelhersteller ist grundsätzlich verpflichtet, die Wirksamkeit seiner Medikamente auch im Hinblick auf deren Lagerungsfähigkeit zu überprüfen. Für die Lysate, die im Rahmen der AHIT gewonnen werden, gelten jene Vorschriften, denen auch Blutprodukte unterliegen, die üblicherweise in

Blutbanken hergestellt werden. Bei der Analyse der einzelnen Schritte des Herstellungsprozesses wurde daher überprüft, inwieweit sich die Immunglobuline, die bei der Blutabnahme im Patientenblut enthalten waren, noch nachweisen ließen. Dazu wurde zunächst einmal die Größe der Eiweißbruchstücke bestimmt, von denen das größte Bruchstück immerhin noch wesentlich kleiner war als das kleinste Immunglobulin. In den Lysaten konnte also kein Immunglobulin mehr enthalten sein. Ziemlich überrascht waren daher die Untersucher, als sie feststellten, daß sich sowohl nach den einzelnen Prozeßschritten als auch nach mehr als einjähriger Lagerung sich bei einer Reaktion mit speziellen Antikörperseren immer noch Immunglobuline nachweisen ließen (s. **Abb. 18, 19, 20**). Dieser ließ nur einen Schluß zu: Die Bruchstücke, die bei dem Herstellungsverfahren aus den Immunglobulinen des Patienten entstehen, sind zwar selbst keine vollständigen Immunglobuline mehr, erfahren aber offensichtlich eine Aktivierung, sodaß sie wie vollständige Immungobuline reagieren.

Ein weiteres Phänomen überraschte: Im sogenannten *Elisa-Test,* einem hochspezifischen Verfahren, mit dem sowohl Antigene als auch Antikörper exakt nachgewiesen werden können, erwiesen sich Neurodermitisseren, die nach dem AHIT-Verfahren hergestellt worden waren, als „omnipotent". Sie banden sämtliche Antigene, mit denen sie in Berührung kamen, obwohl diese

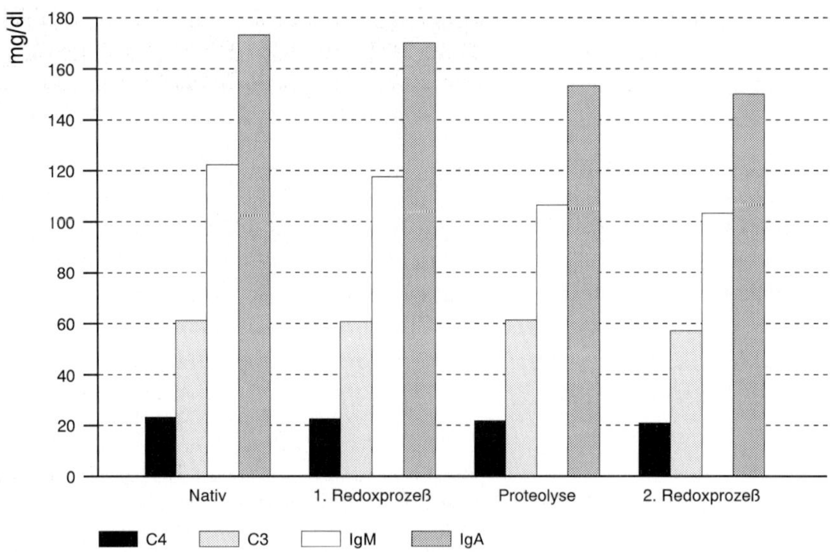

Abb. 18
C3/C4-Komplement, IgA, IgM unter AHIT-Prozeß (n=11)

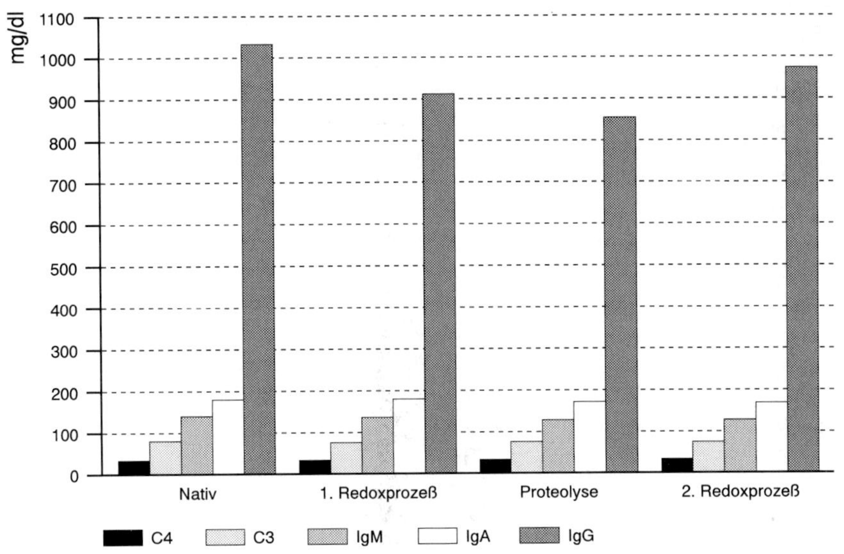

Abb. 19
C3/C4-Komplement, IgA, IgM, IgG unter AHIT-Prozeß (n=11)

Antigene keine Beziehung zum Krankheitsgeschehen der Neurodermitis hatten. Man könnte also durchaus sagen, daß durch den Aufarbeitungsprozeß das Serum eines Patienten eine Aktivierung erfährt, ähnlich einem „Hyperimmunglobulinserum", wie es beispielsweise auch vorbeugend bei Reisen in tropische Länder verabreicht wird, um vor Infektionen zu schützen.

Eine Zelle verdient im Zusammenspiel der Immunabwehr ganz besondere Beachtung: Der Makrophage – deutsch: der *Großfresser*. Es ist jene Zelle, die in der Lage ist, Bakterien zu vernichten, indem sie sie einfach auffrißt und durch zelleigene Fermente und Prozesse – die übrigens denen, die das Ozon bei der Lysatherstellung übernimmt, nicht unähnlich sind – auflöst. Diese Makrophagen spielen in einem zweiten Lysat ein ganz besondere Rolle, da sich gezeigt hatte, daß sich ab einem bestimmten Alter der Wechsel zwischen der Stimulation und der Hemmung des Lymphozytennachwuchses besonders günstig auf die Beseitigung einer Neurodermitis auswirkt. Man kann mit einem Lysat, das auf ähnliche Weise erzeugt wird, wie es weiter oben beschrieben wurde, dessen Ausgangsprodukte jedoch weiße und rote Blutkörperchen sind, „die Nachwuchsförderung" der Lymphozyten bremsen. Das gelingt zumindest in einer Zellkultur. Selbstverständlich kann man derartige Ergebnisse, die außerhalb des Körpers in einer künstlich geschaffenen

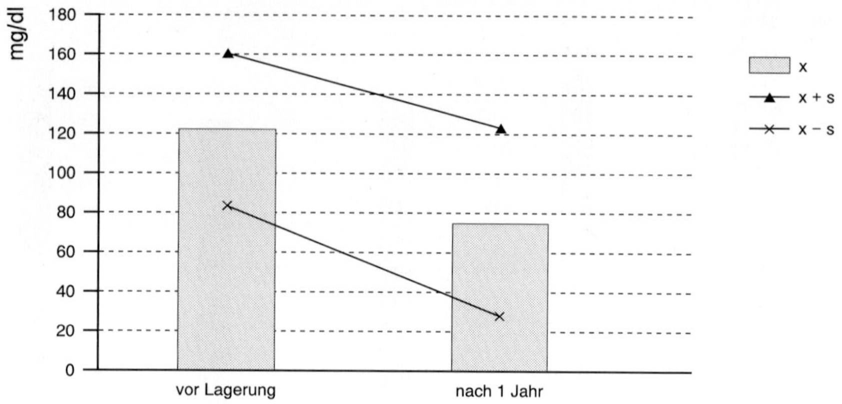

IgA- Kontrolle vor und nach einem Jahr Lagerung

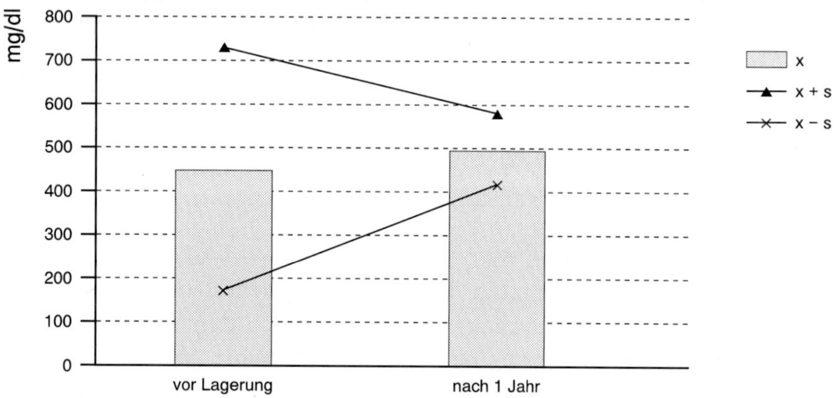

IgG-Kontrolle vor und nach einem Jahr Lagerung

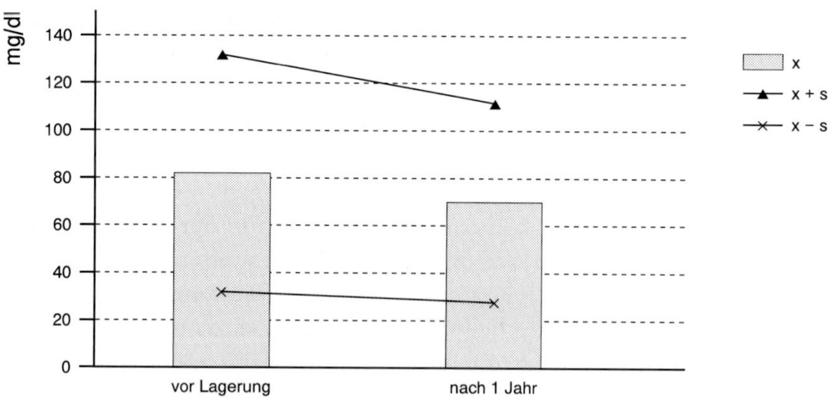

Abb. 20 IgM-Kontrolle vor und nach einem Jahr Lagerung

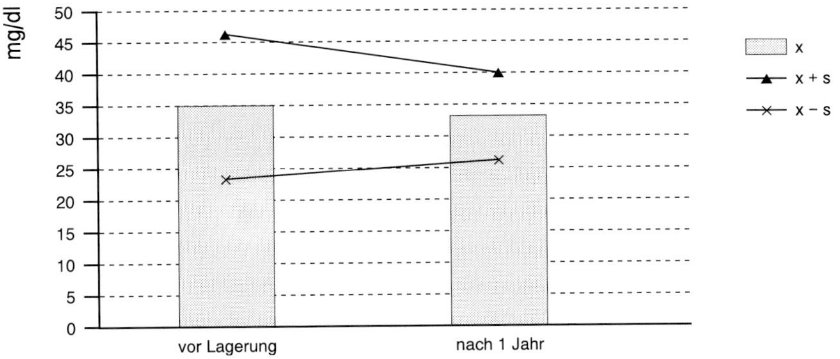

C3-Kontrolle vor und nach einem Jahr Lagerung

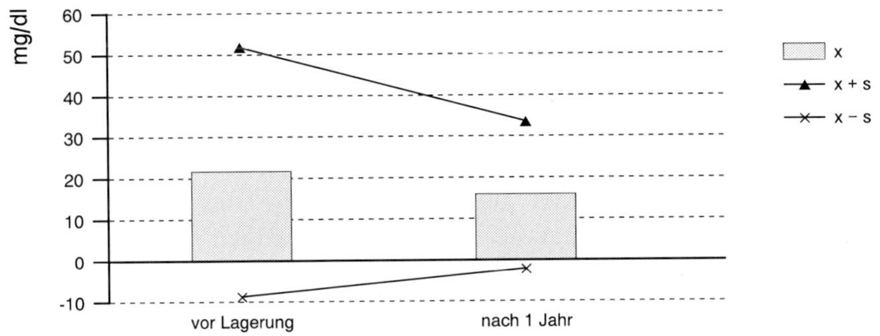

Abb. 20 C4-Kontrolle vor und nach einem Jahr Lagerung

Atmosphäre erzielt werden, nicht unbedingt auf die Antwort unseres Organismus übertragen. Dennoch stellte sich aber bei Kontrollen nach längerer Zeit tatsächlich heraus – dies allerdings bei AIDS-Patienten – daß sich die Helferzellen auf derartige Steuerungsimpulse wenigstens teilweise wieder erholen.

Ist diese Wirkungsweise der autohomologen Immuntherapie auch für den Fachmann noch einsichtig, so streikt doch bei vielen das Verständnis, sofern man diese Effekte auch mit einem Lysat aus den Eiweißanteilen des Urins erzielen will. Denn der Eiweißanteil im Urin ist ungleich geringer als etwa der im menschlichen Serum. Die gesunde Niere scheidet meist weniger als 100-150 mg Eiweiß pro 24 Stunden aus. Allerdings handelt es sich dabei um besondere Eiweiße, denn nur ein Teil von ihnen stammt aus dem Blutplasma. Die übrigen werden von der Niere direkt ausgeschieden. Offenbar ist die

Mischung, die dabei abgesondert wird, ganz besonders brisant. Denn trotz der wesentlich geringeren Konzentration an Eiweißen im Urin genügt ein Lysat, das nach dem oben umrissenen Verfahren aus diesen Eiweißen gefertigt wird, nicht selten in einer Verdünnung von 1:1 000 000 um noch eine Immunantwort in Form einer Erstverschlimmerung auszulösen. Diese Auswahl, die die Niere aus dem Plasmaeiweiß trifft, enthält beispielsweise jenes *Alpha I Anti-Trypsin,* das normalerweise beim Neurodermitiker im Serum vermindert ist, darüber hinaus auch einige an Zucker gebundene Eiweiße und einen Transportstoff für Eisen. Außerdem lassen sich verschiedene Immunglobuline nachweisen, von denen man eine höhere Anzahl an Ketten und Kettenbruchstücken findet. Auch das oben bereits erwähnte Ceruloplasmin und Haptoglobin konnte man aus Urin gewinnen.

Sicherlich hat der Anteil an Harnstoff, der in den AHIT-Lysaten aus dem körpereigenen Urin enthalten ist, keinen unmittelbaren Einfluß auf den verringerten Harnstoffgehalt der Haut des Neurodermitikers. Dem Homöopathen sagen diese geringen Anteile in den Lysaten jedoch erheblich mehr; denn so, wie die geringen Eiweißanteile im Urinlysat offenbar genügen, um eine Immunantwort auszulösen, ist auch der geringe Anteil an Harnstoff durchaus geeignet, in Form eines Steuerungsimpulses Regulationsprozesse an der Haut auszulösen.

Diese Aussage ist sicherlich geeignet, einige Spezialisten für Hautkrankheiten zum Widerspruch anzuregen. Hier sei mir jedoch eine grundsätzliche Argumentation erlaubt: Wir haben das mechanistische Zeitalter längst hinter uns gelassen und befinden uns nach Ansicht einiger Vordenker unserer Zeit längst im kybernetischen Zeitalter. Man stelle sich nur einmal vor, welch geringer Impuls eines Computers genügt, um eine Riesenmaschinerie in der Technik in Bewegung zu setzen. Oder bildlich gesprochen: An der Ampel wechselt Rot auf Grün und dieses Signal genügt, um – über Auge und Hand der Autofahrer als Zwischenstation – durch die Kraftentfaltung beispielsweise von mehreren 100 PS Tonnen in Bewegung zu setzen.

Genauso ist es denkbar, daß ein schwaches Signal, das nicht einmal seinen Ausgangspunkt in einer materiellen Formation haben muß, beispielsweise eine homöopatische Aufbereitung mit wenigen Molekülen in der Lösung, sondern durchaus immaterieller Natur sein kann – etwa ein schwaches Lichtsignal – eine Kettenreaktion in unserem Organismus in Gang setzt, die letztlich zu einer Heilung führt. Auch der Wechsel des Ampelsignals von Rot auf Grün ist letztlich nur ein Lichtsignal und bewegt sich auf der Grenze zwischen Materie und Energie.

Die Erfahrung hat gezeigt, daß Kinder im Kleinkindalter bis zu zwei, drei Jahren auf die orale Therapie mit Urinlysaten am besten reagieren. Mit zunehmenden Alter wird auf eine alleinige Therapie mit *Urolysaten* der Effekt schwächer und die Rückfallquote häufiger.

Für Fachleute bleibt häufig die Frage offen, wieso es genügt, diese Eiweißlysate einfach als Tropfen einzunehmen. Das Wissen darum, daß durch oral zugeführtes Antigenmaterial eine Immunreaktion zu regulieren ist, ist jedoch keineswegs neu. Schon 1911 konnte H. Gideon Wels zeigen, daß bei Meerschweinchen kein Schock nach Injektion von Fremdeiweiß auftrat, wenn die Tiere Wochen vorher mit eben diesem Eiweiß gefüttert wurden. Vor kurzem wurde außerdem in *Science*, einer sehr renommierten, englischsprachigen wissenschaftlichen Zeitschrift, über ein Tiermodell berichtet, bei dem eine multiple Sklerose simuliert wurde: Bei Ratten wurde zunächst experimentell eine allergische Entzündung des Gehirns und Rückenmarks durch Injektion von Nerveneiweiß erzeugt. Das injizierte Eiweiß löste daraufhin Immunreaktionen an den Nerven aus, die der Symptomatik der menschlichen multiplen Sklerose ähnelten. Wurden die Tiere jedoch schon vorher mit diesem Nerveneiweiß gefüttert, blieben sie gesund. Diese Nerveneiweißfütterung war aber auch dann noch sinnvoll, wenn die Erkrankung bereits ausgebrochen war. Die Symptome besserten sich und Rückfälle konnten vermieden werden. In der Tat ist, anatomisch gesehen, der größte Teil des menschlichen Immunsystems um den Darm herum plaziert, in den sogenannten *Peyerschen Plaques*, einem lymphatischen Gewebe, dessen Raumanteil zusammengenommen höher ist als etwa der von Thymusdrüse und Milz zusammen.

Dann und wann findet man beim Neurodermitiker auch einen *Immunglobulin-A-Mangel,* also ein Mangel jenes Eiweißkörpers, der besonders mit der Immunabwehr auf Schleimhautoberflächen zu tun hat. Nach Ansicht vieler Naturheilkundler wird die Bedeutung des Darms im Rahmen der Neurodermitistherapie viel zu wenig gewürdigt. Zwar gibt es lt. einer großen englischen Studie nur 10 % echte Nahrungsmittelallergien, die eine Neurodermitis mit unterhalten, nach eigenen Statistiken sprechen jedoch 40 % aller Neurodermitiker auf eine *Selektionsdiät* (Auswahl bestimmter Nahrungsmittel, die vom Neurodermitiker vertragen werden) an.

Praktische Anwendung der autohomologen Immuntherapie

Wie geht nun eine derartige Therapie praktisch vor sich? Bei Kleinkindern genügt, wie oben bereits erwähnt, bis zu einem Alter von 2 bis 3 Jahren Urin als Ausgangsmaterial. Es mussen 50 ccm Urin abgegeben werden, die sodann in einem 8 Tage dauernden Herstellungsprozeß zu jenem Medikament, *Urolysat* genannt, verarbeitet werden. Dieses Urolysat wird sodann in 10er Schritten mehrfach verdünnt und dann in steigender Dosierung eingenommen, was möglichst über ein Jahr lang beibehalten werden sollte. In der Regel wird jedoch bereits innerhalb des ersten Halbjahres eine entscheidende Besserung des Hautbildes erzielt (s. Ergebnisse weiter unten). Die Dosissteigerung soll mit dem nachfolgenden Schema etwas ausführlicher erläutert werden, wobei D 4, D 3, D, D 1 verschiedene Verdünnungsstufen bezeichnen:

Dosierungsanleitung für die orale Einnahme von 03 Lysat (aus Urin) bei Kindern

Die Tropfen werden morgens nüchtern eingenommen und müssen im Kühlschrank aufbewahrt werden. Bitte notieren Sie die Tropfenmenge auf einem Plan.

1. Tag: 1 Tropfen D 4 03			
2. Tag: 1 Tropfen D 4 03			
3. Tag: 1 Tropfen D 4 03			
4. Tag: 2 Tropfen:	morgens 1	mittags 1 D 4 03	
5. Tag: 2 Tropfen:	morgens 1	mittags 1 D 4 03	
6. Tag: 2 Tropfen:	morgens 1	mittags 1 D 4 03	
7. Tag: 3 Tropfen:	morgens 1	mittags 1	abends 1 D 4 03
8. Tag: 3 Tropfen:	morgens 1	mittags 1	abends 1 D 4 03
9. Tag: 3 Tropfen:	morgens 1	mittags 1	abends 1 D 4 03
10. Tag: 4 Tropfen:	morgens 2	mittags 1	abends 1 D 4 03
11. Tag: 4 Tropfen:	morgens 2	mittags 1	abends 1 D 4 03
12. Tag: 4 Tropfen:	morgens 2	mittags 1	abends 1 D 4 03
13. Tag: 5 Tropfen:	morgens 2	mittags 2	abends 1 D 4 03
14. Tag: 5 Tropfen:	morgens 2	mittags 2	abends 1 D 4 03
15. Tag: 5 Tropfen:	morgens 2	mittags 2	abends 1 D 4 03

Bitte wie oben weiter steigern, bis Sie bei 10 Tropfen D 4 angelangt sind.

Wenn nach Angabe des Arztes weiter gesteigert werden soll:

3 Tage 11 Tropfen D 4 auf morgens (4), mittags (4), abends (3) verteilen,

3 Tage 12 Tropfen D 4 auf morgens (4), mittags (4), abends (4) verteilen,

3 Tage 13 Tropfen D 4 auf morgens (5), mittags (4), abends (4) verteilen (wie oben weiterführen, bis Sie bei 20 Tropfen D 4 angelangt sind.

Täglich 20 Tropfen einnehmen, bis die Flasche leer ist.

Wenn D 4 leer ist, beginnt man mit D 3 wieder mit 1 Tropfen und steigert wie bei D 4 beschrieben. Dasselbe erfolgt dann mit D 2, D 1 und D 0.

Bei jeder Verschlimmerung sowie zwischendurch sollte in regelmäßigen Abständen telefonische oder persönliche Rücksprache mit dem behandelnden Arzt erfolgen!

Bei Kleinstkindern ist ein Behandlungsbeginn mit einer D 6 (Verdünnung 1:1 Million) zu empfehlen.

Sind die Kinder älter als 3 Jahre, ist man gut beraten, zweigleisig zu fahren; d.h. man läßt aus dem Blut des kleinen Patienten ein Lysat herstellen, das – auf gleiche Weise verdünnt – ebenfalls als Tropfen eingenommen werden muß. Auch hier erfolgt die allmähliche Steigerung in kleinen Schritten und wird vom Arzt je nach eintretender Reaktion gesteuert. In der Regel kann man Patienten bis zu einem Alter von 6 bis 7 Jahren, in einigen Fällen auch ältere, nach dieser Art behandeln. Sind die Patienten älter, dann sollte darüber hinaus auch parenteral behandelt werden, d.h. der Patient sollte 1-2 mal wöchentlich subkutan (unter die Haut) eine Injektion aus diesen Eiweißbruchstücken aus seinem eigenen Blut erhalten. Häufig ist es ratsam, zunächst einmal – insbesondere bei jüngeren Patienten – zu versuchen, nur mit den Tropfen auszukommen, nicht nur weil dies für den kleinen Patienten angenehmer ist, sondern weil sich häufig herausstellt, daß die ausschließliche Therapie über den Mund eben doch ausreicht.

Es hat sich gezeigt, daß man ab der Pubertät mit zwei Lysaten, die aus zellulären sowie aus flüssigen Bestandteilen des Eigenblutes gewonnen wurden, die besten Ergebnisse erzielt. Möglicherweise ist die Rückbildung des Thymus ab der Pubertät für den besseren Effekt dieser Schaukeltherapie erforderlich. Die nachfolgenden Dosierungsschemata für die unterschiedlichen Altersstufen geben einen Einblick in die individuellen Anwendungsformen der AHIT.

Dosierungsanleitung für die orale Einnahme bei Kindern (Lysat 01 und 03)

Die Tropfen werden morgens nüchtern bzw. mittags und abends vor dem Essen eingenommen und müssen im Kühlschrank aufbewahrt werden. Bitte notieren Sie die Tropfenmengen auf einem Plan.

Tropfen D 4 01 (gelb) : morgens, mittags, abends

1. Tag 1
2. Tag 1
3. Tag 1
4. Tag 1 1
5. Tag 1 1
6. Tag 1 1
7. Tag 1 1 1
8. Tag 1 1 1
9. Tag 1 1 1
10. Tag 2 1 1
11. Tag 2 1 1
12. Tag 2 1 1
13. Tag 2 2 1
14. Tag 2 2 1
15. Tag 2 2 1
16. Tag 2 2 2
17. Tag 2 2 2
18. Tag 2 2 2
19. Tag 3 2 2
20. Tag 3 2 2
21. Tag 3 2 2
22. Tag 3 3 2
23. Tag 3 3.2
24. Tag 3 3 2
25. Tag 3 3 3
26. Tag 3 3 3
27. Tag 3 3 3
28. Tag 4 3 3
29. Tag 4 3 3

Tropfen D 4 01 (gelb) Tropfen D 4 03 (grün)
morgens, mittags, abends morgens, mittags, abends

30. Tag 4 3 3
31. Tag 4 3 3 und 1
32. Tag 4 3 3 und 1
33. Tag 4 3 3 und 1
34. Tag 4 3 3 und 1 1
35. Tag 4 3 3 und 1 1
36. Tag 4 3 3 und 1 1
37. Tag 4 3 3 und 1 1 1
38. Tag 4 3 3 und 1 1 1
39. Tag 4 3 3 und 1 1 1
40. Tag 4 3 3 und 2 1 1
41. Tag 4 3 3 und 2 1 1
42. Tag 4 3 3 und 2 1 1
43. Tag 4 3 3 und 2 2 1
44. Tag 4 3 3 und 2 2 1
45. Tag 4 3 3 und 2 2 1
46. Tag 4 3 3 und 2 2 2
47. Tag 4 3 3 und 2 2 2
48. Tag 4 3 3 und 2 2 2
49. Tag 4 3 3 und 3 2 2
50. Tag 4 3 3 und 3 2 2
51. Tag 4 3 3 und 3 2 2
52. Tag 4 3 3 und 3 3 2
53. Tag 4 3 3 und 3 3 2
54. Tag 4 3 3 und 3 3 2
55. Tag 4 3 3 und 3 3 3
56. Tag 4 3 3 und 3 3 3
57. Tag 4 3 3 und 3 3 3
58. Tag 4 3 3 und 4 3 3
59. Tag 4 3 3 und 4 3 3
60. Tag 4 3 3 und 4 3 3

Am 60sten Tag haben Sie also eine Summe von 10 Tropfen D 4 gelb und 10 Tropfen D 4 grün erreicht.

Bitte nach Erreichen dieser Tropfenmenge Rücksprache mit dem Arzt nehmen.

Wird auf Anordnung des Arztes die Tropfenmenge weiter gesteigert, bitte nach obigem Schema fortfahren, bis Sie bei 20 Tropfen D 4 gelb und 20 Tropfen D 4 grün angelangt sind. Täglich je 20 Tropfen D 4 gelb und 20 Tropfen D 4 grün auf morgens, mittags und abends verteilt einnehmen, bis die Flaschen leer sind.

Wenn D 4 gelb sowie D 4 grün leer sind, fängt man am nächsten Tag mit D 3 gelb und D 3 grün wieder bei 1 Tropfen an und steigert wie bei D 4 beschrieben. Dasselbe mit D 2, D 1 und D 0.

Bei eventuell auftretenden Beschwerden jeder Art bitte umgehend den behandelnden Arzt benachrichtigen!

Anleitung für die orale Einnahme von Tropfen 01 und 03 bei Erwachsenen

Die Tropfen werden morgens nüchtern bzw. vor den Mahlzeiten eingenommen und müssen im Kühlschrank aufbewahrt werden.

Beginn und Mengensteigerung: morgens, mittags, abends
1. Tag 1 Tropfen D 2 01 gelb
2. Tag 1 Tropfen D 2 01 1
3. Tag 1 Tropfen D 2 01 1 1
4. Tag 2 Tropfen D 2 01 1 1
5. Tag 2 Tropfen D 2 01 2 1
6. Tag 2 Tropfen D 2 01 2 2
7. Tag 3 Tropfen D 2 01 2 2
8. Tag 3 Tropfen D 2 01 3 2
9. Tag 3 Tropfen D 2 01 3 3
ab 10. Tag täglich (Dauertherapie) 3x3 Tropfen D 2 01, zusätzlich ab
10. Tag 1 Tropfen D 2 03 grün
11. Tag 1 Tropfen D 2 03 1
12. Tag 1 Tropfen D 2 03 1 1
13. Tag 2 Tropfen D 2 03 1 1
14. Tag 2 Tropfen D 2 03 2 1
danach weiter steigern wie bereits oben bei 01-Tropfen beschrieben.

Nach Erreichen einer Dosis von 3x3 Tropfen D2 01 und 3x3 Tropfen D2 03 wird die orale Einnahme im gleichen Rhythmus und gleichzeitiger Einnahme von 01 und 03 weitergesteigert:
Die Tagesdosis bitte auf morgens, mittags und abends aufteilen!
10 Tropfen D 2 01 + 10 Tropfen D 2 03
11 Tropfen D 2 01 + 11 Tropfen D 2 03
12 Tropfen D 2 01 + 12 Tropfen D 2 03
13 Tropfen D 2 01 + 13 Tropfen D 2 03
14 Tropfen D 2 01 + 14 Tropfen D 2 03
15 Tropfen D 2 01 + 15 Tropfen D 2 03
16 Tropfen D 2 01 + 16 Tropfen D 2 03
17 Tropfen D 2 01 + 17 Tropfen D 2 03
18 Tropfen D 2 01 + 18 Tropfen D 2 03
19 Tropfen D 2 01 + 19 Tropfen D 2 03
20 Tropfen D 2 01 + 20 Tropfen D 2 03

Darauf beginnt man mit D 1 01 und 03 wieder bei 1 Tropfen und steigert wie oben. Nach Aufbrauch dieser D 1-Flaschen setzt man nun die Behandlung mit 1 Tropfen der D 0 01 und 03 wie im bereits bekannten Schema fort.

Es ist ratsam, die jeweiligen Tropfenmengen auf einem Plan aufzuzeichnen, um die Therapie jederzeit nachvollziehen zu können.

Bei jeder positiven oder negativen Veränderung des Krankheitsbildes sollte telefonische oder persönliche Rücksprache mit dem Arzt erfolgen!

Auch bei der Spritzenbehandlung (parenterale Therapie) wird das gleiche Prinzip der allmählichen Dosissteigerung verfolgt.

Dosierungsanleitung für die Spritzenbehandlung (01 und 02)

Bei jeder Spritze kann zur Serummenge ein Schmerzmittel (*Procain* 1 % oder *Xyloneural*) zu gleichen Teilen in die Spritze mit aufgezogen werden, damit die Injektion schmerzfrei ist.
Lagerung: Alle D 0-Seren werden tiefgefroren (-25°C), alle Verdünnungen (D 6 bis D 0) werden im Kühlschrank gelagert.
Die Seren (01 = gelb und 02 bzw. 06 = rot) werden abwechselnd gespritzt. Zu Beginn wird jedes Serum 1 mal pro Woche – also 2 Spritzen pro Woche – gespritzt und jedes 2.Mal gesteigert.
Mengensteigerung:
1. Woche Montag 0,1 ml D 6 gelb
Donnerstag 0,1 ml D 6 rot
2. Woche Montag 0,1 ml D 6 gelb
Donnerstag 0,1 ml D 6 rot
3. Woche Montag 0,2 ml D 6 gelb
Donnerstag 0,2 ml D 6 rot
4. Woche Montag 0,2 ml D 6 gelb
Donnerstag 0,2 ml D 6 rot
5. Woche Montag 0,4 ml D 6 gelb
Donnerstag 0,4 ml D 6 rot
6. Woche Montag 0,4 ml D 6 gelb
Donnerstag 0,4 ml D 6 rot

Weitere Steigerung: 0,6 ml; 0,8 ml; 1,0 ml; 1,2 ml; 1,4 ml; 1,6 ml; 1,8 ml; 2,0 ml. 2,0 ml ist die Höchstdosis.
Jede Verdünnungsstufe wird so lange gesteigert, bis
1) das Fläschchen leer ist
2) die 2 ml erreicht sind, dann wird so lange 2 ml gespritzt, bis die Flasche leer ist
3) es eine Verschlimmerung der Symptomatik gibt; der Arzt(!) legt dann eine verringerte Dosis fest.

Wenn das Serum gut vertragen wird, fängt man nach der Verdünnung D 6 mit D 5 an und zwar wieder mit 0,1 ml und steigert wie bei D 6. Nach D 5 verfährt man in der gleichen Weise mit D 4, D 3, D 2, D 1 und D 0. (D 0 ist eingefroren).

Wenn die Reaktion auf das Serum gut ist – z.B. wenn keine Reaktion oder Verbesserung der Symptomatik eintritt– kann das Serum auch öfters gespritzt werden. Es kann dann 3 mal, 4 mal oder 5 mal pro Woche gespritzt werden, je nach Reaktion des Patienten und entsprechend der Erfahrung des behandelnden Arztes.

Vergleicht man obige Dosierungsanleitungen miteinander, wird das Prinzip der Dosissteigerung leicht erkennbar:

Begonnen wird bei Kleinstkindern mit Urinfiltrat in einer Verdünnung von 1:10 000 oder 1:1 000 000. Hier wird ausschließlich oral behandelt.

4-6 Jährige werden dann schon zusätzlich mit Tropfen, die aus dem Blut der Patienten gewonnen werden, behandelt. Um hier das Prinzip der Dosissteigerung zu erkennen, muß man wissen, daß der Eiweißgehalt des Serums mehr als 1 000 x höher liegt als der des Urins.

Ab einem Alter von 6-8 Jahren wird zusätzlich gespritzt, d.h. der Körper wird nicht nur mit einer zusätzlichen Menge des „Antigens" konfrontiert, sondern es wird auch zusätzlich die regulierende Barriere der Darmwand umgangen.

Ab der Pubertät erfolgt dann noch eine weitere Steigerung: Zusätzlich zur oralen Stimulation und zur Stimulation mit dem gelben Lysat erfolgt jetzt die Behandlung mit rotem Lysat; einem Stimulans, das gemäß seiner Herkunft besonders intensiv in die zelluläre Immunität eingreift.

Eine weitere Steigerung der Therapie, die sich in einigen Fällen als notwendig erwies und auch zum gewünschten Erfolg führte, war die sog. *Schnelldesensibilisierung* (SD). Auch das Therapieprinzip der Schnelldesensibilisierung stammt aus der Therapie der Hyposensibilisierung durch Pollenextrakte. Dieses Prinzip wird – ausschließlich im Klinikbereich – bei der Allergisierung gegen Bienen- und Wespengifte angewandt, die bekanntermaßen hochgefährlich sind und zu lebensbedrohlichen Zuständen führen können.

Man geht dabei so vor, daß man – ausschließlich im klinischen Bereich – zunächst sehr niedrige Dosen des Giftes spritzt, dann zu immer höheren übergeht und zum Schluß den Organismus mit relativ hohen Dosen des Giftes belastet. Man erkennt auch hier sofort wieder das Prinzip der Toleranzentwicklung. Das Entscheidende dabei ist aber, daß diese Dosen innerhalb eines Tages etwa alle 2 Stunden gespritzt werden und daß sie auch im Verlauf mehrerer Tage gesteigert werden.

Das Verfahren hat einen Nachteil: Trotz exakter Durchführung kann es plötzlich zu jenen gefürchteten schubartigen Zuständen kommen, die auch das eigentliche lebensbedrohliche Element einer Allergisierung auf Bienengifte darstellen. Daher kann diese Therapie – wie oben bereits erwähnt – nur im Bereich einer Klinik mit der Möglichkeit des sofortigen Eingreifens durchgeführt werden.

Diese Schnelldesensibilisierung kann auch bei der autohomologen Immuntherapie durchgeführt werden, allerdings mit einem erheblichen Vorteil: Schockzustände treten, da ja hierbei keine Fremdeiweiße verwandt werden, nicht auf. Weitere Vorteile sind: Therapieerfolge stellen sich erheblich schneller ein und hartnäckige Fälle, sog. *Therapieversager*, sprechen häufig auf diese Therapievariante noch überraschend gut an.

Dem steht allerdings auch ein Nachteil gegenüber: Da hier die AHIT gleichsam verdichtet – d.h. auf wenige Tage zusammengedrängt – verabreicht wird, sind auch mögliche Erstverschlimmerungen häufiger. Sie werden jedoch in der Regel, genau wie bei den Standardschemata, von einer ebenso raschen und drastischen Besserung des Hautbildes gefolgt.

Die Schnelldesensibilisierung hat immer da ihre Berechtigung, wo man allzu rasch an eine „Schwellendosis" stößt, wenn man beispielsweise bei einem Neurodermitikerkind einfach nicht über 10 Tropfen einer D 3-Verdünnung des 03-Lysats aus Urin hinausgelangen kann, ohne eine Verschlimmerung auszulösen. In einem derartigen Fall wäre das nachfolgende Behandlungsschema einer Schnelldesensibilisierung mit D 3-Tropfen grün angebracht.

Dosierungsschema SD
9.00 Uhr 1 Tropfen D 3 03 oder 2 oder 3 Tr. D 3 03
11.00 Uhr 2 Tropfen D 3 03 oder 4 oder 6 Tr. D 3 03
13.00 Uhr 3 Tropfen D 3 03 oder 6 oder 9 Tr. D 3 03
15.00 Uhr 4 Tropfen D 3 03 oder 8 oder 12 Tr. D 3 03
17.00 Uhr 5 Tropfen D 3 03 oder 10 oder 15 Tr. D 3 03
19.00 Uhr 6 Tropfen D 3 03 oder 12 oder 18 Tr. D 3 03

Wir entnehmen diesem Behandlungsschema, daß die Schwellendosis von 10 Tropfen um mehr als das doppelte überschritten wird. Seltsamerweise reagiert der kleine Patient auf diese doppelt so hohe Dosis, die vorher nicht vertragen wurde, häufig mit einer sofortigen Besserung seiner Symptome (in etwa der Hälfte der Fälle ist die oben beschriebene Erstverschlimmerung zu beobachten, nach 2-3 Tagen tritt eine Besserung ein). Analog kann man natürlich auch mit 2 Tropfen beginnen, wie aus dem obigen Schema ersichtlich oder auch mit 3 oder 4, wobei man dann Gesamtdosen von 63 oder 84 Tropfen pro Tag erreicht.

Es versteht sich von selbst, daß derartige Maßnahmen ausschließlich vom Arzt veranlaßt und überwacht werden.

Eine hochinteressante, sehr wirksame Variante dieser Therapie ist der Homöopathie entlehnt. Dort sind sogenannte *Potenzakkorde* bekannt, bei denen verschiedene Verdünnungen, beispielsweise eine D 10, D 20 und D 30 miteinander gemischt oder auch nacheinander verabreicht werden. Die nachfolgende Rezeptur macht das Vorgehen deutlich:

Dosierungsschema SDPA

9.00 Uhr	3 Tropfen	D 6 01	gelb	entsprechen	3 Tropfen	D 6
12.00 Uhr	3 Tropfen	D 5 01	gelb	entsprechen	30 Tropfen	D 6
15.00 Uhr	3 Tropfen	D 4 01	gelb	entsprechen	300 Tropfen	D 6
18.00 Uhr	3 Tropfen	D 3 01	gelb	entsprechen	3 000 Tropfen	D 6
21.00 Uhr	3 Tropfen	D 2 01	gelb	entsprechen	30 000 Tropfen	D 6

Hier wird also die Tropfenzahl beibehalten, dafür springt man von einer Verdünnungsstufe auf die nächsthöhere. Aus den errechneten Tropfenzahlen, bezogen auf die D 6-Verdünnung, geht die ungeheuere Dosissteigerung, die im Laufe des Tages erzielt wird, hervor. Die Gesamtdosis beträgt hier 33 333 Tropfen einer D 6-Dilution. Diese Schnelldesensibilisierung im „Potenzakkord" ist dann angezeigt, wenn die oben angeführte, „einfache" Schnelldesensibilisierung nicht zum gewünschten Erfolg geführt hat. Selbstverständlich kann der Arzt dies auch einmal in Form von Injektionen durchführen, wobei auch hier bei entsprechender Indikation der Potenzakkord eingesetzt werden kann, wie in der nachfolgenden Anleitung angeführt:

Dosierungsschemata SDPA

9.00 Uhr	0,2 ml D 3 Lysat 01 (gelb)	oder	0,3 D 6	Lysat 02 rot
12.00 Uhr	0,4 ml D 3 Lysat 01 (gelb)	oder	0,3 D 5	Lysat 02 rot
15.00 Uhr	0,6 ml D 3 Lysat 01 (gelb)	oder	0,3 D 4	Lysat 02 rot
18.00 Uhr	0,8 ml D 3 Lysat 01 (gelb)	oder	0,3 D 3	Lysat 02 rot
21.00 Uhr	1,0 ml D 3 Lysat 01 (gelb)	oder	0,3 D 2	Lysat 02 rot

Bezogen auf die ursprüngliche Menge (0,3 ml D 6) wird dann im Laufe des Tages bei einer derartigen Potenzakkordsteigerung die rein rechnerisch ungeheuere Menge von 3 333 ml D 6-Lösung verabreicht, obwohl dem Patienten immer nur die winzige Menge von 0,3 ml unter die Haut injiziert wird.

Sicherlich spielt auch bei der hohen Erfolgsquote dieser Methodik selbst bei Therapieversagern die Chronobiologie eine Rolle. Unter *Chronobiologie* versteht man die Fähigkeit des Organismus, zu unterschiedlichen Zeiten auf dasselbe Medikament unterschiedlich zu reagieren. Asthmatiker beispielsweise reagieren auf eine abendliche Gabe von Euphyllin, einem bronchialerweiternden Medikament, ganz anders als auf eine morgendliche Gabe. Bei einigen Medikamenten geht dies so weit, daß sogar die Plasmaspiegel dieser Medikamente – bei gleicher Dosis, aber zu einem anderen Zeitpunkt gegeben – unterschiedlich hoch ansteigen. Auch körpereigene, von irgendwelchen Medikamentengaben vollkommen unabhängige Prozesse unterliegen cirkadianen Schwankungen (circadian=dem Tagesablauf gemäß). Unser Cortisonspiegel ist beispielsweise morgens am höchsten und sinkt im Laufe des Tages ab, dagegen steigt die Zellteilung an und erreicht etwa um Mitternacht ihren höchsten Gipfel. Auch Krebszellen teilen sich dann – leider – am stärksten. Die Leber hat ihre größte Aktivität morgens um 3.00 Uhr. Die besondere Effektivität der Schnelldesensibilisierung mit der AHIT dürfte auf einer Überbrückung dieser cirkadianen Rhythmen beruhen.

Therapieprinzipien der autohomologen Immuntherapie und Wirksamkeit

Fassen wir die Therapieprinzipien der autohomologen Immuntherapie zusammen:

Sie arbeitet mit Produkten, die aus Eigenblut gewonnen werden und ausschließlich dem Patienten verabreicht werden, von dem die Ursprungsmaterialien – Blut und Urin – stammen. Diese Produkte zeigen, je nach ihrer Herkunft aus den jeweiligen Blutanteilen und je nach Bearbeitungsmodus, unterschiedliche Stimulationseffekte auf die körpereigenen Lymphozyten und deren Untergruppen. Im Körper des Patienten lösen sie Reaktionen aus, die dafür sprechen, daß die Aktivität des Immunsystems in einem positiven Sinne gestärkt wird. Die Lysate, die speziell für den Neurodermitiker gefertigt werden, zeigen im Laborversuch die Fähigkeit, mit allen Antigenen, mit denen sie in Berührung kommen, zu reagieren.

Diese Medikamente werden sowohl oral als auch parenteral durch Spritzen verabreicht. Dazu wurden verschiedene Vorgehensweisen erarbeitet, die teilweise gängigen immunologischen Methoden, etwa der Hyposensibilisierung oder auch naturheilkundlichen Verfahren, z.B. der Homöopathie, entlehnt wurden. Einige Merkmale bei klinischen Verläufen unter dieser Therapie sprechen für eine Toleranzentwicklung, wenn auch viele immunologische Zusammenhänge noch nicht restlos aufgeklärt sind. Nebenwirkungen im strengen Sinne des Wortes sind im Verlaufe von sechs Jahren nicht bekannt geworden; allerdings kommt es zu dosisabhängigen Erstverschlimmerungen, die sich grundsätzlich in der Symptomatik des jeweilig zu behandelnden Krankheitsbildes bewegen.

Wie sehen nun die Ergebnisse mit dieser Therapie aus:
67 % aller Patienten in einem Alter über 10 Jahren wurden vollständig frei von Hauterscheinungen, davon erlitten 31 % nach Absetzen der Therapie leichte Rückfälle und 35,6 % blieben auch nach Absetzen der Therapie frei von jeglichen Hauterscheinungen **(Abb. 21)**. Diese Ergebnisse, die einer Statistik aus dem Jahre 1991 entstammen, bestätigten im wesentlichen die Ergebnisse früherer Statistiken aus dem Jahre 1987-1989 **(Abb. 22, 23)**. Daher kann

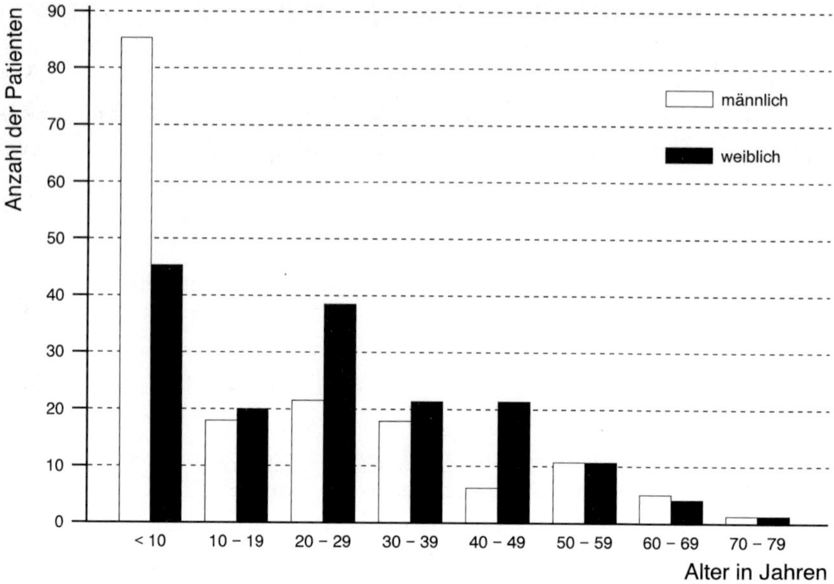

Abb. 21
Altersverteilung alle Patienten

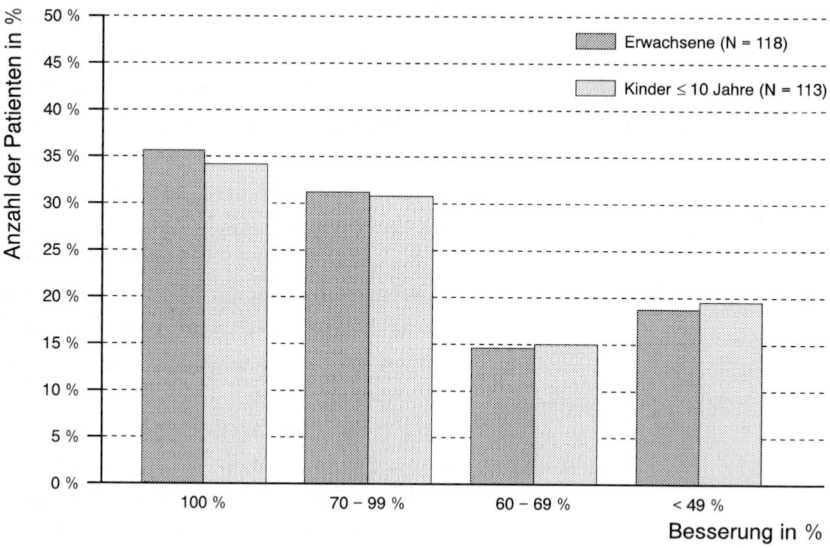

Abb. 22
Ergebnisse der AHIT-Behandlung bei Neurodermitis
Vergleich Erwachsene - Kinder

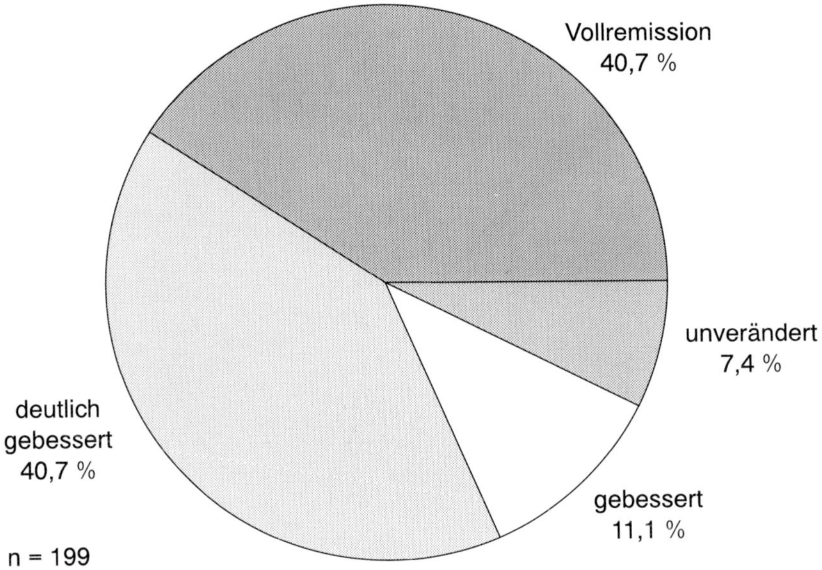

Abb. 23 Neurodermitis
repräsentativer Querschnitt (April-August 1987)

auch mit einer gewissen Genugtuung auf die jahrelanger Beschwerdefreiheit jenes Anteils der Patienten verwiesen werden, die fast oder ganz frei von neurodermitischen Hauterscheinungen nach dieser Therapie blieben, in den am längsten beobachteten Fällen nunmehr 6 Jahre. Bei Kindern unter 10 Jahren waren übrigens, wie das nachfolgende Diagramm zeigt, die Ergebnisse ähnlich. Es wurden bei über 65 % ein vollständiger Rückgang (Vollremission) der Symptome erzielt, davon blieben 34,5 % auch nach der Therapie frei von Rückfällen, während knapp 31 % leichte Rückfälle erlitten **(Abb. 24)**.

Die Wirksamkeit einer Neurodermitistherapie zu erfassen, bereitet einige Schwierigkeiten, da mehrere grundsätzliche Faktoren bei der Beurteilung berücksichtigt werden müssen (siehe auch Schweregrade und Verläufe der Neurodermitis atopica nach Wüthrich, Tab. 1 und 2):

1) das flächige Ausmaß

2) Dauererkrankung, Häufigkeit der Schübe, Dauer der Schübe, Dauer der Schubfreiheit

3) Ein Kriterium für die Wirksamkeit der Therapie ist sicherlich die Dauer der Erkrankung vor der Therapie. In unserer Statistik betrug sie durch-

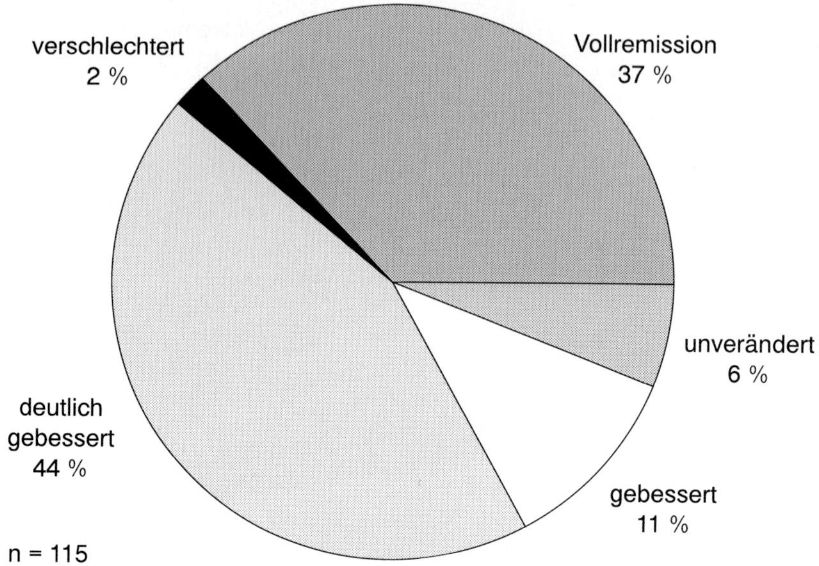

Abb. 24
Behandlung der Neurodermitis mit AHIT
Langzeitstudie über 2 Jahre

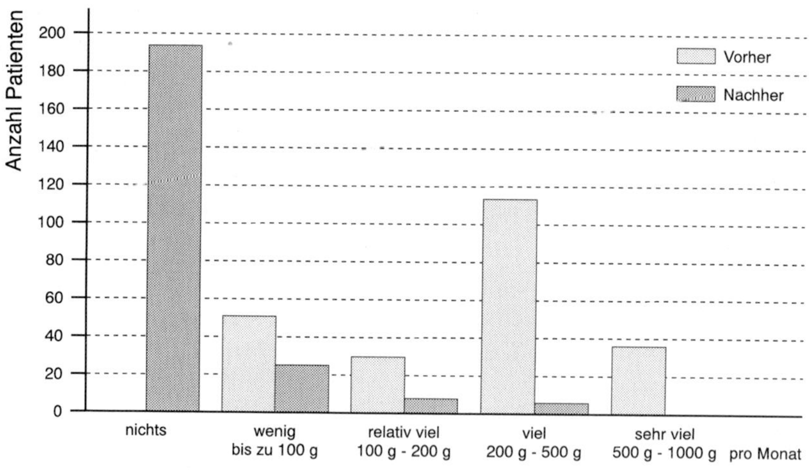

Abb. 25
Salbenverbrauch bei Neurodermitis
Gesamtpopulation (n=231)
Salbenverbrauch vor und nach Therapie

schnittlich 9 Jahre und 7 Monate, die längste Erkrankungsdauer wurde mit 58 Jahren angegeben, die kürzeste Erkrankungsdauer mit drei Monaten. Bei Patienten, die die Behandlung vorzeitig abbrachen, lag die durchschnittliche Erkrankungsdauer vor der Behandlung bei 12,3 Jahren, bei einem Minimum von 1 Jahr und einem Maximum von 51 Jahren.

In den nachfolgenden Diagrammen wird daher versucht, die Wirksamkeit der Therapie an einigen weiteren Kriterien, etwa dem Salbenverbrauch, sowie an dem Verbrauch von äußerlich anzuwendendem Cortison mit heranzuziehen **(Abb. 25-30)**.

Die Neurodermitis wird in etwa 50-60 % der Fälle von allergischen oder atopischen Erkrankungen der Atemwege begleitet. Bei der Aufschlüsselung des statistischen Materials der von uns untersuchten Patienten (insgesamt 333) wurden zwangsläufig auch Mehrfachdiagnosen miterfaßt, wobei die Zweit- bzw. Drittdiagnose durch den subjektiven Leidensdruck nachrangig eingeordnet wurde. Die Beurteilung der Zweit- und Drittdiagnose in **Abb. 30** erfolgte nach Kriterien, die etwa denen der Neurodermitisbeurteilung entsprachen. Ein Asthmapatient mußte demnach, sofern er der Gruppe mit 100 % zugeordnet wurde, nicht nur vollständig beschwerdefrei sein, sondern auch beschwerdefrei bleiben. Gehörte er der Gruppe 70 %-99 % an, dann

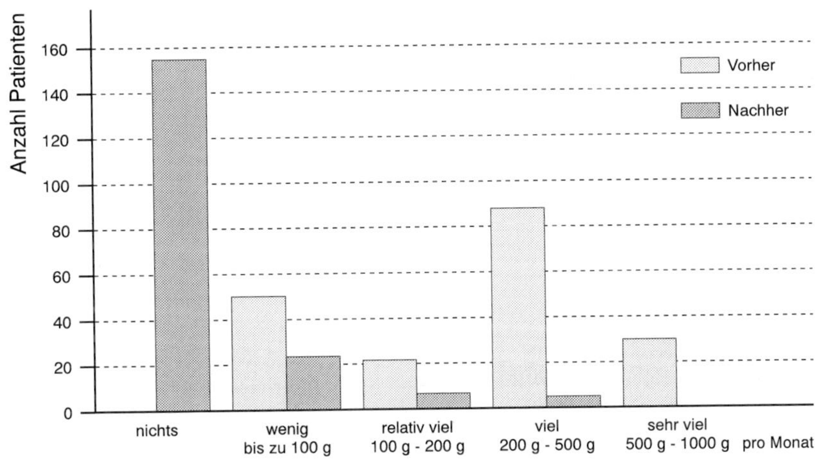

Abb. 26
Salbenverbrauch bei Neurodermitis bis 50 % Remission nach AHIT
Salbenverbrauch vor und nach Therapie

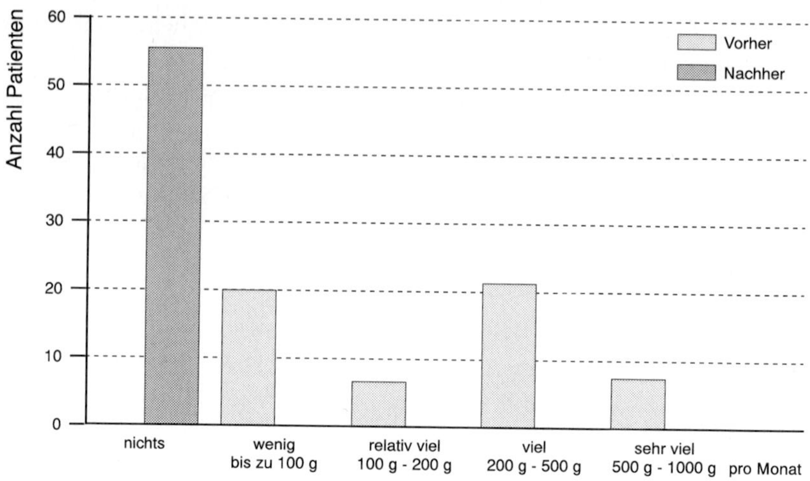

Abb. 27
Salbenverbrauch bei Neurodermitis 100 % Vollremision nach AHIT
Salbenverbrauch vor und nach Therapie

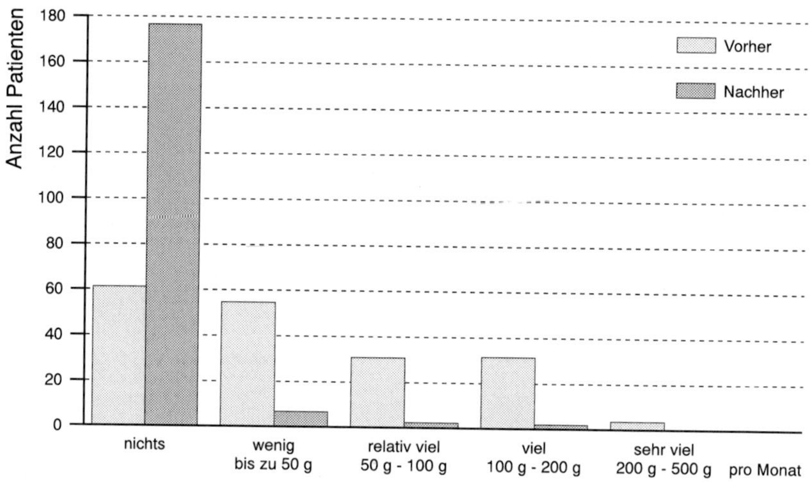

Abb. 28
Cortison extern bei Neurodermitis
Gesamtpopulation (n=187)
Salbenverbrauch vor und nach Therapie

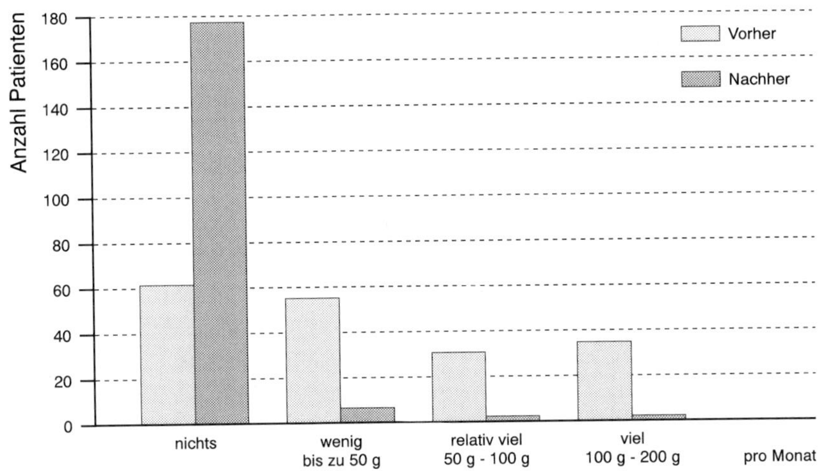

Abb. 29
Cortison extern bei Neurodermitis bis 50 % nach AHIT
Salbenverbrauch vor und nach Therapie

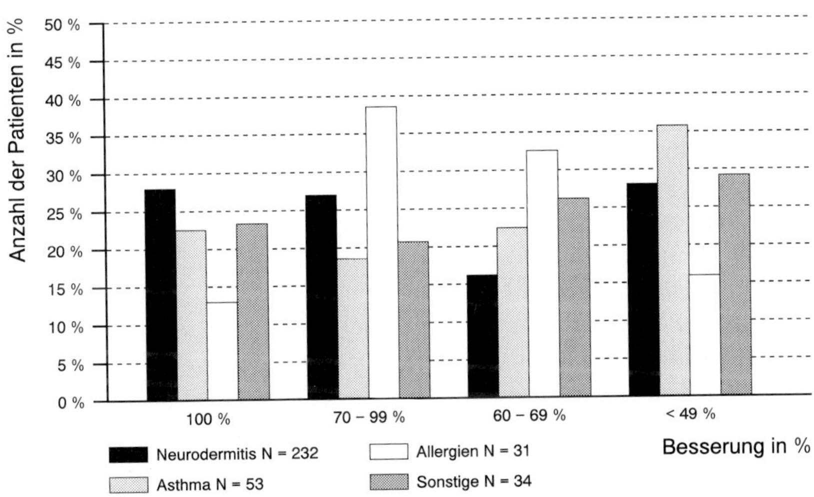

Abb. 30
Ergebnisse der AHIT-Behandlung bei Mehrfachdiagnose
Besserung in Prozent

war er nach Abschluß der Behandlung beschwerdefrei, erlitt jedoch im Laufe der Nachkontrolle leichte Rückfälle. Dieselben Beurteilungskriterien galten auch für die sonstigen Diagnosen, z.B. bei Allergie. Es fällt auf, daß Zweit- und Drittdiagnosen (Asthma und Allergien) in den Sparten von 49 %-99 % häufiger günstig reagieren.

Um die Wirksamkeit einer Therapie zu beurteilen, wird heutzutage gerne die sogenannte *placebokontrollierte Studie* hinzugezogen; d.h., man mißt die Wirksamkeit einer Therapie an einem Medikament, von dem man weiß, daß es nicht in der Lage ist, die zu behandelnde Erkrankung zu beeinflussen. Eine derartige Studie liegt zwar für die obenbeschriebene Therapie noch nicht vor, wurde jedoch bereits in Angriff genommen. Abschließend kann man jedoch mit einer gewissen Wahrscheinlichkeit sagen, daß eine Therapie, die etwa 90 % Erfolg hat – davon über 65 % Vollremission bei knapp 40 % konstanter Abheilung auch in langen Zeiträumen nach Absetzen der Therapie (bis zu 6 Jahren, Stand März 1992!) – sicherlich nicht auf einem Placeboeffekt beruht (den man bei Neurodermitistherapien bei etwa 40 % vermutet).

Die autohomologe Immuntherapie – eine Zusammenfassung

Für den medizinischen Laien ist es schwer, sich in die Funktionsabläufe eines ihm fremden Wissengebietes, etwa in die immunologischen Vorgänge bei der Neurodermitis einzufinden; ähnlich ergeht es dem Autor, ihm geläufige Zusammenhänge und leicht über die Zunge gehende Fachausdrücke in einen allgemeinverständlichen Text zu übertragen. Nachfolgend werden daher die Zusammenhänge, die sowohl bei der Frage nach der Wirkungsweise der autohomologen Immuntherapie als auch bei der Frage nach ihrer therapeutischen Anwendung immer wieder auftauchen, in einer Art „Frage- und Antwortspiel“ nochmals eingehend erläutert.

Frage: Warum heißt diese Therapie „autohomologe Immuntherapie“ (AHIT)?

Antwort: Die AHIT beeinflußt das Immunsystem in einem günstigen Sinne. Der Fachmann spricht von einer *positiven Immunmodulation*. Dafür sprechen sowohl klinische als auch Laborergebnisse. Sie ist *analog*, d.h. dem eigenen Organismus entnommen und wieder zugeführt; sie kann aber auch *homolog*, d.h. von Mensch zu Mensch, durchgeführt werden, was jedoch einer späteren Entwicklungsphase dieser Therapie vorbehalten bleibt.

Woraus bestehen die Seren, Tropfen und Hämolysate bei der autohomologen Immuntherapie?

Die Haemolysate bei der autohomologen Immuntherapie werden grundsätzlich aus dem Blut des Patienten gewonnen. Dabei wird das Blut in seine zellulären und flüssigen Bestandteile zerlegt. Jede Fraktion wird einem speziellen biochemischen Verarbeitungsprozeß unterzogen. Je nach zu behandelnder Erkrankung werden die gewonnenen Produkte rekombiniert und zu einem Lysat aufbereitet und als Tropfen, Nasentropfen, Inhalat oder Spritzen verabreicht. Auch Urin läßt sich so in einem etwas veränderten Prozeß zu einem Medikament verarbeiten.

Wie wirkt die autohomologe Immuntherapie?

Die ungewöhnliche Effektivität und die bisher bekannten Behandlungsverläufe lassen Rückschlüsse auf zwei immunologische Prozesse zu:

1) Nach der Theorie wird ein sogenannter Anti-Antikörperprozeß ausgelöst, d.h. der Körper bildet neue „passende“ Antikörper, die die bisherigen, den Krankheitsprozeß am Leben erhaltenden Antikörper „neutralisieren“.
2) Es fanden sich zahlreiche Hinweise, daß durch die AHIT dem Körper Gelegenheit gegeben wird, Keime, die zwar eine Erkrankung auslösen, sich aber dann der immunologischen Abwehr entziehen, erneut zu erkennen und zu bekämpfen. Durch die Konfrontation mit den auslösenden Erregern werden Therapieverläufe ausgelöst, die starke Ähnlichkeit mit der sog. *Desensibilisierung* haben (sog. *Hyposensibilisierung*). Daher haben beide Therapiearten ein wichtiges gemeinsames Merkmal: Bei Überdosierung der Medikamente kann ein Erkrankungsschub ausgelöst werden. Gegenmaßnahmen: Dosisreduktion und in Extremfällen auch übliche immunsupprimierende (unterdrückende) Medikamente. Wird ein derartiger Mechanismus einmal ausgelöst, der im Rahmen der AHIT meist wesentlich milder und komplikationsloser verläuft als in vielen Fällen der Hyposensibilisierung, ist damit jedoch gleichzeitig der schlüssige Beweis der Wirksamkeit der AHIT erbracht. Durch Ermittlung der richtigen Dosis läßt sich danach die Therapie meist innerhalb weniger Wochen erfolgreich gestalten.
3) Durch den Verarbeitungsprozess der AHIT werden die körpereigenen Immunglobuline in Bruchstücke gespalten, die in sehr spezifischen Tests die Fähigkeit zeigten, die unterschiedlichsten Antigene zu binden. Den „Erreger“ der Neurodermitis kennt man zwar nicht, aber die Bindung krankmachender Überträgerstoffe mit „Antigencharakter“ ist durchaus denkbar, ja bis zu einem gewissen Grade wahrscheinlich.

Was wird mit dem entnommenen Blut gemacht?
Die Verarbeitungsprozesse in der AHIT sind der Natur bzw. den körpereigenen biochemischen und immunologischen Vorgängen angelehntt. Viele der dabei ablaufenden Prozesse erfordern tagelange Kulturen und Inkubationen in Wärmebrutschränken. Die Herstellungszeit beträgt daher – leider – bis zu vier Wochen.

Was bewirkt die AHIT im Körper?
Viele immunologisch bedingte Erkrankungen sind gekennzeichnet durch ein Mißverhältnis bestimmter Anteile der Lymphozyten (Antikörper tragende, anregende oder auch hemmende weiße Blutkörperchen). Die AHIT ist in der Lage, derartige Mißverhältnisse wieder zu normalisieren. Durch die individuelle Auswahl und den spezifisch ausgewählten Verarbeitungsprozeß einzelner Blutfraktionen können die Mengenverhältnisse der „hemmenden" (Suppressor-) Zellen und fördernden (Helfer-) Zellen zueinander nahezu beliebig gesteuert werden. Dies spricht für den Einsatz des Verfahrens auch bei der erworbenen Immunschwäche, bei der die AHIT in unabhängigen Vergleichsstudien erfolgreich abschnitt. Besonders erfreulich ist der Stimulationseffekt einiger AHIT-Lysate auf die Freß- (Makrophagen) und Killerzellen des Immunsystems: Der Einsatz der AHIT bei bösartigen Geschwulsterkrankungen als unterstützende Maßnahme ist daher ebenfalls angezeigt.

Hat die AHIT Nebenwirkungen?
Nebenwirkungen im eigentlichen Sinn des Wortes sind bei der AHIT bislang nicht bekannt geworden (behandelte Fälle: Über sechstausend; Beobachtungszeit: Sechs Jahre). Die AHIT löst jedoch, wie oben bereits beschrieben, Ausscheidungsprozesse „abgekapselter", d.h. der Immunabwehr bislang teilweise oder ganz entgangener Krankheitsherde aus. Bei Neurodermitispatienten beispielsweise kann es daher vorübergehend zu herpesähnlichen Krankheitsbildern kommen; bei Rheumapatienten zur Ausscheidung von Bakterien im Urin und bei Asthmapatienten zu einem erheblich vermehrten Auswurf. Auch sogenannte Erstverschlimmerungsreaktionen, die in der Naturheilkunde als Beweis der Wirksamkeit der eingeleiteten Therapie angesehen werden, beruhen auf diesen Mechanismen. Diese Initialverschlimmerungen bewegen sich grundsätzlich im Rahmen der Symptome der behandelten Erkrankung, was ein Beweis für die selektive Wirkung der AHIT ist.

Wenn die AHIT Krankheitsursachen beseitigt und in der Lage ist, das Immunsystem neu zu regulieren, besteht da nicht die Möglichkeit, bei bisher unheilbaren Ernkrankungen eine Heilung zu erzielen?
Ja, es liegen mehrere Statistiken vor, etwa für Neurodermitis und Asthma, die von annähernd 40 % der Fälle berichten, die nach Absetzen der Therapie jahrelang symptomfrei blieben.

Ist es möglich, daß die AHIT Immunprozesse gegen den eigenen Körper auslöst?
Nein, bei der Verarbeitung der Eigenblutfraktionen werden keine Prozeßschritte angewandt, die das MHC-System (**M**ajor **H**isto**c**ompatibilitycomplex, auch HLA-System genannt) angreifen. Dieses System schützt den Körper vor Autoagressionen. Daß das HLA-System in seiner Funktion durch die AHIT nicht beeinträchtigt wird, konnte bewiesen werden.

Warum führt die AHIT nicht bei allen Patienten zum Erfolg?
Dies hängt wahrscheinlich mit der Stärke der auslösenden Krankheitsherde zusammen bzw. mit den dadurch ins Leben gerufenen immunkompetenten Zellen. Gelingt es, sowohl Herde als auch fehlerhafte immunkompetente Zellen auszuschalten, ist der Patient gesund. Gelingt dies nur teilweise, ist der Krankheitszustand nur gebessert und der Patient neigt nach Absetzen der Therapie zu Rückfällen. Gelingt dies nicht oder kaum, bleibt der Zustand des Patienten im wesentlichen unverändert.

Kann es zur Übertragung von Fremdkeimen bei dem Verarbeitungsprozeß des Eigenblutes im Labor kommen?
Nein, die gesamte Herstellung der Hämolysate im Rahmen der AHIT erfolgt in Wegwerfbehältern. Ein Behälter, der einmal für einen Patienten verwendet wurde, wird nie für einen weiteren Patienten benützt.

Kann Patientenblut verwechselt werden?
Nein, ein Klebeetikett, das die Initialen des Namens und Kennziffern des Patienten trägt, begleitet die Einmalbehälter vom Augenblick der Blutentnahme bis zum Abfüllen in die Stechampullen. Dies schließt eine Verwechslung aus.

Wirkt die AHIT auch bei allergisch bedingten Erkrankungen, d. h. bei Auslösern, die von außen kommen?
Ja, es ist gleichgültig, ob der Auslöser im Innern des Körpers (intrinsic) oder außerhalb (extrinsic) zu suchen ist. Beide hinterlassen im Blut ihren immunologischen „Prägestempel". AHIT wurde daher auch schon erfolgreich bei bislang unheilbaren Kontaktdermatitiden oder bei allergischem Asthma bronchiale eingesetzt.

Kann die AHIT mit anderen Therapieformen kombiniert werden?
Grundsätzlich ja; man sollte aber beachten, daß Immunsuppressiva (Medikamente, die die Aktivität des Immunsystems unterdrücken) und Cortison die Wirkung der AHIT zwangsläufig reduzieren und verzögern. Ein vorsichtiges Ausschleichen aus diesen Therapien ist daher angeraten. Wechselwirkungen mit anderen Therapieformen, die zu unerwarteten oder unerwünschten Nebenwirkungen führten, wurden bislang noch nie beobachtet.

Wann ist mit einer Verbesserung der Symptomatik bei der AHIT zu rechnen?
Die Zeitdauer von Beginn der Therapie bis zur ersten Besserung der Symptomatik ist sehr unterschiedlich. Sie reicht von wenigen Tagen bis zu mehreren Monaten. Dies hängt von der Reaktion des Organismus ab, die manchmal erst bei höheren Konzentrationen und Dosierungen erreicht wird bzw. von der richtigen Dosierung der Haemolysate.

Wie lange kann mit den aus Eigenblut gewonnenen Haemolysaten behandelt werden?
Bei sachgemäßer Lagerung reichen die aus einer einmaligen Blutentnahme gewonnenen Lysate (unverdünnte Hämolysate bei -30°C im Tiefkühlfach, verdünnte Haemolysate im Kühlschrank) länger als ein Jahr. Aus den tiefgefrorenen unverdünnten Hämolysaten können nahezu unbegrenzt immer neue Verdünnungen hergestellt werden. Die Tagestherapiekosten sind daher vergleichsweise günstig.

Ersetzen die Kassen die Kosten für diese Therapie?
Für die AHIT liegt noch keine kontrollierte Studie vor, so daß die Kassen nicht verpflichtet sind, dem Patienten die Kosten für diese Therapie zu ersetzen. Aufgrund der außergewöhnlich hohen Erfolgsquote sind jedoch die meisten gesetzlichen Kassen auf Antrag bereit – nicht zuletzt aufgrund der, auf längere Sicht gesehen, günstigen Therapiekosten – den hohen Heilungschancen und den dadurch bedingten Einsparungsmöglichkeiten erhebliche Kostenanteile zu übernehmen. Es lohnt sich auf jeden Fall, sich mit seiner Kasse in Verbindung zu setzen.

Was kostet die AHIT?
Der Aufwand für die Herstellung der einzelnen Seren ist nach unserer Erfahrung von der Reife des Immunsystems bzw.vom Alter des Patienten abhängig. Bei Kleinstkindern genügen daher in den meisten Fällen Lysate aus den Eiweißanteilen des Urins, bei Kindern bis zur Pubertät Lysate aus dem Serum des Patienten. Bei Kindern im Vorschulalter genügt häufig die ausschließliche orale Behandlung.

Danach sind meist zwei Lysate individueller, diagnoseabhängiger Zusammensetzung aus Serum und zellulären Bestandteilen des Blutes, in besonderen Fällen zusätzlich aus Urin, erforderlich. Auf diesen Zusammenhängen beruht die unterschiedliche Preisgestaltung der AHIT. Sie reicht von etwa 600,–DM bei Kleinstkindern bis zu etwa 3 500,–DM bei Erwachsenen und Mehrfachdiagnosen. Auf Wunsch wird ein individueller Kostenplan erstellt. Da es sich um einen Arzneimittelherstellungsprozeß nach dem Arzneimittelgesetz handelt, kann die Rechnung für die Lysate nicht in GOÄ-Ziffern (**G**ebührenordnung für **Ä**rzte) erstellt werden.

Um die Preiswürdigkeit dieser Therapie einmal klar herauszustellen, sei auf die Tagestherapiepreise verwiesen:

- Ein Kleinkind kann für 1,20 DM am Tag behandelt werden
- Ein erwachsener Neurodermitiskranker für 7,70 DM (bei 15 Monaten Behandlungszeit).

Kann eine Behandlung von mehreren Erkrankungen bei einem Patienten, beispielsweise Asthma und Neurodermitis, gleichzeitig erfolgen, oder muß die Behandlung in mehreren Etappen mit unterschiedlichen Seren hintereinander durchgeführt werden?
Nein, die Haemolysate sind „Rezepturarzneimittel", die individuell für den einzelnen Patienten und die jeweiligen Diagnosen angefertigt werden, so daß meist mehrere Diagnosen gleichzeitig berücksichtigt werden können. Dies macht die Therapie noch preisgünstiger.

Warum werden die Lysate der AHIT häufig sowohl oral (über den Mund) als auch parenteral (durch Spritzen) verabreicht?
Das Immunsystem unseres Körpers ist in verschiedenen anatomischen Arealen konzentriert, beispielsweise in der Thymusdrüse, in der Milz, in der Leber, in der Haut, in den Lymphknoten und im Bereich des Darms, den sogenannten Peyerschen Plaques. Durch das Verabreichen der Lysate auf verschiedenen Wegen werden diese Areale in unterschiedlicher Konzentration erreicht, womit auch eine unterschiedlich starke Wirkung erzielt wird. Dies beschleunigt den Heilungsprozeß.

Dürfen Medikamente, die man wegen der zu behandelnden Erkrankung einnimmt, abgesetzt werden?
Alle Medikamente müssen zunächst, insbesondere in der Anfangsphase der AHIT-Behandlung, beibehalten werden. Ein abruptes Absetzen bisheriger Medikamente kann zu einem unangenehmen Rückschlageffekt führen. Im allgemeinen setzt der Körper jedoch so deutliche Signale, daß kein Zweifel bestehen kann, wann bisher eingenommene Medikamente abgesetzt werden können. Dies hat jedoch grundsätzlich nur in Rücksprache und unter Kontrolle des Arztes zu geschehen.

Ist es sinnvoll, die AHIT-Behandlung mit einer Diät zu unterstützen?
Besonders bei Neurodermitis hat sich die Einhaltung einer Diät häufig bewährt. Welche Diät eingehalten wird, muß individuell über eine Suchdiät ermittelt werden, d.h. das Nahrungsallergen muß durch unterschiedliche Nahrungszusammenstellung ermittelt werden. Ist es einmal gefunden und meidet man das Nahrungsallergen, setzt meist eine drastische Besserung des Hautbildes bei Neurodermitis ein. Als häufige Nahrungsmittelallergene kommen in Betracht:

1. Weizengluten (Getreideeiweiß)
2. Hühnereiweiß
3. Milcheiweiß
4. Zitrusfrüchte
5. Schweinefleisch und sonstige tierische Eiweiße
6. Nüsse

Ungeachtet dieser Nahrungsmittelallergene sollte man Raffineriezucker, überhaupt Süssigkeiten meiden.

Wichtig! Die Neurodermitisdiät gibt es nicht.

Eine gute Anleitung für eine Basisdiät, die als Grundlage für den Aufbau einer Selektionsdiät dienen kann, ist beim *Bundesverband Neurodermitiskranker in Deutschland e. V.* erhältlich. Die Zusammenstellung der Diät muß immer individuell erfolgen. Es ist ratsam, eine Diät, die sich bereits bewährt hat, beizubehalten. In der Regel kann sie dann allmählich während der AHIT-Behandlung abgesetzt werden. Später ist es meist nicht mehr erforderlich, nach Abschluß der Behandlung die Diät weiterzuführen.

Kann die Behandlung – beispielsweise im Urlaub – unterbrochen werden?

Ja, die Behandlung kann durchaus für einige Tage, auch 2-3 Wochen lang unterbrochen werden. Wurde die AHIT bis zum Zeitpunkt des Aussetzens klaglos vertragen, fährt man mit der Behandlung nach dem Aussetzen unter Beibehaltung der Dosis dort fort, wo man geendet hatte.

War man gerade in einer schwierigen Phase der Dosisfindung, d.h. neigte man zu Verschlimmerungsreaktionen bei Dosissteigerungen, dann beginnt man nach der Behandlungspause mit der halben Dosis der Lysate, mit der man vor der Behandlungspause geendet hatte.

Gibt es zusätzliche unterstützende Maßnahmen bei der Neurodermitis unter der AHIT-Behandlung?

Ja, man kann beispielsweise den Urlaub in klimatisch vorteilhafte Gegenden mit allergenarmer Luft und sonnenreichem Klima verbringen. Sofern sich dazu die Gelegenheit bietet (Kühlmöglichkeit), sollte man die Behandlung während des Urlaubs unbedingt weiterführen. Es ist dann häufig möglich, die Dosen der AHIT-Lysate massiv zu steigern, da die Haut in der allergenarmen Umgebung erscheinungsfrei wird, sodaß man in dieser Phase einen enormen Heilungsfortschritt und Zeitgewinn erzielen kann.

In unserer sonnenarmen Gegend kann der klimatische Effekt sonnenreicher Gegenden häufig künstlich durch UVA-Bestrahlung nachvollzogen werden. Bitte fragen Sie dazu Ihren Arzt.

Warum müssen die Lysate 01 (gelb, aus Blut) und 03 (grün, aus Urin) zeitlich versetzt eingenommen werden?
Die Niere ist ein Ausscheidungsorgan und selektiert in geringer Konzentration bestimmte Eiweißkörper aus dem Serum, die für die Neurodermitis häufig Auslösecharakter haben. Um eine Initialverschlimmerung, die eventuell durch diese andersartigen Eiweißkörper ausgelöst wird, rechtzeitig erkennen und durch Dosisverringerung beherrschen zu können, muß eine getrennte Einnahme dieser Lysate erfolgen.

Welcher Art sind eventuelle Nebenwirkungen?
Eine Nebenwirkung ist definiert als eine vom eigentlichen Krankheits- und Heilungsgeschehen unabhängige und unerwünschte Wirkung eines Medikaments. Die Lysate als körpereigene Substanzen haben in diesem Sinne keine Nebenwirkungen. Eine „Nebenwirkung" kommt allerdings relativ häufig vor, die Initialverschlimmerung. Bei Kleinkindern mit Neurodermitis beispielsweise in etwa 70 % der Fälle, bei Erwachsenen in etwa 30 % der Fälle. Auch werden forcierte Ausscheidungsprozesse beobachtet, die eine unmittelbare Beziehung zum Krankheitsgeschehen haben. Beispielsweise ein vorübergehender eitriger Schnupfen beim Asthmatiker, Bakterienausscheidung im Urin bei einem Rheumatiker usw. Die anschließende Besserung der Symptomatik der Grunderkrankung belegt jedoch deutlich den Zusammenhang zwischen diesen Prozessen und der Immunerkrankung. Sie sind daher im Prinzip erwünscht. Man begegnet ihnen wie bei der Initialverschlimmerung mit einer Dosisreduktion.

Jeder Versuch einer Dosiserhöhung führt zu einer Verschlimmerung. Wird das Therapieziel auch bei höheren Verdünnungen und niedrigeren Dosen erreicht?
Das Therapieregime bei der AHIT wurde der klassischen Methode der Hyposensibilisierung entlehnt und hat sich in den meisten Fällen bewährt. Die Sensibilität des einzelnen auf die Lysate ist jedoch sehr unterschiedlich. Es kann daher durchaus vorkommen, daß die erforderlichen Dosissteigerungen im Laufe eines Jahres nicht bis zu Ende durchgeführt werden können. Man wählt in diesem Fall eine Art „Erhaltungsdosis" aus, die dann über eine lange Zeit beibehalten wird. Aufgrund bisheriger Erfahrungen kann gesagt werden, daß eine derartige Langzeittherapie nach dem Prinzip „steter Tropfen höhlt den Stein" ebenfalls zum Ziel führt. Außerdem besteht noch die Möglichkeit, durch eine Schnelldesensibilisierung diese „Dosierungsschwelle" zu überbrücken.

Ist es nicht verwunderlich, daß ein einziges Medikament, die Lysate der AHIT, bei so vielen Erkrankungen helfen soll?
Die autohomologe Immuntherapie ist ein Therapiesystem und kein einzelnes Medikament. Zum ersten wirken die Lysate der AHIT nur als autologe Seren optimal. Dies konnte in Stimulationsversuchen von Lymphozytenkulturen nachgewiesen werden. Zum zweiten ist sowohl das Ausgangsmaterial als auch die Art der Lysatgewinnung abhängig von der Indikation. So ist es beispielsweise durchaus möglich, mit einem Lysat, das zur Behandlung maligner (bösartiger) Erkrankungen hergestellt wurde, einen Schub bei einer Neurodermitis oder einem Rheuma auszulösen.

Was bedeuten die Verdünnungsstufen D 1-D 6 bei den Lysaten?
Um eine kontinuierliche Steigerung der Dosis im Rahmen der Hyposensibilisierung durch die AHIT zu gewährleisten, werden die Lysate in 10er Potenzen verdünnt. D.h. eine D 0 beinhaltet das native Lysat, eine D 1 eine Verdünnung 1:10, eine D 2 eine Verdünnung 1:100 (10^2), die D 3 eine Verdünnung 1:1 000 (10^3), usw. Diese D-Stufen sind der Homöopathie entlehnt, entsprechen aber nicht homöopathischen Verschüttelungen. Es handelt sich lediglich um Verdünnungen nach obigem Schema.

Kann während einer AHIT-Behandlung gleichzeitig geimpft werden?
Orale Polioimpfungen werden fast immer gut vertragen. Andere Impfungen während der AHIT-Behandlung, beispielsweise gegen Tetanus, Zecken oder bei Kindern die Dreifachimpfung sind nicht zu empfehlen. Derartige Impfungen lösen mit geradezu gesetzmäßiger Regelmäßigkeit massive Schübe aus, die nur sehr schwer zu beherrschen sind; dies gilt im übrigen auch für Neurodermitispatienten ganz allgemein, die nicht unter AHIT-Behandlung stehen. Ist die Neurodermitis unter der AHIT-Behandlung vollständig abgeklungen, kann die Impfung mit einer weitgehenden Sicherheit vor einem neuem Schub durchgeführt werden.

Wie lange halten sich die Lysate in der Kühlbox, etwa bei Urlaubsreisen?
In guten hochwertigen Kühltaschen oder in den Kühlboxen, die vom Lysathersteller mitgegeben werden, hält sich die Temperatur bei Zugabe von zwei handelsüblichen Kühlcontainern, die über Nacht im Tiefkühlfach gefrostet wurden, 24 Stunden lang. D 0- Lysate, die eventuell beim Transport aufgetaut sind, aber eine Kühltemperatur von +4°C nicht überschritten haben, können bedenkenlos erneut tiefgefroren werden.

Welche Chancen bestehen, daß meine Krankenversicherung die AHIT-Therapie übernimmt? Wie muß ich mich gegenüber der Kasse verhalten?
Die meisten Sozialversicherungsträger übernehmen inzwischen die autoho-

mologe Immuntherapie ganz oder doch zu einem sehr wesentlichen Anteil. Die autohomologe Immuntherapie ist jedoch noch nicht in die Liste der kostenersatzpflichtigen Leistungen der Kassen aufgenommen. Daher warten in einigen Fällen die Kassen den Erfolg der Therapie ab.

Diese Vorgehensweise der Kassen ist durchaus zu begrüßen, da in der Regel der Therapieerfolg leicht nachzuweisen ist. In anderen Fällen senden die Kassen Vordrucke an Patient und Arzt, um über bislang erfolglose Therapien, stationäre Aufenthalte, Kuren und dergleichen informiert zu werden und dann eine Entscheidung zu treffen. Auf jeden Fall ist es ratsam, sich *vor* Beginn der Therapie mit der Kasse in Verbindung zu setzen, um zu klären ob sie gewillt ist, diese außervertragliche Therapie zu übernehmen.

Muß eine gleichzeitige Hormontherapie unter der AHIT-Therapie abgesetzt werden?
Nein, dies kann zu gefährlichen Rückschlägen führen. Hormone, insbesondere Cortison, darf nur unter ärztlicher Kontrolle durch vorsichtiges Ausschleichen abgesetzt werden. Andere Hormon-Therapien, etwa Oestrogensubstitutionstherapien bei Frauen im Klimakterium, sollten ebenfalls beibehalten werden.

Kann eine bisher durchgeführte homöopathische Therapie beibehalten werden?
Ja, in der Regel sollte sie beibehalten werden. Insbesondere dann, wenn mit dieser Therapie Teilerfolge erzielt werden konnten, aber noch nicht der letzte Durchbruch erreicht wurde, stellt sich unter Beibehaltung der Homöopathie oft ein synergistischer Effekt (unterstützende Wirkung) zur AHIT ein.

Einige der Fläschchen, besonders die Verdünnungsreihe D 1 und D 0 sind trüb. Sind diese Lösungen noch in Ordnung?
Ja, man sollte wissen, daß die Zubereitungen in der Reihenfolge D 0 bis D 4 jeweils immer 10-fach verdünnt werden. Bei der D 1 handelt es sich also um eine 10 %ige Lösung und bei der D 0 um eine 100 %ige Lösung. Damit nimmt der Eiweißgehalt in diesen Lösungen zu, wodurch sie trüb erscheinen oder bei Lösungen, die aus Kulturen oder Zellen gewonnen werden, rötlich.

Bei den Lysaten handelt es sich um Eiweißbruchstücke in physiologischer Kochsalzlösung, die bei Langzeitlagerung dazu neigen zu polymerisieren, d.h. sich erneut zu größeren Eiweißkörpern zusammenzulagern. Dadurch nimmt die Lösung zwar keinen Schaden, sofern diese Polymerisationsprozesse jedoch überhand nehmen, stimmt der Gehalt an löslichen Eiweißen nicht mehr, sodaß erneut verdünnt werden muß.

Ganzheitliche Therapie

Der Gedanke der Ganzheit

Der kranke Mensch in seinem Dasein als leidendes Wesen hat über Jahrhunderte hinweg in seiner körperlich-seelischen Gesamtheit den Arzt oder auch jeden anderen Helfer angesprochen, wurde von diesem entsprechend angenommen und mit der Absicht, eine Besserung des jeweiligen Leidenszustandes zu erzielen, behandelt. Die Bezeichnung der Krankheit beziehungsweise das genaue Benennen ihrer Symptome in Form einer ausgefeilten Diagnostik waren demgegenüber von zweitrangiger Bedeutung.

Die industrielle Entwicklung der letzten 150 Jahre, das Aufteilen von Produktionsvorgängen in maschinenfreundliche Abläufe und das sich daraus ergebende Spezialistentum haben deutlich in die Medizin hinübergestrahlt und uns entsprechend ein Heer von Fachleuten beschert. Mit zunehmender Perfektion der diagnostischen Möglichkeiten ist der Patient nach und nach aus dem Mittelpunkt der Geschehnisse herausgerückt. An seinen Platz sind nunmehr die Symptome getreten. In gleicher Weise wurde auch der Arzt von den ausgefeilten, meist maschinell bedingten Methoden der Diagnostik aus dem Zentrum des Arzt-Patient-Ereignisses an den Rand gedrängt worden.

Der Folgezustand dieser Entwicklung stellt sich heute in einem Heer von Spezialisten dar, die ganz besondere Kenntnisse in der Symptomatik (Wissenschaft von den Krankheitszeichen) ihres jeweiligen Fachgebietes haben. Die Symptomatik hat somit den Patienten ersetzt, die Diagnostik den Arzt.

Demgemäß scheint sich das Ziel einer heutigen Therapie darauf zu konzentrieren, entsprechend diagnostizierte Symptome durch eine diesen

Krankheitsäußerungen entgegengesetzte Maßnahme zu unterdrücken, um möglichst rasch einen Zustand von Symptomfreiheit zu erzielen, der dann durch eine entsprechend ergebnislose, „leere" Diagnostik als bewiesen gilt. Das Bild, das sich uns damit entwirft, besteht also aus Einzelsymptomen und Einzelmaßnahmen bzw. aus Ärzten, die den Überblick über den Patienten als Ganzes verloren haben.

Ganzheitsmedizin wird gerne definiert als die Medizin, die den Patienten nicht nur ausschließlich in seinen körperlichen Leiden behandelt, sondern auch seelische und geistige Aspekte berücksichtigt. Das bedeutet, daß neben den körperlichen auch seelisch-geistige Beschwerden, die mit einer Erkrankung natürlicherweise einhergehen, behandlungsbedürftig sind. Eine solche, grundsätzliche Einstellung ist für eine zukunftsorientierte Medizin unverzichtbar und ist unbedingt um den oben erwähnten Aspekt eines ganzheitlichen Überblicks über alle vergangenen und gegenwärtigen Symptome des Patienten zu ergänzen.

Krankheitsschicksal als Lebensbild des Patienten

Die gründliche Anamnese, das heißt die Krankheitsgeschichte des Patienten, ist angesichts der heutigen Möglichkeiten unserer modernen Diagnostik scheinbar nicht mehr so wichtig. Was geht uns schon die Vergangenheit an? Wir sind doch in der Lage, durch hochmoderne, beispielsweise bildgebende Verfahren den aktuellen Zustand des Patienten zu ermitteln und können damit scheinbar perfekt therapieren, ohne die Vergangenheit oder andere Aspekte des Patienten überhaupt berücksichtigen zu müssen. Stellt sich hierin nicht eine sehr ärmliche Reduktion, eine Fixierung eines momentanen Ist-Zustandes dar, der natürlich vor allem jeglichen Gesamtüberblick über das Schicksal des jeweiligen Patienten vermissen läßt?

Zur erfolgreichen Therapie einer Allergie gehört eben viel mehr als nur zu wissen, welcher Stoff bei einem Menschen allergieauslösend wirkt, denn – dies hier nur nebenbei bemerkt – wesentlich interessanter ist es doch zu erfahren, unter welchen Umständen und unter welchen Vorereignissen er überhaupt die Veranlagung entwickeln konnte, auf ursprünglich natürliche Stoffe seiner Umwelt allergisch reagieren zu können.

Wir können also festhalten: Um den Patienten, um sein Lebensbild, sein Kranksein wirklich verstehen zu können – und dieses Verstehen ist unabdingbar für eine erfolgreiche Therapie – ist eine umfassende Kenntnis seines Schicksals und natürlich auch seiner gesamten Symptomatik in körperlicher, seelischer und geistiger Hinsicht unbedingt notwendig.

Arzt sein heute

Wie oben beschrieben, leidet nicht nur der Patient unter der Reduktion seiner Erkrankung auf einzelne Symptome; auch dem Arzt, der eben diese diagnostischen Verfahren anwendet und anwenden muß, sind wesentliche Elemente seines Berufs verlorengegangen. Spezialisten, Fachkliniken und Spezialuntersuchungen führen immer weiter weg vom Verständnis hin zur bloßen Kenntnis von immer kleineren Teilbereichen. Der Spezialist, der von immer weniger immer mehr weiß, weiß eben am Ende von fast nichts fast alles. Seine Substanz, sein Arbeitsziel, eben doch die Menschen, denen er sich ursprünglich zuwendete, hat er auf diesem Wege verloren. Entsprechend unterliegt der Patient dem scheinbar allwissenden Diagnostikapparat und rechnet letztlich immer weniger auf einen verständnisvollen Arztpartner.

Das Bild des Haus- und Familienarztes, der doch wenigstens den Grundgedanken der ganzheitlichen Betrachtungsweise erhalten sollte und in Kenntnis der verschiedenen diagnostischen Möglichkeiten das Lebensschiff des Patienten – zumindest was seine Gesundheit anbelangt – möglichst auf Kurs halten sollte, verblaßt damit zusehends.

Die Patienten dagegen übergehen ihrerseits diesen wichtigen Partner, in dem sie meinen, selbst entscheiden zu können, welcher Spezialist für welche Symptomatik der richtige ist. Sie treten mit dem Hausarzt höchstens noch über die Anmeldung in Kontakt, um eine entsprechende Überweisung abzuholen, wenn sie nicht ohnehin von vornherein den Spezialisten aufsuchen. Arzt und Patient scheinen somit unentrinnbar dem System der modernen Verwaltungsmedizin ausgeliefert zu sein.

Der Arztberuf ist heutzutage geprägt von Verwaltungsarbeiten unserer Versicherungsmedizin. Eigene Erkenntnisse des Arztes und sein Unwillen über diese Form der Therapie verschwinden letztlich unter dem Druck der Verwaltungs- und Wirtschaftszwänge. Die Honorierungspraxis der Krankenkassen erlaubt der kassenärztlichen Medizin im Grunde keine Behandlung, die länger als wenige Minuten dauert. Der Arzt ist somit gezwungen, durch die Beratung möglichst vieler Patienten seinen „Betrieb" Kassenpraxis möglichst wirtschaftlich zu gestalten.

Der Ruf der Patienten nach einer menschenwürdigen Medizin, nach einer zuwendungsintensiven Medizin, ist also angesichts dieser Situation vollkommen berechtigt. Viele Menschen wenden sich darum, enttäuscht vom allzu routinierten und leider auch manchmal oberflächlichen Aspekt ihrer Arzt-Patient-Beziehung, arztfremden Therapien zu. Andere wiederum bleiben vor allem bei schweren chronischen Erkrankungen, wie eben der Neurodermitis, enttäuscht in ihrer Leidenssituation stecken und finden allenfalls noch in Selbsthilfegruppen einen gewissen Trost und Verständnis.

Die Entwicklung, die sich in den letzten Jahren, vor allem auf dem Gebiet der chronischen, von der Schulmedizin als sogenannte therapieresistente und unheilbar bezeichneten Krankheiten angebahnt hat, zwängt den traditionellen Arzt, den Routinemediziner, immer mehr an den Rand des Geschehens. Er ist dann nur noch Leistungserbringer, Unterzeichner der durch die Krankenkassen vorgegebenen Verordnungen und eben nicht mehr Therapeut und verständnisvoller Patientenpartner. Schlicht gesagt: Er ist zum Mediziner degradiert.

Leider bringen noch zu wenige Ärzte den Mut auf, die eingefahrenen Gleise zu verlassen und sich wieder ganz auf die Seite des Patienten zu stellen. Aber ihre Zahl wächst. Die Erfolge der daraus resultierenden Medizin werden durch ihre dokumentierte Beweiskraft letztlich auch die Gesundheitspolitik verändern und die patientenorientierter Medizin der Zukunft sichern.

Das Immunsystem aus ganzheitlich-philosophischer Sicht

Selbstfindung – Selbsterkenntnis

Das Immunsystem auf eine rein materielle Gegebenheit einzuschränken und nur zelluläre oder biochemische Gesichtspunkte in seiner Untersuchung und Beurteilung berücksichtigen zu wollen, würde dem ganzheitsmedizinischen Gedanken einer modernen Medizin in keiner Weise gerecht. *Ganzheitlichkeit*, d.h. die jeweilige Leib-Seele-Geist-Einheit des Menschen in der Gegenwart unter vollständiger Berücksichtigung seiner biographischen Vergangenheit, zwingt uns zu tieferem Nachdenken.

Der Sinn einer Lebenserfahrung liegt darin, am Ende dieser Erfahrung mehr zu wissen als am Anfang. Dies scheint zunächst eine recht einfache, philosophische Betrachtung zu sein. Doch unter dem Gesichtspunkt der Ganzheitlichkeit müssen Erkenntnisse und Lernvorgänge auf jeder Ebene, also auch auf der körperlichen, eine Entsprechung finden. Das Immunsystem ist in diesem Sinne ebenso ein „Werkzeug" von Geistesentwicklung und Erkenntnis. Es unterscheidet für jeden Menschen, was zu ihm, zum Selbst gehört, und was nicht. In dieser Unterscheidung wirkt das Immunsystem also schützend und gewissermaßen erkennend.

Organstrukturen

Das Immunsystem greift auf einen umfangreichen Apparat von Organellen, des retikulo-endothelialen Systems zurück. Seine Reaktion auf alle Bereiche unserer Umwelt, sowohl materiell wie immateriell, sind unbegrenzt. Dies bedeutet, daß auf praktisch jeden Stoff und jedes Nahrungsmittel eine Immunantwort möglich ist. Jeder Stoff, der an oder in den Körper gelangt, kann als Antigen eine Antwort des Immunsystems hervorrufen und etwa unter Nutzung spezialisierter Leukozyten, der T-Lymphozyten etwa, eine Antigen-Antikörper-Reaktion bewirken. Hierdurch wird eine Neutralisation des als fremd oder schädlich erkannten Stoffes erreicht.

Diese Reaktion ist zuverlässig, jederzeit reproduzierbar und kann durch den ihr eigenen Ablauf in sich selbst eine allergische Erkrankung darstellen. Wie im zellulären System kann in gleicher Weise auch eine humorale Immunantwort erfolgen und über eine Mastzellendegranulation wirksam werden **(Abb. 31, 32)**. Alle diese Reaktionen sind in sich gesund und schützend und werden so ihren physiologischen Aufgaben gerecht. Erst ihre Ausweitung bzw. übermäßige Reaktionen führen zur Krankheit.

Allergie und Toleranz

Jede Reaktion des Immunsystems, die vom Patienten als belastend oder krankhaft empfunden wird, kann sich so weit steigern, daß der Betroffene sogar in Lebensgefahr gerät. Vor allem in den letzten Jahren ist ein zunehmendes Anwachsen allergischer Erkrankungen zu beobachten. Allein im Gebiet der alten Bundesländer wird von 25 Mio. Allergikern ausgegangen. Hierbei wurden als Allergiker solche Menschen bezeichnet, die tatsächlich allergische Reaktionen im körperlichen Bereich zeigen oder bereits unter entsprechenden Erkrankungen bereits litten. Unberücksichtigt blieben alle anderen sog. „intoleranten" Menschen, die zwar keine körperlichen Reaktionen zeigen, aber dennoch bereits eine verstärkte Abwehrlage im psychisch-geistigen Bereich entwickelt haben.

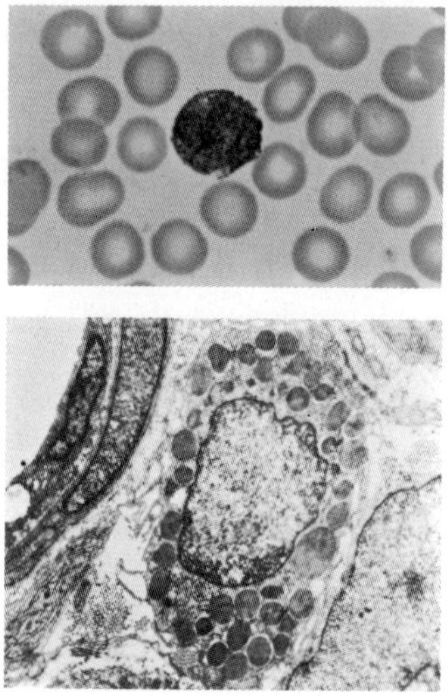
1
2

Abb. 31
Mastzellen
1 basophiler Granulozyt zwischen Erythrozyten
2 Gewebsmastzelle

Je weniger tolerant ein Mensch also ist, d.h. je empfindlicher er auf bestimmte Reize (chemische, mechanische, physikalische usw.) reagiert, umso allergischer ist er oder anders gesagt: desto mehr bewirkt dies eine verstärkte Aktivität seines Immunsystems. Je mehr das Selbst in den Vordergrund tritt, desto weniger Stoffe werden von ihm toleriert, desto mehr Stoffe fordern eine positive Immunantwort, was schließlich zu einer allgemeinen Überreaktion und Überbewertung allergischer Reaktionen führt.

Situationsbestimmung von Neurodermitis und Neurodermitikern

Allergie als Erkrankung des Immunsystems mit unterschiedlichen Ursachen

Die Bedeutung der allergischen Hauterkrankung *Neurodermitis*, die auch als *endogenes Ekzem*, als *Neurodermitis konstitutionalis*, als *atopisches Ekzem*, als *Morbus Besnier*, als *atopische Dermatitis* usw. bezeichnet wird, steht in keinem Verhältnis zur bisher durchgeführten „schulmedizinischen" Therapie. Diese erschöpft sich nämlich weitgehend in fettenden Maßnahmen mit oder ohne Cortison sowie in der Gabe von Antihistaminika.

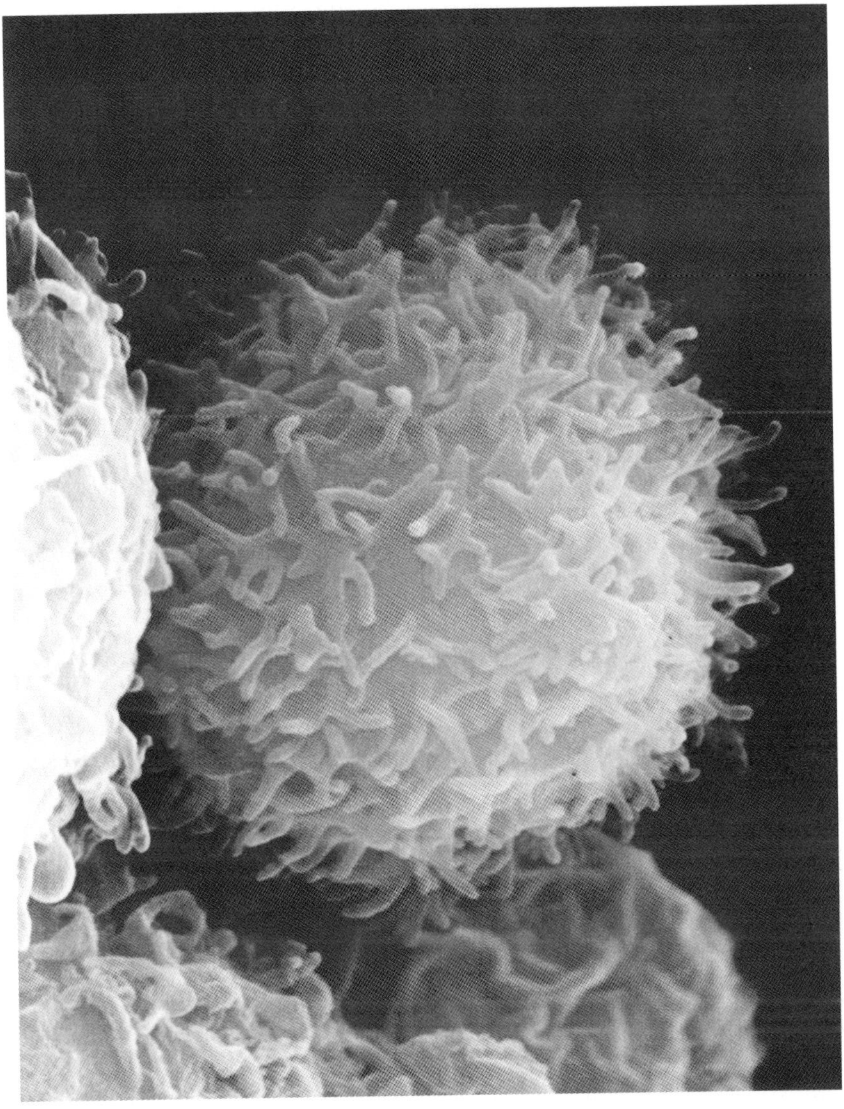

Abb. 32
Menschlicher T-Lymphozyt

Die Ursachen der Neurodermitis und auch jeder anderen allergischen Erkrankung sind vielfältig. Neben den vielfältigen Faktoren der Umwelt, der Umweltbelastung, den chemischen Substanzen, die immer stärker in unser Leben eingedrungen sind, neben den belasteten sowie allergieauslösenden Nahrungsmitteln und vielen weiteren Faktoren sind auch seelisch belastende Situationen, mithin also psychische Faktoren ursächlich an der Neurodermitis beteiligt.

Es wird zur Zeit noch diskutiert, ob es tatsächlich so etwas wie eine Allergiepersönlichkeit, d. h. einen Menschen gibt, der allergischer, sensibler, überreagibler als andere Menschen ist. Aus der Zusammenarbeit mit vielen allergischen Patienten ist aber jedem Behandler das Faktum vertraut, daß es sich bei einem Neurodermitiker durchaus um einen Menschen handelt, der sensibler, reagibler, also wesentlich empfindlicher als andere Menschen ist. Er besitzt auch ein wesentlich höheres Energiepotential, eine höhere Durchsetzungskraft und reagiert bei Widerständen entsprechend eher mit krankhafter Symptomatik.

Krankheitsfaktoren

Neben dieser – möglicherweise – besonderen psychischen Persönlichkeitsstruktur beim Auftreten einer allergischen Erkrankung sind aber noch weitere Aspekte zu berücksichtigen.

Eine abnorme Hautfunktion kann durchaus bei jedem Neurodermitiskranken vorliegen und eine schubauslösenden Wirkung haben. Diese Hautfunktion ist allerdings oft eine Sekundärstörung, die nach massiver Salben- und/oder Corticoidanwendung eingetreten ist. Eine solch gestörte Hautfunktion zeichnet sich dadurch aus, daß die Haut aufgrund der ständigen Fremdfettung nicht mehr in der Lage ist, ihre natürlicherweise vorhandene Geschmeidigkeit und Eigenfettung zu garantieren. Ekzematöse Veränderungen, vor allem in den belasteten Hautgebieten der Beugegelenke, führen zu weiteren Austrocknungserscheinungen und eventuellen Superinfektionen.

In den zellulären Strukturen des Immunsystems finden wir als weitere Ursache deutliche Störungen der zellulären Immunität. So wie der Neurodermitiker oder der Allergiker überhaupt in seiner Reaktionsweise allgemein überreagibler und empfindlicher ist, so reagieren auch die Organellen seines Immunsystems. Wir finden deutliche Vermehrungen der entsprechenden Antikörper und der Bereitschaft, überhaupt Antikörper zu bilden. Im Extremfall wird sogar eine Reaktion auf körpereigene Substanzen möglich, so daß weitere Erkrankungen des autoaggressiven Formenkreises (z.B. *rheumatoide Arthritis* oder auch *Colitis ulcerosa*) entstehen können.

Neben den Störungen der zellulären Immunität finden wir auch Störungen der humoralen Immunität. Hier handelt es sich vor allem um eine vermehrte Bildung des spezifischen Immunglobulins E (IgE). Das IgE gibt dem Behandler die Möglichkeit, eine Überreagibilität des Immunsystems auf laborchemischem Wege direkt nachzuweisen. Beim Neurodermitiker sind diese Werte dann generell exzessiv erhöht. Diese objektivierte Meßbarkeit des IgE verschafft dem Arzt im übrigen natürlich auch die Möglichkeit, eine erfolgreiche Allergiebehandlung anhand des Absinkens des IgE-Wertes in den Normbereich nachweisen zu können.

Weitere Ursachen für den Ausbruch einer Allergie scheinen klimatischer Art zu sein. Wir sprechen deshalb in der Balneologie (Bäder- und Heilquellenkunde) vom positiven Einfluß eines sogenannten „Reizklimas" auf den vegetativen Zustand des Patienten. Der Name *Reizklima* erklärt natürlich andererseits, warum der Neurodermitiker in diesem Klima besonders gereizt sein kann. Klimatische Einflüsse, wie sie beispielsweise im Höhen- oder auch im Seeklima vorherrschen, z.B. am Toten Meer, sind jedenfalls nachweisbar. Wichtig in diesem Zusammenhang ist jedenfalls die Erkenntnis, daß je geringer die Umweltbelastung (beim Höhenklima zum Beispiel) ist bzw. je weniger natürliches Leben sich in der Umgebung, wie beim Toten Meer findet, desto günstigere Einflüsse auf den Neurodermitiskranken zu beobachten sind.

Ganz sicher wirken diese Einflüsse nur zeitweise positiv; d.h., zumeist kommt es zu einem Rückfall in den alten Krankheitszustand nach der Rückkehr in das gewohnte Klima.

Weiterhin kann festgestellt werden, daß ein wiederholter Aufenthalt in den entsprechenden Heilgebieten nicht zwangsläufig zu einer Wiederholung des Therapieerfolges führt. Das Wesen des allergiekranken Menschen besteht offenkundig im Aufsuchen immer neuer Allergien. Auch im allergenarmen klimatischen Umfeld wird das überreagible Immunsystem der Patienten auf Dauer immer wieder neue allergische Faktoren finden.

Ein wesentlicher Gesichtspunkt der Erkrankung scheint also zu sein, daß der Patient die allergische Reaktion so lange braucht, bei eine grundsätzliche Umstimmung der krankhaften Situation eingetreten ist.

Mechanische oder chemische Hautreizungen oder -schädigungen können bei entsprechend vorhandener Veranlagung ebenfalls neurodermitisauslösend sein. Dies sind im überwiegenden mechanische oder chemische Irritationen der betroffenen Hautareale. In zunehmenden Maße wirkt aber auch eine übermäßige Strahlenexposition als Schadensfaktor. Wenn auch von vielen Neurodermitikern Sonnenlichtbestrahlung oder auch Solarienbesonnung in bestimmten Phasen Zeiten der Erkrankung als durchaus positiv empfunden wird, führt sie – auf längere Sicht betrachtet – doch zur mechanischen Schädigung der bestrahlten Hautareale und damit langfristig zu einer größeren pathologischen (krankhaften) Reaktion als zuvor. Aufgrund dieser Erfahrung haben wir in der Behandlung von Neurodermitiskranken von jeglicher externer Hautbelastung in Form einer Bestrahlungstherapie Abstand genommen.

Emotionale Faktoren sind in unserer heutigen, stark streßbetonten Zeit für kaum einen Menschen gesundheitsfördernd. Für den Neurodermitiker oder Atopiker allgemein sind sie sogar katastrophal. In der Privatsphäre solcher Patienten finden sich hier vor allem Partnerschaftsprobleme als mögliche Krankheitsursache. In gleicher Weise können Probleme in der Kindererziehung oder auch Verlustsituationen, wie Trennungen oder Tod von nächsten Angehörigen eine entsprechende Erkrankung auslösen.

Im beruflichen Bereich sind Konkurrenzdenken, erhöhter Leistungsanspruch und auch andere zwischenmenschliche Probleme am Arbeitsplatz, Probleme mit dem Chef oder mit den Untergebenen, in ähnlicher Weise krankheitsauslösend. Selbst der wohl jedem bekannte Urlaubsstreß kann in entsprechender Weise wirken. Kurz gesagt: Jede Verschiebung im harmonischen Grundrhythmus kann bei einem Atopiker krankheitsauslösend sein.

Alle bisher erwähnten Faktoren können vereinigt werden im Begriff der *Allergene*. Allergene finden wir in jedem Bereich, mit dem der Mensch in Kontakt kommt; vor allem natürlich in der Nahrung. Dasjenige, was direkt dem Körper zugeführt wird, kann aufgrund seines intensiveren Kontaktes zuerst mit der Schleimhaut und dann mit dem Blut eine entsprechend verstärkte Reaktion auslösen.

Es ist in diesem Zusammenhang daran zu erinnern, daß allein in Deutschland 2500 verschiedene Zusatzstoffe in der Lebensmittelherstellung und -konservierung zugelassen sind. Vollkommen ungeklärt ist dabei, wie diese verschiedensten chemischen Stoffgruppen in einem lebendigen System, wie es der Organismus des Menschen ja darstellt, wiederum miteinander reagieren. Dies bedeutet letztendlich, daß völlig neue und unkontrollierbare Substanzgruppen entstehen können und dadurch die Erkrankung weiter verstärkt wird. In der Ernährung können ursprünglich verträgliche Lebensmittelbestandteile auch durch die Art ihrer Zubereitung so verändert werden, daß sie allergieauslösend wirken. Die starke Erhitzung von Lebensmitteln durch Kochen oder Braten und die dadurch entstehende Eiweißdenaturierung kann z.B. die molekulare Struktur des aufgenommenen Nahrungsmittels so massiv verändern, daß es als Antigen wirksam wird.

Antigen-Antikörper-Komplexe in vielen Bereichen

Die Antigen-Antikörper-Reaktion ist ein festumrissener Ablauf, bei dem auf das jeweilige Allergen ausgerichtete spezialisierte Antikörper mit dem jeweils allergieauslösenden Stoff eine Verbindung eingehen, die wir als den sogenannten *Antigen-Antikörper-Komplex* bezeichnen. Durch diese Bindung wird das Antigen oder der allergieauslösende Stoff sozusagen neutralisiert und über die Ausscheidungsorgane, vorzugsweise die Leber, eliminiert.

Für jeden allergieauslösenden Stoff gibt es entsprechende Antikörper, die auf die äußere molekulare Form des Antigens passen, wie ein Schlüssel auf das Schloß. Ist es einmal zur Ausbildung von Antikörpern gekommen, kommt es bei der jeweiligen Zuführung des auslösenden Antigens zwangsläufig zu einer Antigen-Antikörper-Reaktion. **(Abb. 33)**

Hierbei ist die zahlenmäßige Ausbildung der jeweiligen Antikörper von der Zuführung des entsprechenden Antigens abhängig. Bei einer anlagebedingten Antigen-Antikörper-Reaktion kann es also bei massiver Zufuhr von Antigenen zu einem massenhaften Anfall von Antigen-Antikörper-Komplexen kommen, die dann durch die natürlicherweise dafür vorgesehenen Eliminationsorgane nicht mehr entfernt werden können. Dies hat zur Folge, daß es zu Eliminationserscheinungen in anderen Organen, vor allem aber in der Haut und den Schleimhäuten kommt, da der Körper sich der überflüssigen Komplexe zu entledigen sucht.

Bei der Neurodermitis geschieht diese Entfernung von Antigen-Antikörper-Komplexen denn auch hauptsächlich über die Haut. Der Neurodermitiker versucht – bewußt oder unbewußt – diese Entgiftung durch eine entsprechende Reizreak-

Abb. 33
Antigen-Antikörperreaktion (schematisch)

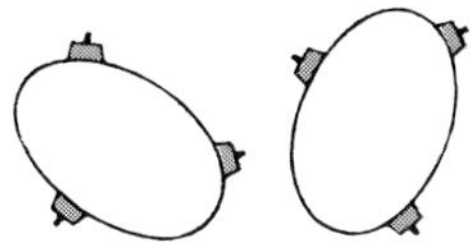

Antigenmoleküle (z.B. Proteine, Bakterien); dunkle Stellen symbolisieren spezifische Erkenungsstellen für Antikörpermoleküle.

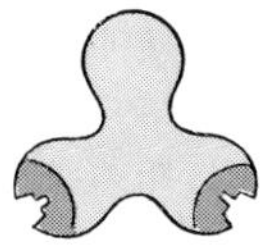

Antikörpermolekül;
dunkle Stellen sind komplementär zu den Erkennungsstellen der Antigenmoleküle.

Antigen-Antikörper-Komplex
Der Antikörper ist zweiwertig, das Antigen kann mehrwertig sein.

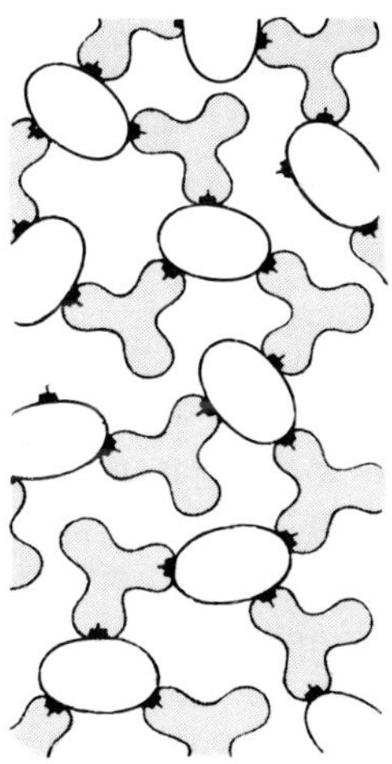

Unlösliches Antigen-Antikörper-Netz (Präzipitat).

tion, nämlich den eintretenden Juckreiz, in dessen Folge er durch Kratzen die Haut sozusagen stellenweise eröffnet, zu unterstützen. Bei vielen Neurodermitiskranken ist es in der Tat so, daß der Juckreiz erst dann nachläßt, wenn die Haut blutet.

Die beim Gesunden so nützliche Antigen-Antikörper-Elimination führt also beim Neurodermitiker zu einer weiteren Ausprägung seiner Krankheit und ist zunächst nur durch eine strikte Vermeidung möglichst aller Antigenkontakte zu erzielen. Eine demgemäß andauernde Enthaltsamkeit führt dann auch zur Reduktion der vorhandenen Antikörper. Denn wie alles, was in der Natur nicht gebraucht wird, so sterben auch die entsprechend spezialisierten Lymphozyten ab. Wir gehen von einer Lebensdauer dieser Zellen von etwa maximal 90 Tagen aus. Die Erinnerung an die vorher vorhandene Allergie kann allerdings in den sogenannten *Memorycells*, das ist das immunologische Gedächtnis des Menschen, lebenslang erhalten bleiben.

Eine Veränderung des Klimas oder der Umwelt, eine totale Änderung der Ernährungsgewohnheiten ist also zwingende Voraussetzung, um die eingetretenen Antigen-Antikörper-Reaktionen und Reaktionsmöglichkeiten zunächst einmal zu beenden. Ein entsprechend bemessener Zeitraum der Enthaltsamkeit hinsichtlich der allergieauslösenden Stoffe und Faktoren führt zum weitgehenden Absterben der Antikörper. Ohne eine zusätzliche *Umstimmungstherapie*, die das zugrundeliegende Allergiespektrum und die Bereitschaft, überhaupt allergisch zu reagieren, verändert, muß allerdings diese Enthaltsamkeit bzw. die entsprechende veränderte Lebensweise – beispielsweise eine bestimmte Diät – lebenslang eingehalten werden.

Eine weitere Reaktionsmöglichkeit des allergischen Systems besteht in den Inhaltsstoffen der sogenannten *Mastzellen*. Hierbei handelt es sich überwiegend um das Histamin, das bei einer allergisch ausgelösten Öffnung der Mastzelle, der sogenannten Mastzellendegranulation, die allergische Reaktion, also zum Beispiel den Juckreiz, auslöst.

So wie im materiellen Bereich, in der zellulären oder humoralen Abwehr, hochspezialisierte Reaktionseinheiten zu finden sind, so finden wir Vergleichbares auch im psychischen Bereich. Bestimmte psychische Reizsituationen sind sozusagen die „Knöpfe", die, wenn man sie nur drückt, eine allergische Antwort auslösen können. Verschiedene Verhaltensforscher haben denn auch seit Freud ein bestimmtes Reaktionsmuster auf spezifische Reize nachgewiesen und die Notwendigkeit einer analytischen Therapie zur Beseitigung jener spezifischen Reizreaktionen gefordert.

So konnte nachgewiesen werden, daß es unter bestimmten seelischen Belastungssituationen – zu hohe Anforderungen im beruflichen oder sozialen Umfeld, negativer Streß usw. – an den Nervenenden zur Ausschüttung eines spezifischen Eiweißes kommt, das dann in gleicher Weise wie bei anderen allergischen Reaktionen eine Mastzellendegranulation bewirkt. Damit war der Nachweis erbracht, daß eine klassisch-allergische Reaktion auch durch Vorgänge im psychischen Bereich ausgelöst werden kann. Demgemäß kann die Immunantwort bei einer psychischen Belstung also nicht nur in Nervosität, Gereiztheit und dergleichen mehr bestehen, sondern tatsächlich auch eine körperliche Reaktion, wie etwa den Juckreiz, auslösen.

Wir sehen also, daß die Reaktionen im psychischen und physischen Bereich einander entsprechen können und daß eine sinnvolle Beeinflussung des Immunsystems unter therapeutischen Gesichtspunkten nur unter Berücksichtigung dieser ganzheitlichen Gegebenheit möglich ist.

Situation der Erkrankten

Vortherapie und Vorbehandler

Die klassische Anamnese eines Neurodermitiskranken, wie auch jedes anderen an einer Störung des Immunsystems leidenden Menschen, beginnt sehr häufig bereits in der Kleinkindphase. In der Regel ist das erste Anzeichen einer allergischen oder neurodermitischen Veranlagung in einer sogenannten *Milchschorferkrankung* der Säuglinge zu sehen. Die Milchschorferkrankung ist eine ekzematös-schuppende Hautkrankheit von Säuglingen oder Kleinstkindern, die meist in der Umstellungsphase der uterinen Verhältnisse oder auch im Anschluß an das Abstillen ausbricht. Es ist dies eine abgemilderte Reaktion des Immunsystems auf neue, von außen kommende Reize. Diese an sich harmlose Erkrankung verschwindet nach der Anpassungsphase meist von alleine und ist an sich nicht behandlungsbedürftig.

Die Sorge davon betroffener Eltern wie aber auch die teilweise Unkenntnis der Behandler bewirken allerdings allzu oft, daß viele äußerlich anzuwendende Arzneimittel ausprobiert bzw. verordnet werden. In der Regel werden zunächst sog Basispräparate oder Teersalben verordnet, die bei einer nicht kurzfristig eintretenden Wirksamkeit dann leider oft auch durch cortico-steroidhaltige Salbenpräparate ersetzt oder ergänzt werden. Daraufhin tritt eine schnelle Besserung des Hautzustandesein, der über Jahre hinweg stabil sein kann.

Eine weitere Komplikation ist die sogenannte *Windeldermatitis*, die eine Reaktion der Haut auf Feuchtigkeit und somit eine Folge der modernen Plastikwindel ist. Die trügerische Erfahrung, daß ein Baby sich von außen trocken anfühlt, beruhigt die Eltern zunächst; erst bei der Entzündung der Babyhaut sowie nach einer fachlich fundierten Beratung machen sie sich

Gedanken darüber, daß die eingetretene Entzündung letztlich eine Folge eben jener äußeren Trockenheit ist und hinter dem Luft- und Feuchtigkeitsabschluß der Kunststoffwindel ein unheilvolles Klima für die betroffenen Hautpartien besteht.

Allein die Verwendung von Stoffwindeln und die möglichst häufige Bloßlegung des Windelbereichs führen zu einer schnellen Heilung. Doch leider kommt es auch hier aus Unkenntnis heraus oft zur Anwendung von Salbenpräparaten, die, abhängig vom Grad ihrer jeweiligen Wirkungslosigkeit, sogar aus Cortico-Steroiden und Antibiotika-Anteilen bestehen können.

Gleichgültig, welche Hautproblematik im einzelnen nun auch immer im Säuglingsalter auftritt, in vielen Fällen kommt es zumeist zur Beruhigung des Hautzustandes innerhalb der ersten zwei Lebensjahre. Erste Hautprobleme treten dann meist wieder bei der Hormonumstellung im Rahmen der Pubertät auf. Jede Änderung der Lebensumstände oder auch der inneren hormonalen Verhältnisse stellt einen neuen Anspruch an das Immunsystem dar und wird mit einer spezifischen Reaktion beantwortet. Bei einem entsprechend veranlagten oder vorbelasteten Patienten kann dies dann bereits zum Ausbruch einer allergischen Krankheit führen.

Auch in diesen Situationen wird meist zu früh zu unterdrückenden Salbenmedikamenten, das heißt wiederum zu Cortico-Steroiden gegriffen, die die Problematik nur vordergründig beseitigen.

In der Entwicklung des typischen Neurodermitikers tritt dann meist noch einmal eine Ruhephase ein, die etwa bis zum 18.-20. Lebensjahr andauert. In dieser Phase treten meist die ersten Partnerschaftsprobleme im Leben der Menschen auf. Unter dem ganz normalen Spiel von Partnerschaft, Aufnahme und Lösung von Beziehungen kommt es häufig zu stärkeren psychogenen Belastungssituationen, die eine massive Manifestation einer allergischen Erkrankung, vor allem der Neurodermitis, bewirken.

Ist die Krankheit ersteinmal zutage getreten, reicht die hausärztliche Behandlung meist nicht mehr aus. Hautärzte, Haut- und Universitätskliniken werden deshalb immer häufiger beansprucht. Deren Therapie ist zumeist weitgehend identisch und besteht in der Regel in der äußerlichen Anwendung von Salben, Teersalben, Harnstoffpräparaten und vor allem von Cortico-Steroiden.

Der Patient erhält nun zunehmend eine Sonderstellung als Neurodermitiker. Es kommt zur sozialen Isolation und zu weiteren sekundären Folgen seiner Erkrankungsproblematik. Obwohl seine Erkrankung ursprünglich als Folge psychogener Belastungssituationen gesehen werden kann, kommt es jetzt zu der prekären Situation, daß aufgrund seines Zustandes als Allergiekranker weitere psychische Störungen auftreten. Dieser Kreislauf verstärkt letztendlich die Erkrankung und die Gedanken der Patienten kreisen mehr und mehr um ihre Stellung und Wohlbefinden, um ihren Hautzustand und um ihr Erscheinungsbild. Tage und Nächte werden nun von den allergischen Reaktionen und vor allem von der Intensität des Juckreizes geprägt.

In seiner Not sucht der Patient Hilfe auf allen Ebenen und irrt von Arzt zu Arzt, von Behandler zu Behandler. In einer Untersuchung der von uns behandelten Patienten mußten wir feststellen, daß sich vor uns bereits durchschnittlich bereits Vorbehandler an der Erkrankung versucht hatten und drei verschiedene stationäre Behandlungen erfolglos durchgeführt worden waren. Darüber hinaus mußten wir mit Erschrecken konstatieren, daß auch mehr als zwanzig verschiedene Vorbehandler durchaus keine Seltenheit waren.

Man stelle sich nur einmal die Unmenge verschiedener Therapeutika, Salben, Tabletten, Spritzen etc. vor, die von den verschiedenen Therapeuten verwendet und dem Organismus des Betroffenen verabreicht worden waren. Jedes dieser Medikamente stellt bereits für sich allein eine erneute Fremdstoffbelastung für das ohnehin schon stark überreizte Immunsystem dar und trägt so zur weiteren Verschlechterung des Krankheitsbildes bei.

Infolge der verschiedenen Behandlungen verschlechtert sich der Zustand des Patienten, das bestehende Allergiespektrum weitet sich aus und weitere, auch tiefere Störungen kommen zum ursprünglichen Krankheitsbild hinzu. Bei der Neurodermitis ist dies im überwiegenden Fall das *Asthma bronchiale*, das auch an die Stelle der Neurodermitis treten kann.

Was eigentlich heißt Unterdrückung?

Unterdrückung bedeutet, daß versucht wird, ein bestimmtes Symptom zum verschwinden zu bringen, ohne seine Ursachen zu beseitigen. Dies heißt in unserem Fall, daß ein allergischer Hautausschlag oder ein Ekzem durch eine Cortison- und Antihistaminika-Therapie zum verschwinden gebracht werden soll, ohne daß der auslösende Faktor – sei er materieller oder psychischer Natur – überhaupt berücksichtigt wird.

Die Betrachtung des biologischen Systems in seiner Ganzheit hat gezeigt, daß dies auf einen äußeren Reiz, gleich welcher Art dieser auch sein mag, entsprechend reagiert. Wenn ihm diese Reaktion durch eine entsprechende allopathische, d.h.entgegengerichtete Medikation verwehrt wird, der Reiz aber dennoch weiter besteht, wählt das biologische System Mensch einen anderen Bereich des Körpers aus, in dem den betreffenden Reiz beantwortet. Diese Antwort, d.h. das Erkrankungssymptom, kann erst verschwinden, wenn

1. der krankmachende Faktor (Agens) einerseits verschwindet und
2. der Organismus in einen Zustand gebracht wird, in dem es für ihn nicht mehr notwendig ist, auf einen materiellen oder psychischen Auslöser krankhaft zu reagieren.

So kann die Neurodermitis, wenn sie nur lange genug unterdrückt wird, die mögliche Eintrittspforte für die Störung eines tieferliegenden Organsystems darstellen. Ein Symptom, das auf der Hautoberfläche unterdrückt wird, kehrt dann in einem tieferen System, zum Beispiel auf der Schleimhaut, wieder. Diese Erkrankung heißt dann nicht mehr *Neurodermitis*, sondern *Asthma bronchiale*, wenn die Bronchialschleimhaut betroffen ist bzw. *Colitis ulcerosa*, wenn es die Darmschleimhaut getroffen hat. Das enge Verhältnis zwischen Neurodermitis und Asthma ist zwar durchaus bekannt, wird auch als Faktum akzeptiert, aber der damit vorliegende logische Zusammenhang, das Fortschreiten einer Erkrankung von außen nach innen, ist vielleicht in seiner Sichtweise zu einfach, um auch als logisch erkannt zu werden.

Diese an sich schon schlimme Abfolge kann durch eine fortgesetzte unterdrückende Therapie noch weiter verschlechter werden und neben destruktiven Veränderungen im entsprechend erkrankten Organsystem können dann auch noch tiefere, das Leben des Menschen stärker störende Erkrankungen auftreten. Hier rücken seelische Erkrankungen, wie Depressionen, ins Blickfelder der ganzheitlichen Betrachtung und selbst psychische Störungen oder Erkrankungen, wie etwa Neurosen, können in diesem Zusammenhang als Resultate jener Negativentwicklung gesehen werden.

Ein vollständiges Verständnis des gesamten Krankheitsablaufs ist also nur aus ganzheitlicher Sicht möglich. Das bedeutet, den Menschen stets in allen „Bestandteilen" seiner Person – Körper, Seele und Geist – und auch in allen seinen Erkrankungen als Ganzes zu sehen und diese Sichtweise unseren Therapien zugrund zu legen.

Eine therapeutisch-medikamentöse Unterdrückung, die bereits im Säuglingsalter beginnt und die bei jede neu auftretende Reaktion mit immer stärkeren Möglichkeiten erneut zum Verschwinden bringt, führt letztlich zu katastrophalen Ergebnissen. Das Verständnis dieses Zusammenhangs ist von überragender Bedeutung für jeden Therapeuten, vor allem aber für die erstbehandelnden Haus- und Kinderärzte. Denn bereits im Säuglingsalter können durch entsprechende, durchaus wohlmeinende, aber dennoch verkehrte Maßnahmen die Weichen zu einer späteren, erheblich schlimmeren Erkrankung stellen.

Doch nicht nur die Behandelnden allein sind für diese Entwicklung verantwortlich. Auch die heutige Elternschaft fordert – wie es in unserer Gesellschaft nun einmal üblich geworden ist – vom Arzt die schnellstmögliche Beseitigung jedweder Gesundheitsstörung.

Wie oft wird der Arzt von den Eltern bedrängt, doch möglichst schnell an dieser Sache „was zu machen"; was heißt, sie möglichst schnell zum Verschwinden zu bringen. Mir klingen noch die Aussagen vieler Eltern im Ohr „Herr Doktor, das geht doch nicht", „Herr Doktor, da muß doch was geschehen" etc.

Hier ist also dringend noch intensive Aufklärungsarbeit über die Art und Folgeerscheinungen der Erkrankung zu leisten. Nur durch intensive Information über die ganzheitlichen Zusammenhänge sowie über die letztlich negativen Folgen ausschließlich unterdrückender Therapien können wir erreichen, daß Eltern und Erkrankte dem Arzt und Therapeuten letztlich nicht mehr fordernd-oppositionell gegenüberstehen, sondern gemeinsam mit dem Arzt die Erkrankung durchschreiten und darin deren Beendigung respektive Heilung ermöglichen.

Abhängigkeiten

Neben den bereits beschriebenen negativen Folgen durch eine bloß unterdrückende Therapie gilt es aber auch die zunehmende Abhängigkeit von der jeweils verwendeten Therapie zu beachten. Die durch die Unterdrückung erlebte Besserung möchte der Patient natürlich möglichst immer erleben. Er möchte möglichst überhaupt nicht mehr unter Juck- oder Hustenreiz – oder welch allergischer Störung auch immer – leiden; wie auch Eltern verständlicherweise ihr Kind von den negativen Folgen einer derartigen Erkrankung für immer befreit wissen wollen.

Die jeweils gewählte Maßnahme, ob Antihistaminika, ob Salben oder Cortico-Steroide, ist aber in ihrer Wirksamkeit begrenzt. Ihre Wirkungsintensität schwächt sich bei längerem Gebrauch immer weiter ab. Dies führt dazu, daß die Erkrankten das jeweils verordnete Medikament in immer kürzeren Abständen und in immer höheren Dosierungen benötigen.

Der Kranke selbst erlebt in diesem Fall sein Verhältnis zu vordergründig helfenden Medikamenten immer stärker als eine Art Sucht. Seine Gedanken kreisen immer mehr um den vorhandenen Salbenvorrat. Die Industrie ihrerseits versucht, durch immer größere Packungseinheiten dieses Bedürfnis zu befriedigen.

So haben wir den Bereich der 50 und 100 g Tube längst verlassen und die Verordnung von 1 000 g Töpfen ist mittlerweile keine Seltenheit mehr. Der Rat der letztendlich hilflosen Ärzte und Therapeuten heißt ja auch oft nur noch: „Schmieren, schmieren, schmieren!“

Ein Patient mit einem schweren neurodermitischen Ekzem an beiden Beinen berichtete, daß er bis zu Beginn unserer Therapie täglich ca. 400 g Salbe auf beide Beine aufbrachte. Man stelle sich einmal allein den unglaublichen Zeitaufwand vor, der erforderlich ist, um eine derartige Salbenmenge (vier große Tuben!) auf den Beinen zu verteilen. Gleichzeitig macht dieses Beispiel deutlich, wie aufnahmefähig und aufnahmebegierig die Haut überhaupt werden kann.

Die Lösung der damit angesprochenen Problematik liegt hier wieder in der Befolgung des Mottos: „Weniger ist mehr!“; denn nur durch einen strikten Salbenentzug kann der Teufelskreis des ständig steigenden Salbenbedarfs durchbrochen werden.

Auch die neurodermitiskranke Haut besitzt alle erforderlichen Organellen der Eigenfettung. Unter einer Konstitutionstherapie, einer entsprechenden Diät und einem konsequenten Nichtsalben konnte deshalb auch bei den betreffenden Patienten in allen Fällen die Salbenfreiheit und damit die Loslösung von Abhängigkeiten erreicht werden.

Selbsthilfe führt zu neuen Wegen

Die Situation der Erkrankten ist im Rahmen der traditionellen Medizin – ob haus- oder fachärztlich – an einem katastrophalen Endpunkt angelangt. Die traditionelle Medizin, auch „Schulmedizin“ genannt, ist nicht mehr in der Lage, mit den von ihr propagierten Verordnungen eine grundsätzliche Heilung des Erkrankten oder auch nur die dauerhafte Erleichterung des Krankheitszustandes zu bewirken. Alle bisher schulmedizinisch vertretenen Therapiemethoden enthalten in sich den Gedanken der Unterdrückung und sind damit für den Patienten nur eine ganz kurzfristig wirksame bzw. immer kurzfristiger werdende Hilfe.

Den Patienten ist diese Situation durchaus bewußt. Aus der Notsituation seiner Hilfslosigkeit sowie aus der Enttäuschung über die Wirkungslosigkeit der angebotenen Hilfen heraus hat sich daher die Notwendigkeit zur Selbsthilfe entwickelt. So werden die Patienten im Rahmen von Selbsthilfegruppen wieder unabhängiger von vergeblichen Behandlungsangeboten.

Aus der Selbsthilfegruppe resultiert aber auch die wichtige Dynamik einer betroffenen Gemeinschaft. Die Erfahrung, mit seinem Problem nicht mehr allein zu stehen, ist bereits ein erster Schritt aus der Isolation heraus. Über die Einzelgruppenbildung hinaus bietet der überregionale Verband von Selbsthilfegruppen eine zusätzliche Möglichkeit der therapeutischen Willensbildung und der Information über alternative Möglichkeiten. Nicht zuletzt hierdurch konnten vielen Patienten neue Hilfsmöglichkeiten aufgezeigt werden und der Gedanke eines ganzheitlich orientierten Maßnahmenkatalogs verbreitet werden.

Bei allen vielfältigen Informationsangeboten ist letztlich aber die Einzelgruppe und ganz zuletzt nur der Betroffene selbst in der Lage, in der Vielzahl der angebotenen, auch alternativen Möglichkeiten diejenige Methode zu erkennen, mit der tatsächlich eine durchgreifende und konsequente Besserung seiner Lage zu erzielen ist. Trotz der notwendigen Zurückhaltung des Autors dieser Zeilen hinsichtlich seines eigenen therapeutischen Konzeptes sollte aber bei der Beurteilung einer möglichen Therapiemethode immer das „weniger ist mehr" als zentrales Kriterium der Beurteilung angesehen werden. Je umfangreicher die medikamentösen Maßnahmen sind, je mehr Fremdstoffe – gleichgültig, ob allopathisch oder phytotherapeutisch – verwendet werden, desto kritischer ist die verwendete Methode zu beurteilen.

Letztlich führt jedoch kein Weg an der Notwendigkeit eines Durchlebens der Erkrankung vorbei. Eine therapeutische Unterdrückung bleibt immer eine Unterdrückung, auch wenn sie mit natürlichen Mitteln erreicht wird. Die Selbsthilfe ist allerdings eine wesentliche Stütze im Erlangen der Erkenntnisse, die im Zusammenhang mit der Bewältigung der eigenen Erkrankung zwingend notwendig sind.

Das neurodermitiskranke Kind und seine Eltern

Der Situation neurodermitiskranker Kinder kommt besondere Beachtung zu. Die Eltern solcher Kinder befinden sich schließlich in der besonderen Situation, sich mit einer Erkrankung auseinandersetzen zu müssen, die sie selbst nur bedingt betrifft. Die Auswirkungen der Erkrankung – Hautprobleme und damit einhergehende Isolation, weitere sekundäre Krankheitsformen Pathologie in Folge der Neurodermitiserkrankung – strahlen denn auch in die ganze Familie aus und beeinträchtigen sie in erheblichem Umfange.

Für die Eltern kommt früher oder später der Zeitpunkt, wo – z.B. als Folge von Gesprächen und vielleicht auch falscher Ratschläge – die Schuldfrage auftritt. Die Eltern und meistens besonders die Mutter fragen sich dann:

„Inwiefern bin ich an der Erkrankung meines Kindes schuld? Was habe ich getan, daß unser Kind so gezeichnet ist? Worin liegt unser Fehlverhalten in der Gegenwart, daß dieser Makel nicht verschwindet?"

Die Beantwortung solcher und ähnlich quälender Fragen steht deshalb nicht umsonst im Zentrum einer fundierten Beratung von Eltern neurodermitiskranker Kinder. Es ist von besonderer Bedeutung, den Eltern klar zu machen, daß Schuldgefühle jeglicher Art völlig unnötig sind. Im Gegenteil: Quälende Schuldkomplexe belasten nur zusätzlich die ohnehin schon schwierige und problematische Situation.

Bei einer Familie mit einem oder gar mehreren neurodermitiskranken Kindern ist davon auszugehen, daß die Erkrankung das Gesamtwesen Familie befallen hat. Diagnostik und Therapie haben dies natürlich zu berücksichtigen. Die im Kapitel „Situationsbestimmung“ unter krankheitsauslösenden „Ursachen“ aufgeführten Faktoren betreffen die Familie insgesamt oder anders gesagt: Die gesamte Familie mit all ihren Mitgliedern leidet unter den spezifischen Ursachenfeldern der Erkrankung. Das erkrankte Kind zeigt sozusagen stellvertretend für alle anderen die Symptomatik der Erkrankung, unter deren Störfeld aber alle Familienmitglieder leiden; „Einer für Alle“ darf man in diesem Falle sagen.

Dieser grundsätzliche Ansatz ermöglicht den Eltern nicht allein ein besseres Umgehen mit der Situation, sondern er ist sozusagen der Eintritt in die erfolgreiche Therapie. Die gelingende Therapie eines neurodermitiskranken Kindes kann nie seiner Isolation oder auch nur in seiner alleinigen Behandlung, z.B. während eines stationären Aufenthaltes in einer Klinik, bestehen. Auch wenn also für das Kind allein unter isolierten Bedingungen eine zeitweise Beschwerdefreiheit erreicht werden kann, so sind doch die krankheitsverantwortlichen Störfaktoren für die gesamte Familie nicht ursächlich beseitigt und das Problem damit keinesfalls grundsätzlich gelöst.

Im vorigen Kapitel haben wir schon über die Möglichkeiten der Krankheitsentstehung beim Säugling und Kleinkind unter besonderer Berücksichtigung der Eltern-Arzt-Beziehung gesprochen und die schlimmen Folgen unterdrückender therapeutischer Maßnahmen erläutert. Gerade deshalb ist an dieser Stelle nochmals zu betonen: Eine erfolgreiche Behandlung ist nur in Zusammenarbeit mit beiden Elternteilen möglich. Deshalb mag verständlich sein, daß auch eine psychotherapeutische Therapie in der Neurodermitisbehandlung von Kleinstkindern durchaus eine Berechtigung hat. Denn psychogene Spannungsfelder, die die gesamte Familie betreffen, können natürlich nur über die Eltern gefunden und entsprechend geklärt werden.

Ein weiterer wichtiger Punkt in der Situation von Familien, die unter Neurodermitis leiden, ist der Aspekt des Kratzverhaltens. Es ist der verständliche Wunsch der Eltern, daß ihr Kind ein gesundes und ansprechendes Erscheinungsbild bietet. Sie möchten, daß das von ihnen geliebte Wesen in gleicher Weise auch von anderen Menschen angenommen wird und leiden deshalb besonders unter ablehnenden Reaktionen der Umwelt.

Aus dieser Haltung heraus ist es verständlich, daß jede autoaggressive, gegen sich selbst gerichtete Handlung des Kindes – vor allem in der Form des sich Blutigkratzens und den daraus entstehenden Folgen – verhindert wird. Beide Eltern sind in der Regel bemüht, das Kind vom Kratzen abzuhalten und beachten die Juckreizattacken besonders intensiv.

Dies ist ein Beispiel für eine sog. *negative Bestätigung*. Das Kind erfährt nämlich durch die mehr oder weniger „garantierte“ Zuwendung der Eltern bei entsprechenden Juckreizanfällen, daß Kratzverhalten offensichtlich ein ideales Werkzeug ist, um die Aufmerksamkeit der Eltern auf sich zu ziehen.

Folglich wird das Kratzverhalten zum Erlangen von Liebesbezeugungen wie auch zur Durchsetzung des eigenen Willens verstärkt eingesetzt. Auf zarte Weise wird damit ein Reflex angelegt, der dem neurodermitischen Langzeitkranken bis ins Erwachsenenalter hinein erhalten bleibt. Der Unwille über eine oder in einer bestimmten Situation erzeugt den Juckreiz. Nur wird dieser eben beim Erwachsenen nicht mehr durch Zuwendung seiner Umwelt – wie er es als Kleinkind erfahren hat – beantwortet; vielmehr hat er sich nunmehr gewissermaßen verselbständigt.

Es ist eines der schwierigsten Kapitel in der Elternberatung, den Eltern klarzumachen, daß sie den Juckreiz ihres Kindes überhaupt nicht beachten dürfen. Jede Bestätigung pathologischen Verhaltens muß unterbleiben. So wie der Neurodermitiker seine Krankheit bejahen muß, um durch sie hindurchzugehen, so müssen die Eltern ihr neurodermitiskrankes Kind bejahen, um ihm zu ermöglichen, seine Erkrankung abschließen zu können. Dies ist unter Umständen ein sehr harter Weg. In der Klinik werden wir häufig mit Krankheitsfällen konfrontiert, bei denen das beschriebene Juckreizverhalten längst gebahnt ist. Es bedarf dann oft mehr als bloßer Überredungskunst, das begleitende und mittherapierte Elternteil vom bisherigen Verhalten abzubringen. Kraß ausgedrückt: Die Mutter oder der Vater müssen es ertragen, daß ihr Kind sich blutig kratzt, sich unter Umständen seine Haut sogar streifenförmig vom Körper reißt, um die negative Bestätigung eines falschen Verhaltens zu beenden.

Hier bedarf es einer stützenden Psychotherapie der Eltern sowie einer geschulten fürsorglichen Überwachung. Unter kurzfristig einsetzender konstitutioneller Therapie und gleichzeitigen entspannenden Verfahren für Eltern und Kind wird diese Phase unter stationären Bedingungen meist recht schnell durchgestanden und der Erfolg der Maßnahme stellt sich in der Regel sehr schnell ein: Der Juckreiz läßt nach und verschwindet schließlich ganz.

Nichtsdestotrotz ist dieses Kapitel für Eltern und Therapeuten ein sehr schwieriger Abschnitt in der Behandlung des neurodermitiskranken Kindes. Es ist deshalb notwendig, die Eltern in zuwendungsintensiven Gesprächen auf diese Situation vorzubereiten und sie, wenn sie dann tatsächlich eintritt, kompetent und verantwortlich zu begleiten. Das folgende Fallbeispiel vermag diese Zusammenhänge besonders zu verdeutlichen.

Matthias – Ein Fallbeispiel

Frau F. kommt mit ihrem siebenjährigen Sohn Matthias, der abwechselnd unter Asthma und Neurodermitis leidet, in stationäre Behandlung. Bei Befragen der Krankheitsgeschichte erzählt sie, daß sie Matthias vier Monate lang gestillt hat und daß unmittelbar nach Abstillen und dem Übergang auf eine

Babyfertignahrung Milchschorf aufgetreten sei. Dieser sei vom Hausarzt mit einer Salbe behandelt worden und nach wenigen Wochen wieder verschwunden.

Die erste Dreifachimpfung (DPT) und auch die Polio-Schluckimpfung wurde vom Kind problemlos vertragen. Nach der zweiten DPT-Impfung kam es dann aber zum massiven Ausbruch einer Neurodermitis. Die Therapie bestand zunächst in Salben und rückfettenden Bädern (Öl- und Kleiebäder). Später entschloß sich der behandelnde Kinderarzt wegen der anhaltenden Beschwerden dann zu einer äußerlichen Cortison-Therapie, unter deren regelmäßiger Anwendung ein erträglicher Gesamtzustand erreicht werden konnte. Allerdings kam es bei jedem Zahnen zu erneuten Krankheitsschüben trotz Cortisonanwendung und während der fortlaufenden Therapie sogar zur Ausbildung einer chronischen Bronchitis.

Beim Kindergarteneintritt war das Kind bereits deutlich erkennbar krank und nahm unter seinen Altersgenossen eine dementsprechende Sonderstellung ein. Matthias mußte so bereits im Alter von vier Jahren die Situation eines Sonderlings und die entsprechenden Ablehnungen seiner Altersgenossen ertragen.

Mit fünf Jahren wollte er nicht mehr in den Kindergarten gehen und erlitt im Rahmen der Auseinandersetzung um diese Thematik seinen ersten schweren Asthmaanfall. Es wurde eine Therapie zunächst mit schleimlösenden Hustensäften eingeleitet, die aber nur kurzfristig Linderung brachte. Theophyllin-Tropfen wurden notwendig und da es auch unter diesem Medikament immer wieder zu vorzugsweise nächtlichen Atemnotsituationen kam, wurde ein systemisches Cortison-Spray eingesetzt.

Auffällig an dieser Krankheitsgeschichte war, daß der Hautzustand sich bei zunehmender Asthmaproblematik regelmäßig besserte und sich erst dann wieder verschlechterte, wenn das Asthma seinerseits zurückging.

In der diagnostischen Bewertung dieses Krankheitsfalles ist es wichtig, verschiedene Faktoren zu beachten:

– Wie sieht die Krankheitsgeschichte der Familie von Matthias F. aus?
– Gibt es allergische Krankheiten bei Eltern, Großeltern, Onkeln oder Tanten?
– Wie ist der Gesundheitszustand der Geschwister?
– Gab oder gibt es emotionale Verluste für Matthias selbst oder für seine Eltern?
– In welchem sozialen Umfeld steht die gesamte Familie?

Es zeigte sich, daß Matthias Mutter während der Schwangerschaft den Tod ihres Vaters hinnehmen mußte und das letzte Drittel der Schwangerschaft vom starken Trauererlebnis über diesen Verlust geprägt war. In diese belastete Grundsituation, in die das Kind hineingeboren wurde, wirkten sich kleinste Änderungen seiner Ernährungsgewohnheiten (Abstillen) negativ auf die immunologischen Reaktionen aus. Nach der zweimaligen Reizung des Immunsystems durch Impfungen kam es zum Ausbruch der Krankheit.

Die therapeutischen Maßnahmen, Psychotherapie für die Mutter, Ernährungstherapie und konstitutionelle homöopathischen Therapie für Mutter und Kind ermöglichten während der ersten zwei Wochen des stationären Aufenthaltes ein Absetzen des Cortisons und die stetige Minderung der Theophyllin-Medikation. Das Asthma besserte sich zusehends, während sich gleichzeitig der Hautzustand verschlechterte; was ein wichtiger therapeutischer Schritt in der Behandlung tiefergehender Krankheiten war: Ein Zurückdrängen des Asthmas unter gleichzeitiger Verschlechterung der Hautzustände ist als Gesamtbesserung anzusehen (die Unterdrückung mußte sozusagen von rückwärts wieder gelöst werden).

Unter konsequenter salbenfreier Therapie kam es im Verlauf der nächsten sechs Wochen zur Heilung der krankhaften Hautzustände. Matthias konnte mit seiner Mutter schließlich nach neunwöchigem stationären Aufenthalt beschwerdefrei und ohne Medikamente entlassen werden. Als Entlassungsbefund fanden sich noch rötlich veränderte Hautbezirke im Bereich der vorherigen Ekzemgebiete. Bei einer Nachuntersuchung drei Monate nach der Entlassung waren auch diese verschwunden.

Die Therapie des „alles anders“

Hospitalisation

Bevor ein neurodermitiskranker Mensch oder die Eltern mit einem neurodermitiskranken Kind in eine ganzheitliche Behandlung kommen, liegen meist mehrere vergebliche Therapieversuche hinter ihnen. Sowohl ärztliche Ratschläge, stationäre Behandlungen als auch die Anwendung weiterer therapeutischen Ratschläge, u.a. auch von den Selbsthilfegruppen, konnten nicht das gewünschte Ergebnis zeitigen. Der Grund hierfür: Die Kausalfaktoren bzw. Ursachen wurden noch nicht bestimmt.

Darum ist es ein logischer Schritt zum Beginn eines neuen Therapieabschnittes, einen möglichst radikalen Wandel der bisherigen Lebensgewohnheiten zu vollziehen. Unter die bisherigen Therapieversuche und auch unter die bisherigen Lebensgewohnheiten ist zunächst einmal ein deutlicher Schlußstrich zu ziehen, um dann neu aufbauen zu können. Aus diesem Grund wird auch jegliche bisher durchgeführte Therapie, sofern keine lebensnotwendige Notwendigkeit für sie besteht, radikal abgesetzt.

Soziale und familiäre Kontakte sollten vor allem zu Beginn der stationären Therapie auf ein Mindestmaß und die allernächsten Angehörigen beschränkt sein. Es ist eben gerade nicht Sinn der stationären Therapie, dem Leidenden Abwechslung und Zerstreuung zu verschaffen. Ganz im Gegenteil ist diese Phase eine Zeit der Konzentration, der Besinnung auf das eigene Selbst und dazu bedarf es aller Kräfte. Der Patient selbst ist in der Regel bereits aufgeklärt über die geplante Maßnahme und beginnt entsprechend informiert die Therapie. Ist dies noch nicht geschehen, erfolgt eine intensive und offene Aufklärung. Das so geschaffene Vertrauensverhältnis ist eine unbedingte Voraussetzung für eine erfolgreiche weitere Zusammenarbeit.

Ganz wesentlich aber ist die Trennung von der bisherigen Umwelt durch den Beginn der stationären Aufnahme. Aufgrund dieser Maßnahme fällt der gesamte Bereich möglicher materieller oder auch immaterieller Allergene von heute auf morgen weg. In der Aufklärung des Patienten vor und zu Beginn der stationären Behandlung versuchen wir zusätzlich darauf hinzuarbeiten, auch bestehende Lebensproblematiken in dieser Phase ruhen zu lassen, sich einmal ganz von den vielleicht schwierigen heimischen Situationen zu lösen. Dies Vorgehen geschieht auch aus der Erfahrung heraus, daß aus der sich entwickelnden Verbesserung seines Allgemeinzustandes der Patient nach der Behandlung wesentlich effektiver in der Lage sein wird, seine Probleme zu lösen.

Unmöglich ist es dagegen, alle Besucher und Freunde des Patienten zusätzlich in dieses Vertrauensverhältnis zu integrieren, zumal der Patient selbst mit seinem eigenen Krankheitsfall so belastet ist, daß die zusätzliche Aufklärungsarbeit gegenüber eventuell nicht informierten Besuchern eine zusätzliche Belastung für ihn bedeuten würde. Die Situation ändert sich, wenn er seine Entwöhnungsphase von der bisherigen schulmedizinischen Therapie überstanden hat und aus dem Erlebnis der eigenen deutlichen Besserung heraus diese Freude mit seinen Angehörigen und Freunden teilen will.

Die Dauer der stationären Behandlung ist abhängig vom Gesamtzustand des Patienten, von der vorausgegangenen Therapie und natürlich von der Schwere des aktuellen Krankheitsbildes. Es ist von großer Bedeutung, hier keine zeitlichen Limits zu setzen. Die Behandlung dauert, solange sie dauert, aber keinen Tag länger.

Jeglicher Termindruck, jegliche Vorhaben, die im Anschluß an die stationäre Therapie geplant und scheinbar nicht aufschiebbar sind, stellen eine Erschwerung der Behandlung dar und können dem Patienten in der Heilung ein Hindernis sein.

Die Wirkung aller äußeren Faktoren sowie alle inneren Widerstände sollten idealerweise zu Beginn der stationären Behandlung beendet sein. Erst dann ist die vollständige Konzentration auf die eigentliche Aufgabe, nämlich das Immunsystem zu normalisieren und alle Überreaktionen abzubauen, möglich. Man kann auch umgekehrt sagen: Die Therapie verläuft umso schneller und erfolgreicher, je weniger der Patient sich unter Druck setzt. Die begleitende Beratung des behandelnden Arztes besteht hier im Anfang vor allem in der Aufklärung.

Entgiftung

Mit dem Eintritt in die stationäre Behandlung wird also zunächst ein „Sicherheitsbereich" vor den heimischen Problemen erreicht. Um aber dauerhafte Verbesserungen zu erzielen, ist nun eine grundlegende Entschlackung und Entgiftung des Patienten anzustreben.

In erster Linie bezieht sich die Entgiftung natürlich auf die Entfernung von materiellen Schadstoffen aus dem Körper. Von den belasteten Zähnen über ein mit Speicherstoffen und Giften vollgestopftes Fettgewebe bis hin zu Darmschlacken finden wir alle möglichen Depots. Medikamente, Konservierungsstoffe, Insektizide, Pestizide und alles, was uns in unserer Umwelt sonst belasten kann, wird im Körper gespeichert oder lagert sich in den Darmschlacken ab. Dies bedeutet, daß solange keine weitgehende Entgiftung erzielt ist, diese Materialien im Stoffwechselkreislauf verbleiben und eine allergische Reaktion in Gang halten können.

So wie in materieller Weise durch die Befreiung von Giftstoffen und durch die Umstellung der Ernährungsgewohnheiten auf eine bestimmte Diät eine Reinigung erzielt wird, so ist im seelisch-geistigen Bereich auf eine ähnliche Wirkung abzuzielen. Die Devise heißt: Die stationäre Behandlung als Chance für Umkehr und Neuanfang.

Eine ganzheitliche Therapie sollte weniger Aspekte des Freizeitvergnügens und Zeitvertreibs beinhalten. Wichtiger sind die verschiedenen therapeutischen Elemente – hier vor allem durch die Psychotherapie veranlaßt – wie *Selbstbesinnung* und *Entwicklung*, die hier an erster Stelle stehen sollten. Darüber hinaus sind auch bereits durch bestimmte Arten des „Zeitvertreibs" bereits negative Effekte möglich.

Die Fernsehgewohnheiten vieler Menschen reichen bis zu einem täglichen mehrstündigen Konsum. In der Intensivphase einer stationären ganzheitlichen Therapie wäre dies echt verlorene Zeit, denn die Passivhaltung des Fernsehzuschauers behindert die aktive Arbeit am eigenen Selbst.

Des weiteren müssen wir uns bewußt machen, daß die Fernsehtätigkeit nur scheinbar mühelos vonstatten geht. Das Fernsehgerät täuscht uns ja nur scheinbar ein vollkommenes Bild vor. Der über die Bildschirmzeilen rasende

Elektronenpunkt wird durch die relative Trägheit der Augen nicht gesondert sichtbar, sondern im Gehirn des Fernsehschauers zu einem vollständigen Bild ergänzt. Diese unbewußte Leistung bedeutet einen nicht unbeträchtlichen Energieaufwand. Energie, die für die Aufgabe, eine chronische Krankheit durchstehen und überwinden zu müssen, dringend benötigt wird.

Auf die Inhalte des Fernsehens, die in ihren Unterhaltungsserien, Seifenopern und „Sex and Crime"-Geschichten Unwahrheit und Illusion bedeuten, möchte ich hier nicht weiter eingehen. Auf alle Fälle bedeutet aber das Eindringen dieser Art negativer Information, ob sie nun wahr ist oder nicht, eine zusätzliche Belastung für den Patienten.

Eine unserer Aufgaben besteht deshalb darin, den Patienten so weitgehend aufzuklären, daß er zumindest während einer Umstimmungstherapie, wie sie hier beschrieben wurde, den Fernsehkonsum weitgehend einstellt.

Natürlich ist in gleicher Weise ein Ausgleich der entstehenden Freiräume sowohl durch Beratung und Hinweise auf entsprechende Literatur als auch durch das Anregen weiterer Patientenaktivitäten notwendig.

Reinigung im Fasten

Die radikalste Möglichkeit, seine Ernährung von heute auf morgen zu ändern, ist das Fasten. Wir kennen das Fasten unter religiösen Aspekten bereits aus der Bibel. Dieses religiöse Fasten, das zur Steigerung der Erkenntnisfähigkeit gewählt wurde, ist sicherlich auch ein wesentlicher Aspekt beim sogenannten *Askesefasten,* das auch heute noch in östlichen Kulturen praktiziert wird.

In unserem Zusammenhang sprechen wir über *Entgiftungs-* und *Heilfasten.* Es steht durch die allergologische Problematik im Vordergrund, beinhaltet aber natürlich auch die oben erwähnten anderen Aspekte des Fastens. Dies bedeutet, daß *Fasten* viel mehr ist als nur Nahrungsenthaltsamkeit und daß in der Entgiftung auch psychisch-geistige Aspekte zu berücksichtigen sind.

Der Begriff „Fasten" geht in seinem Wortstamm auf „fest" zurück und bedeutet nichts anderes als „festigen, halten, bewahren". Man sieht, Fasten hat bereits in seiner ursprünglichen Bedeutung schon immer sehr viel mit Heilen zu tun. Das Ziel des Fastens ist die Heilung, die Ganzheit.

Die Entgiftungsorgane des Körpers sind gleichzeitig die Kontaktorgane zur Außenwelt und verhalten sich parallel zur psychisch-geistigen Haltung des Patienten. Als Beispiel hierfür kennen wir z.B. einen zwanghaften Menschen, der nicht loslassen kann und darum leicht eine Obstipation (Verstopfung) oder gar ein *Asthma bronchiale* entwickelt. Ebenso können Angst und Aufregung zu Durchfall führen. Leber, Niere, Lunge, Darm und eben auch die Haut, sie alle können überfordert und geschwächt sein. Ebenso kann ihre Austauschfähigkeit durch Schlackenanhäufung gestört werden.

Bei einer Überflutung des Körpers mit Fremdstoffen oder einem chronischen Mißbrauch von Genußmitteln oder Medikamenten kommt es darüber hinaus zu Stoffwechselverschiebungen der einzelnen Gifte in die Fettdepots, wo diese jahrelang verbleiben können. Durch das Fasten wird ein künstlicher Mangel erzeugt. Dies bedeutet gewissermaßen Importstop bei laufendem Export. Der Stoffwechsel wird gezwungen, seine Fettdepots zu öffnen. Gleichzeitig damit kommt es aber auch zur Ausschüttung anderer gespeicherter Substanzen und damit zur sogenannten „Rückvergiftung". Etwa vorhandene Depotgifte werden so wieder in den Blutkreislauf gebracht und damit einer Entsorgung durch die Leber wieder zugänglich. Gleichzeitig wird der zuvor entleerte Darm einer mechanischen Reinigungstherapie durch Spülungen und Einläufe unterzogen.

Fehlernährung und Bewegungsarmut führen bei einem hohen Prozentsatz der zivilisierten Menschen zu Stockungen und Stauungen im Verdauungsbrei und damit zu einer chronischen Verlangsamung der Darmpassage. Liegt im Dünndarm noch ein relativ flüssiger Darmbrei vor, so erfolgt im Dickdarm eine Eindickung des Stuhlbreis mit dem Ziel, dem Körper nicht zuviel Flüssigkeit und damit wertvolle Elektrolyte zu entziehen. Der Dickdarm ist durch seine Struktur und seinen organischen Ablauf für diese Aufgabe optimal vorbereitet. Er ist in einzelne Abschnitte, die sog. „Haustren" unterteilt, die immer wieder bestimmte Abschnitte des Darminhalts abschnüren und sozusagen auspressen. Falls im Darm nun durch eine entsprechende Kost die Passage verlangsamt wird, werden vor allem diese Haustren mit entsprechenden Schlackenprodukten gefüllt, die bei einer weiteren Verlangsamung der Darmbewegung dann gar nicht mehr abgeführt werden können und sich über Jahre und Jahrzehnte in diesen Nischen des Darmes festsetzen.

Über einen minimalen Abrieb können von diesen, zum Teil uralten teerartigen Substanzen immer wieder kleine Einheiten abgerieben, über eine erneute Resorption wieder in den Blutkreislauf gebracht und später wieder erneut über die Leber in den Darm abgegeben werden. Dieser Teufelskreis kann eine chronisch allergische Situation in Gang halten. Der durch das Fasten geleerte Darm wird nun durch tägliche Einläufe gereinigt und durch eine spezielle Darmtherapie, die man fast mit einer Unterbodenwäsche beim Auto vergleichen könnte, von diesen Schlackensedimenten befreit.

Das Ziel der Fastentherapie ist die Entgiftung und die Umstimmung. Das Fasten ist uns also eine ganz wichtige Hilfe in der Ordnungstherapie, vor allem eben in der Therapie allergischer Krankheiten. Es hat sich im übrigen bewährt, das Fasten als Gruppenaktion stattfinden zu lassen und sich als Fastender nicht zu isolieren, sondern sich zum gemeinsamen Fasten – wie vorher zu den Mahlzeiten – zu treffen. So geht die gesellschaftliche Aktivität nicht ganz verloren und eine gewollte Isolation wird vermieden. Unter der Anleitung eines erfahrenen Fastentherapeuten sollte eine Fastenphase nicht weniger als sieben Tage betragen. Ein optimaler Zeitraum für das Fasten sind nach unserer Erfahrung 21 Tage.

Das Fasten und die Darmreinigung bereiten den Organismus in optimaler Weise für die sich anschließende hochwertige Frischkostphase vor.

Symbioselenkung

Aber nicht nur der Reinigung und Entfernung von Schlackenstücken des Darms gilt unsere Aufmerksamkeit, sondern auch seine Besiedlung mit den Darmbakterien. „Symbiose“, das bedeutet „Zusammenleben“, betreiben wir unbewußt mit den in unserer Darmflora angesiedelten Darmbakterien. Der durch die mechanische Vorbereitung des Kauens und die Magen-Darm-Peristaltik vermischte Speisebrei wird durch die Verdauungsenzyme, die bereits im Mund durch den Speichel zugefügt und im Magen durch weitere Substanzen ergänzt werden, für die Tätigkeit der Darmbakterien vorbereitet.

Die Darmbakterien bereiten durch ihren eigenen Stoffwechsel die einzelnen Produkte unserer Nahrung in optimaler Weise für eine Resorption vor. Manche Lebensmittelbestandteile können sogar erst durch die Darmbakterien überhaupt resorbiert werden. Eine fehlende Darmbesiedlung mit Bakterien führt deshalb durch die daraus resultierende Unfähigkeit, alle lebensnotwendigen Nahrungsbestandteile resorbieren zu können, zu massiven Mangelerscheinungen.

Durch unsere Zivilisationskost, vor allem durch die Zufuhr von konzentrierten Kohlenhydraten, aber auch durch medikamentöse Maßnahmen, kann die Darmflora geschädigt und verändert werden. Vor allem die in unserer modernen Medizin als so „segensreich“ angesehenen Antibiotika sind hier besonders zu berücksichtigen. „Antibios“, das bedeutet „gegen das Leben“. Antibiotika sollen Leben vernichten, d.h. schädliche Bakterien, die Infektionen in unserem Organismus hervorrufen, abtöten. Sie töten aber leider alle Bakterien ab, auch dic, dic in unserem Verdauungssystem so unentbehrlich sind (mittels Antibiotika ist es sogar möglich, eine Darmsterilität zu erzeugen).

Durch Veränderungen der Nahrungsgewohnheiten, vor allem durch die Aufnahme von Zucker, kommt es darüber hinaus zu starken Verschiebungen in den sauren Bereichen. Die gesunde Darmflora ist von einem bestimmten Säure-Basen-Verhältnis, dem sogenannten ph-Bereich, abhängig. Das Milieu sollte also weder zu sauer noch zu basisch sein, da sonst die Lebensfähigkeit der jeweiligen Darmflora gefährdet ist.

Symbioselenkung bedeutet nun nichts anderes als die sorgfältige Diagnostik der vorhandenen Situation. Diese Diagnostik besteht im Messen des ph-Wertes und in der Bestimmung der einzelnen Bakterienfraktionen. Aus der Kenntnis der vorhandenen Ausgangsposition kann dann eine entsprechende behutsame Regulation mit naturheilkundlichen Methode erfolgen. Bei den meisten allergischen Patienten finden wir eine Be- und Übersiedlung des Darms mit Candidapilzen (gehört zur Gruppe der Hefepilze). Diese Besiedlung kann bei massiverem Befall sogar auf die Außenhaut übergreifen und dort als sogenannte Soor-Dermatitis erscheinen. Neben der Fehlernährung und den falschen ph-Werten spielen natürlich hier auch immunologische Faktoren eine Rolle. **(Abb. 34)**

Aus unserer Erfahrung ist es wichtig, auch Soor nicht mit Antimykotika, d.h. mit pilztötenden Mitteln, zu behandeln, da dies eine erneute Fremdstoffbelastung und damit zu einer Verstärkung der allergischen Symptome führen kann.

Das Fasten ist bereits eine sehr günstige Therapieform für die Bekämpfung der Candidapilze, da das fehlende Nährstoffangebot im Darmbereich den Darmpilzen die Nahrung entzieht und durch die gleichzeitig einsetzende, oben beschriebene Darmtherapie und Symbioselenkung eine Bereinigung und Heilung auch in diesem Bereich ermöglicht. Auch hier gilt es also das wichtige Motto zu beachten: „Weniger ist mehr".

Lymphdrainage

Ein letzter Bestandteil der Reinigungstherapie sind die manuellen Verfahren. Wie im Darm eine Verlangsamung der Stuhlpassage zu Problemen und Ablagerungen führt, so können auch im Lymphgefäßsystem durch Bewegungsarmut und passive Lebensgewohnheiten Stauungen hervorgerufen werden.

Dies sind dann sogenannte *Lymphödeme,* also aufgestaute Lymphreservoirs, die bei vielen Menschen direkt nach Vergiftungen etwa im Bereich der Unterschenkel auftreten. Sie können in gleicher Weise in allen Körperregionen, im Kopf-Hals-Bereich sowie am Decolleté in Erscheinung treten. Wir sprechen hier von der sogenannten *Symphstase.* Diese Lymphdepots sind mit ihren Inhaltsstoffen dem Blutkreislauf zumindestens zeitweise entzogen und können bei entsprechender Blockade der Abflüsse der Entgiftung durch Leber und Darm vorenthalten werden.

Die *manuelle Lymphdrainage* führt zu meßbaren Abschwellungen in den betroffenen Bereichen und hat einen echten Reinigungscharakter. Darüber hinaus ist sie aufgrund der Art ihrer Durchführung eine zusätzlich entspannende Therapiemethode.

Ernährungstherapie

Der Leitgedanke einer ganzheitlichen Therapie drückt sich auch in der Ernährung aus. Werner Kollath, der große Ernährungswissenschaftler, hat den Kernsatz geprägt: „Belaßt unsere Nahrung so natürlich wie möglich".

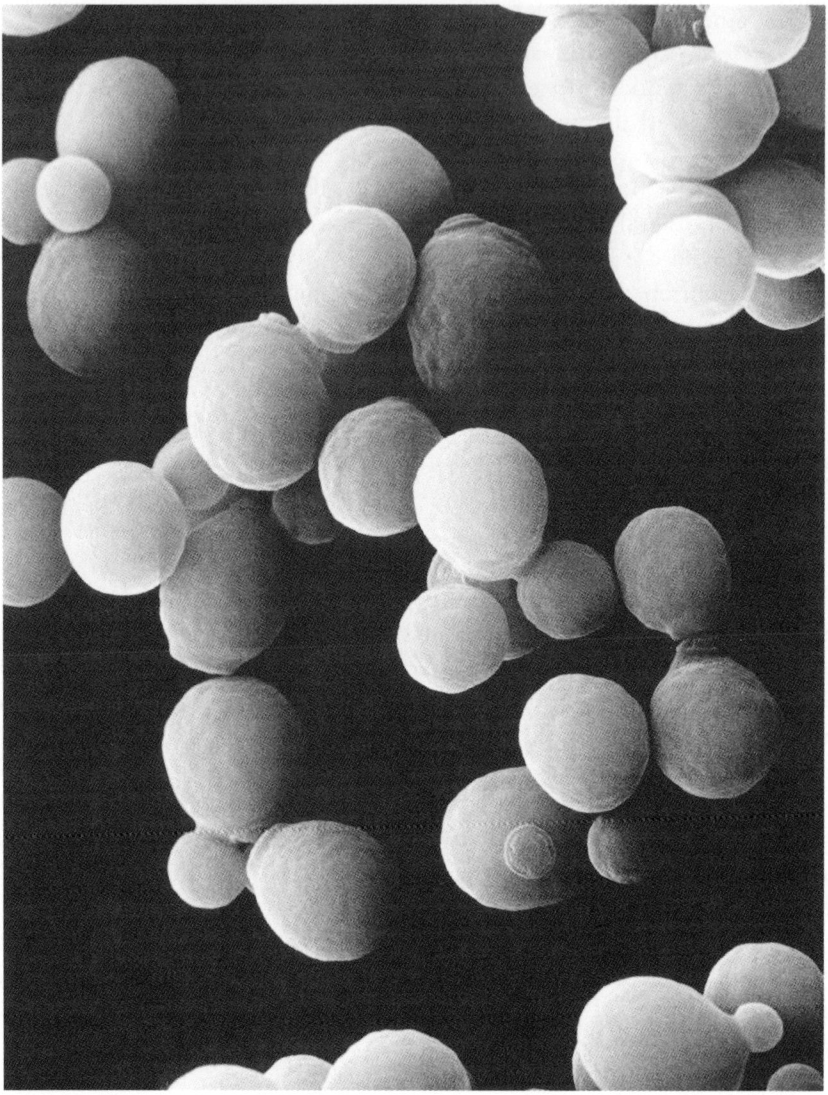

Abb. 34
Hefepilze der Art *Candida albicans*

Diese Naturbelassenheit der Nahrung sollte sich auf jeder Ebene ausdrücken: Von der Herstellung über die Haltbarmachung bis zur Zubereitung, ja bis zum direkten Essensvorgang. „So natürlich wie möglich“, das heißt: „Je weniger bearbeitet, desto gesünder die Kost“. Die Unterdrückung von Schädlingen mit Herbiziden und Pestiziden ist ebenso lebensfeindlich wie die Stimulation des Bodens mit Kunstdünger. Beides verdirbt den Boden und setzt erste Krankheitsimpulse.

Eine Nahrungsmittelproduktion, die den Boden weder mit Giften anreichert noch ihm massiv natürlich Nährstoffe entzieht, bietet die biologisch-dynamische Anbauweise. Möglichst alle verwendeten Nahrungsbestandteile sollten dieser Anbauweise entstammen. Wenn Auswahl und Standort dies nicht erlauben, kommen natürlich auch andere Biohersteller in Frage, die ebenfalls ihre Produzenten regelmäßig kontrollieren. Wem es möglich ist, im eigenen Garten mit Kompostdüngung Gemüse, Salat und Früchte zu erzeugen, der hat nicht nur besonderes Glück, sondern aktiviert durch diese praktischen Tätigkeiten zusätzliche Gesundheitsimpulse.

Es bedarf hier wohl nur eines kurzen Hinweises, daß alle chemischen Konservierungsmethoden den Verfall eines Lebensmittels dadurch aufhalten, indem sie in den natürlichen Lebenszyklus, der aus Werden und Vergehen besteht, eingreifen und damit gegen Leben und Gesundheit gerichtet sind. Dies bezieht sich natürlich auch auf Methoden der Bestrahlungskonservierung, die nichts anderes als eine radiologische Mumifizierung darstellt.

Grundsätzlich sollte also die Ernährung zu einem überwiegenden Teil aus Frischkost, d.h. aus naturbelassenen, nicht erhitzten Nahrungsmittel bestehen.

An die Fastenphase soll sich beim erwachsenen Neurodermitiker eine dreimonatige reine Frischkostphase anschließen, in der er ausschließlich Frischkost *ohne tierisches Eiweiß* zu sich nimmt, um die allergologische Umstimmung erfolgreich abzuschließen. Auf tierisches Eiweiß muß in dieser Phase vor allem deshalb verzichtet werden, weil die Ähnlichkeit der tierischen mit den menschlichen Eiweißmolekülen und darüber hinaus ihre notwendige Erhitzung und Denaturierung starke allergische Reaktionen bahnt.

Bedingt durch die Nahrungskette kommt es weiterhin zur Giftstoffanreicherung hauptsächlich durch den Genuß von Fisch. Das Blei im Thunfisch etwa stammt nicht aus der Dose, sondern nimmt – wie alle Schwermetalle – durch Fressen und Gefressen werden von Mal zu Mal zu. Krankheitsfaktoren in der Aufzucht und Haltung von Tieren gehen zusätzlich als negative Impulse in deren Produktion ein. Der unkritische Einsatz von Hormonen und Antibiotika in der Tierzucht ist in diesem Zusammenhang ebenso als Negativimpuls zu verstehen wie Massentierhaltung und andere tierfeindliche Aufzuchtmethoden.

Die meisten Kühe leiden z.B. an chronischer Darmübersäuerung, die sich in ständigem Durchfall äußert. Sie selbst bräuchten eine tiermedizinische Darmsanierung und Symbioselenkung. Diese – wahrscheinlich durch die Silagefütterung (Silage ist sauer vergorenes Gras) bedingte – Erkrankung setzt in der Milch dieser Tiere entsprechende dysbiotische Elemente, die sich bei ihrem Genuß auf den Allergiker übertragen können.

Dies ist ein weiterer Grund, bei dem später möglichen Diätaufbau in Richtung *Vollwertkost* bei Milch und Milchprodukten auf deren biologisch-dynamische Herstellung zu achten, die am besten bereits seit mehreren Tiergenerationen vom Erzeuger eingehalten wurde (dessen Kühe haben interessanterweise dann meist geformten Stuhl und keine „Kuhfladen" mehr. Falls es bei der Ernährung von neurodermitiskranken Säuglingen und Kleinkindern zu Problemen kommt, bietet sich als Austauschnahrung *Stutenmilch* an; Pferde würden niemals Silage oder anderes verdorbenes Futter fressen.)

Die populäre Sojamilch ist wegen des massiven Pestizideinsatzes in den Erzeugerländern und der für ihre Herstellung notwendigen Erhitzung nicht zu empfehlen. Für die Frischkostphase und den Frischkostgedanken überhaupt hat der Arzt Dr. Max Otto Bruker die wesentlichen Grundlagen geschaffen. Für jeden Allergiker und ernährungsbewußten Menschen sind seine Bücher ein Leitfaden schlechthin.

Beim Neurodermitiker ist die dreimonatige Frischkostphase aus folgendem Grund so wichtig: Die Bestandteile des Immunsystems, die spezialisierten Lymphozyten vor allem, müssen bei einer dauerhaften Umstimmung weitgehend reduziert werden. Dies aber ist nur möglich durch ihre mangelnde Inanspruchnahme. Die Erfahrung zeigt, daß 90 Tage Frischkost eine Beruhigung der immunologischen Überreaktion bewirken, was im Zurückgehen des IgE-Wertes auch laborchemisch nachweisbar ist.

Die damit verfolgte Absicht liegt jedoch nicht in einer dauerhaft einzuhaltenden Diät, die allein bei einer reinen, ausschließlichen Ernährungstherypie notwendig wäre.

Das Ziel ist vielmehr eine freizügige, den eigenen Ansprüchen entsprechende Ernährungsweise, die eigener Einsicht und Überzeugung folgt und keine zwanghafte Ideologie darstellen sollte. Ein Ziel, das letztendlich durch die zusätzliche konstitutionelle Homöopathie erreicht wird.

Gesprächstherapie und entspannende Verfahren

Durch die verschiedenen Elemente der Therapie wird wirklich der ganze Mensch in Anspruch genommen und gefordert. Neue Erkenntnisse und Wandlungen während der Therapie werfen oft neue Probleme auf, die dann bearbeitet werden wollen. In dieser Phase sind der Arzt und Psychologe als Gesprächspartner gefragt. Als Psychotherapeut kann er zusätzlich aufdekkende und stützende Arbeit leisten, wobei nicht ein analytisches Verfahren, sondern der zuwendungsintensive Kontakt im Vordergrund der Einzeltherapie steht.

Weitere stützende Elemente finden sich in der Gruppenarbeit. Die Gemeinsamkeit der zu bearbeitenden Problematik findet in der Gruppe ihren Austausch. Für die Eltern neurodermitiskranker Kinder sollten wegen der besonderen Problematik eigene Gruppen geschaffen werden. Eine Mutter-Kind-Gruppe kann hier sehr wertvoll sein.

Jede Gruppenarbeit reißt den Neurodermitiker aus seiner sozialen Isolation und vermittelt ihm neue Lebensqualität. In diesem Zusammenhang kann auch der große Wert der Selbsthilfegruppen nur nochmals ausdrücklich gewürdigt werden.

Als sinnvoll erweisen sich weitere Entspannungsverfahren, die der Neurodermitiker in der Gruppe erlernen und für sich selbst auf Dauer verwerten kann. Hier bietet sich in erster Linie das *autogene Training* nach Schulz an. *Yoga* und *Feldenkrais* können dem Neurodermitiker ein neues Körpergefühl vermitteln. Mit der *Entspannung* kommt ein konstruktiver Aspekt zum Tragen, der auch in künstlerischen Therapieformen wie etwa der *Mal-* oder *Musiktherapie* genutzt werden kann.

Klassische Homöopathie

Der therapeutische Gedanke der Homöopathie besteht darin, dem Organismus oder der Lebenskraft sozusagen einen Spiegel ihres Leidens gegenüberzuhalten, eine Information im Sinne eines Feedbacks zu geben, so daß der Organismus die Krankheit nicht mehr als Eigendarstellung benötigt.

Dieser an sich vielleicht befremdliche Gedanke konnte in 200 Jahren praktizierter Homöopathie immer wieder bestätigt werden, wenn – und das ist entscheidend – der „Spiegel“ tatsächlich die Krankheitsrealität auf jeder Ebene der Leib-Seele-Geist Einheit widergibt.

Wesentlich war und ist für den Erfolg einer homöopathischen Therapie die Arzneimittelwahl und die Kenntnis der Arzneimittellehre. Ihre Bestandteile werden seit Hahnemanns erstem Arzneimittelversuch durch Arzneimittelprüfungen am Gesunden zusammengetragen. Am Beispiel des Hahnemannschen Chinarindenversuchs, der im Jahre 1790 in Leipzig stattfand, kann gut das Prinzip der Arzneimittelprüfungen verstanden werden. Chinarinde wurde im 18. Jahrhundert zur Behandlung der Malaria eingesetzt. Diese kam damals noch in den Sümpfen Thüringens vor und war Hahnemann als Krankheitsbild wohlvertraut. Mit Chinarinde konnte vor allen Dingen das Wechselfieber, das diese Krankheit charakterisiert, behandelt werden. Hahnemann konnte nun beobachten, daß durch Verabreichung von Chinarinde an vollkommen gesunden Personen Wechselfieberattacken ausgelöst werden konnten. In der Folge prüfte er weitere Substanzen mit dem Ziel, herauszufinden, welche Symptome das jeweilige Mittel hervorbringen konnte.

Viele von uns haben die grobstoffliche Arzneimittelwirkung der Zwiebel (Allium cepa) schon an den eigenen tränenden Augen und der laufenden Nase bemerken können oder die toxische (aber eben auch medikamentöse) Wirkung von Kaffee (Coffea) zur Stimulation benutzt. Um solche gröberen körperlichen Reaktionen nicht zu stark ausfallen zu lassen, verdünnte Hahnemann die Substanzen immer stärker. Die jeweils neuen Mischungsverhältnisse, die von Potenz zu Potenz stattfanden, ermöglichten, die Information, die im Arzneimittel enthalten ist, klarer sichtbar werden zu lassen, ohne daß die unter Umständen giftige Wirkung der Grundsubstanz dem Patienten Schaden zufügen konnte.

Lange Zeit wurden die homöopathischen Potenzen belächelt und die Homöopathie konnte sich nur deshalb in der Medizin halten, weil ihre Ergebnisse so durchschlagend waren. Erst die moderne Physik ist in der Lage, Frequenzen in homöopathischen Arzneien messen zu können, unterschiedlichen Informationsgehalt festzustellen und dem Gedanken des „Weniger ist mehr“, der sich in steigenden Verdünnungen ausdrückt, durch den Begriff des sogenannten *Molekülabdrucks* Gültigkeit zu geben. Der Molekülabdruck einer Substanz ist in etwa dem Fußabdruck eines Menschen zu vergleichen, der, obwohl er doch für den jeweiligen Menschen typisch ist, dennoch kein Atom seines Verursachers mehr enthält. Auch hier ist der Abdruck nicht mehr und nicht weniger als eine Information.

Kurzum: Das homöopathische Arzneimittel stellt eine Frequenz, eine Information dar, die der Kranke braucht, um seine Harmonie, seine Ganzheit, seine Gesundheit wiederzufinden. Die Homöopathie ist demnach nichts anderes als eine Harmonisierungstherapie.

Wie viele Ärzte mögen ihre Patienten wohl schon gefragt haben: „Was fehlt Ihnen denn?“, ohne ihnen nach erfolgter Antwort dann das geben zu können, was der Patient als Mangel formuliert hat. Statt dessen erhält der Patient meist eine neue Störfrequenz in Form eines Antibiotikums etwa oder einer anderen Unterdrückung, was beides nicht zu seiner dauerhaften Harmonisierung beiträgt.

In Hahnemanns Biographie finden wir ein schönes Patientenbeispiel: Als ganzheitlich denkender Arzt wollte er schwierige Patienten auf jeder Ebene ihres Daseins kennenlernen. Über ihre beklagte Symptomatik hinaus interessierten ihn ihre Angewohnheiten und Vorlieben, ihre Art sich zu kleiden, ja, bis hin zum Temperaturempfinden und der Schlaflage reichte sein Interesse (was auch heute noch Bestandteil jeder guten homöopathischen Anamnese ist). Darum nahm er zuweilen Patienten – oft sehr zum Leidwesen seiner Familie – auch in den eigenen Haushalt auf.

Ein Patient, der wegen starker psychischer Störungen zweitweise bei ihm wohnte, baute immer wieder das Klavier auseinander. Er versuchte, so wörtlich, „seinen Ergänzungston" zu finden. Der Neurodermitiskranke stellt seine Dissonanz heute nur allzu deutlich dar, und nur gründliche Kenntnis und Verständnis seines ganzen Wesens können „seinen Ergänzungston" deutlich werden lassen.

Unterdrückungen und neue Störungen treiben den Patienten in die chronische Krankheit. Sehr viele Neurodermitikerkarrieren nehmen mit der Cortisonbehandlung des Milchschorfs ihren Anfang. Die traditionelle Medizin kann die chronischen Krankheiten nicht wirklich handhaben und greift nur zu immer stärkeren Unterdrückungen, bis der Patient im schulmedizinischen Sinne „ausbehandelt" ist. Wir haben mit unserem Therapiekonzept Patienten behandelt, an deren Neurodermitis sich zuvor schon mehr als 20 Therapeuten versucht hatten (darunter Haut- und Klimakliniken). Hier konnte nur der Weg in die Homöopathie helfen.

Was ist nun eigentlich das „Klassische" in der Homöopathie? Hahnemann hat seine Therapie immer nur als „Homöopathie" bezeichnet. Sein Weg war ganz klar. So wie jeder Klavierstimmer immer nur eine Saite stimmen kann, um später Harmonie zu erzielen, konnte auch nur jeweils ein Mittel der Gesundheit des Patienten förderlich sein.

Aber die Arzneimittellehre zu lernen und stundenlange Geduld bei der Patientenanamnese aufzubringen, war und ist nicht jedermanns Sache. Finanzielle und zeitliche Überlegungen einerseits und mangelnder Einblick andererseits führten zur sogenannten *Komplexmittelhomöopathie.* Frei nach dem Motto, „das Richtige wird schon dabei sein!?" wurden und werden Patienten mit Informationen und Stimmungen überschüttet. Daß der kurze Weg nicht immer der beste ist, zeigt sich gerade am Niedergang der Homöopathie in diesem Jahrhundert. Durch Vermischung der Mittel und Verwässerung der Technologie sank ihre Effizienz und damit ihr Ansehen und wurde schließlich auf einer Ebene mit symptomatisch naturheilkundlichen Therapien angesiedelt.

Erst die Rückbesinnung auf die Wissenschaftlichkeit und Konsequenz der Einzelmittelanwendung bewirkte den erneuten Aufschwung der Homöopathie in den letzten 20 Jahren. Systematische Forschungsarbeit auch innerhalb der Universitäten und von den Ärztekammern geregelte Fort- und Weiterbildungsveranstaltungen homöopathischer Ärzte verhalfen mit zu dieser erfreulichen Entwicklung.

„Klassisch", das ist eben wie Hahnemann es vorgegeben hat und wie es einer wirklichen Umstimmungstherapie, wie sie schwierige Krankheiten erfordern, entspricht. Gerade der sensible Neurodermitiker weiß nur zu gut, daß viele Köche das Essen verderben können. Seine Erkrankung ist ja gerade

Ausdruck seiner Dissonanz. Die Diagnose der Ursachen ist schwierig genug und nur ein klarer Weg, der konsequent begangen wird, führt aus der Unordnung, aus dem Chaos heraus!

Die homöopathische Anamnese

Wie oben bereits erläutert, geht die homöopathische Anamnese also weit über das hinaus, was der Patient normalerweise beim Arztbesuch kennenlernt.

- Da sind zunächst die Krankheitssymptome, wegen denen der Patient zur Behandlung kommt. Für die Neurodermitis bedeutet das, einen genauen dermatologischen Befund zu erheben und in die Krankheitsentwicklung einzubetten. Auslösefaktoren wie Hormonumstellungen oder bewegende Ereignisse im Leben des Patienten können hier bereits feststellbar werden. Die Krankheitsgeschichte des Patienten, d.h. die Sammlung aller Vorerkrankungen, sind ein weiterer Bestandteil im ärztlichen Gesamtbild vom Patienten. Der Arzt muß sich ein Bild machen, um ein diesem Bild entsprechendes, ähnliches Arzneimittel, das Simile (lat. similis = ähnlich) zu bestimmen. Je tiefer das Vertrauen in der Arzt-Patient-Beziehung reicht, je mehr der Patient sich gegenüber dem Arzt zu öffnen vermag, desto eher wird es den beiden gelingen, dieses Bild zu schaffen.
- Die *Modalitäten* sind ein weiterer wichtiger Bestandteil der homöopathischen Anamnese. Modalitäten sind die persönlichen Eigenarten. Ist man zum Beispiel ein verfrorener oder eher ein hitziger Typ? Welches Wetter, welches Klima wird bevorzugt, wenn man die Wahl hat? Welche Urlaubsziele werden gewählt? Wird ein aktiver Bergurlaub oder mehr ein ruhiger Meeresaufenthalt bevorzugt etc.? Das Schlafverhalten, die bevorzugte Schlafumgebung und natürlich Träume und Trauminhalte sind weitere wichtige Aspekte, die zu berücksichtigen sind.
- Die Nahrungsgewohnheiten interessieren ebenfalls sehr. Ob viel oder wenig Durst besteht, ob Verlangen oder Abneigungen hinsichtlich Salz, Zucker, Milch etc. vorliegen, all dies kann bereits gute Arzneimittelhinweise geben. Bei dieser *Diätanamnese* ist es wichtig, Vorlieben, die „aus dem Bauch heraus“ bestehen, zu erkunden. Ein Unterfangen, das angesichts zunehmenden – und begrüßenswerten – Ernährungsbewußtseins schwierig sein kann. Da muß der Arzt den Patienten ermuntern, zumindest in der Anamnese zu seiner Vorliebe für beispielsweise süße Schokolade und fetten Schweinespeck zu stehen, obwohl der Patient doch weiß, daß beides seine Neurodermitis verschlimmern kann.

In einem solchen Anamnesegespräch müssen aber gerade die Tabus angesprochen werden. Das verlangt vom Arzt große Einfühlsamkeit. Die Stimmung zwischen Arzt und Patient muß so geregelt sein, daß der Patient sich

Abb. 35
Keulenbärlapp (*Lycopodium clavatum*)

sicher fühlt, gleichgültig, was er dem Arzt mitteilt. In dieser Atmosphäre können auch Dinge wie das eigene Selbstwertgefühl, die Ängste – z.B. in der Höhe, im Dunkeln, beim Alleinsein usw. – und das Verhalten in Grenzsituationen – beim Streiten etwa – besprochen werden.

Als Auslösefaktor einer Neurodermitis findet sich oft ein Kummer. Die Trennung einer Partnerschaft oder der Verlust eines geliebten Menschen können jahrelang nachwirken und als stiller chronischer Kummer krankheitserhaltend wirken. Auch dies findet Berücksichtigung in der Wahl des „Konstitutionsmittels," wie das homöopathische Arzneimittel auch genannt wird. Die Konstitution ist dann die Summe aller Bildbestandteile.

Am Beispiel des Arzneimittels *Bärlapp* (Lycopodium) mag die Ganzheitlichkeit der einzelnen Konstitutionsmerkmale etwas deutlicher werden:

Der Bärlapp gehört mit dem Schachtelhalm und den Farnen zu den ältesten bekannten Pflanzen dieser Erde und blickt auf eine Geschichte von Jahrmillionen zurück. **(Abb. 35)** Von seiner ursprünglichen Riesenhaftigkeit ist er auf die Größe eines kleinen Mooses geschrumpft. Dies vorausgeschickt, finden wir im sog. *Bärlappzustand* Menschen, die recht fähig und erfahren sind, sich selbst aber als klein und minderwertig empfinden können. Sie möchten natürlich nicht, daß dies auffällt und zeigen eine besonders gute Vorbereitung und Durchsetzungskraft. Im Streit können sie kaum nachgeben und vor Spannungssituationen und insbesondere vor Auftritten in der Öffentlichkeit haben sie immenses Lampenfieber. Aus dem Minderwertigkeitsgefühl heraus meinen sie, sich aufblähen zu müssen und leiden so auch oft unter Blähungen.

Haben die Ekzemerscheinungen auch noch auf der rechten Körperseite begonnen – dieses Arzneimittel betont stark die rechte Körperseite – könnte Lycopodium das richtige Mittel sein. Zu seiner Bestätigung sind aber noch wesentlich mehr Informationen notwendig.

Die Diagnose des homöopathischen Arztes wird schließlich, nach der Sammlung und Bewertung der einzelnen Bestandteile der Fallaufnahme, durch die Arzneimittellehre und seine Erfahrung gesichert.

Der Ablauf der Therapie

Ist das Arzneimittel richtig gewählt, setzt die *Harmonisierung*, der Heilungsablauf ein. Es ist wichtig zu wissen, daß ein solcher Prozeß sozusagen spiegelbildlich abläuft. Das, was sich zuletzt als krankhaftes Symptom gezeigt hat, verschwindet zuerst und die Beschwerden, die am Anfang oder seit Anfang der Krankheit bestanden haben, verschwinden in der Regel zuletzt. Unterdrückungen und Blockaden sowie deren Folgen werden in gleicher Weise von hinten nach vorne aufgerollt.

Wenn zum Beispiel eine Neurodermitis oder eine andere Hautkrankheit durch Cortisonunterdrückung in ein Asthma überging, besteht die Möglichkeit, daß bei Ausheilung des Asthmas die neurodermitische Hauterscheinung vorübergehend noch einmal sichtbar wird. Ein solcher Ablauf ist ein gutes Zeichen der erfolgreichen Gesamtwirkung, muß aber natürlich vorher mit dem Patienten geklärt worden sein; wie es überhaupt immer sinnvoll und wichtig ist, dem Patienten die Grundzüge der homöopathischen Therapie verständlich zu machen. Er weiß seine Reaktionen dann besser einzuschätzen und dem Arzt bei weiteren Verschreibungen zu helfen.

Außerdem kann der Patient darauf achten, die sensiblen Arzneimittelwirkungen nicht durch sogenannte *Antidote* aufzuheben. Die wichtigsten Antidote sind Kaffee, Pfefferminze, Kampfer und alle ätherischen Öle. Pfefferminze ist in sehr vielen Zahnpasten und Kampfer fast immer in Duftsubstanzen enthalten, z.B. in Parfüm und auch in Duftlampenöl.

Es wäre schade bzw. vollkommen unnötig, wenn ein Therapieerfolg durch mangelnde Information über das Antidot gefährdet würde.

Die Erstverschlimmerung

Nach Einnahme der Arznei kann es zu einer vorübergehenden Verschlimmerung der Symptome kommen. Dies zeigt an, daß das Mittel tatsächlich auf der Frequenz der Krankheit liegt und diese kurzfristig verstärkt, bis sie aufgelöst wird. Der erfahrene Arzt wird durch die Wahl der Arzneimittelstärken, der Potenzen, eine solche Verschlimmerung milde ausfallen lassen können. Für den Neurodermitiker selbst ist eine weitere Verschlimmerung seiner Krankheit dennoch oft katastrophal.

Bei der Behandlung sehr vieler Neurodermitiskranker hat sich die Anwendung sog. *Q-Potenzen* (Q von lateinisch Quinquagentesima = 50 000) in Schüttelflaschen bewährt. Unserer Erfahrung nach ist eine homöopathische Therapie der Neurodermitis ambulant oft nur schwer möglich und sollte deshalb – zumindest in schwereren Fällen – stationär erfolgen. Dann können Verschlimmerungen unter ständiger ärzlicher Aufsicht auch erträglich bleiben. Jede Erstverschlimmerung sollte nach überschaubarer Zeit in eine deutliche Besserung übergehen. Anderenfalls ist die Mittelwahl zu überprüfen.

Indikationen und Grenzen der Homöopathie

Die Grenzen der Homöopathie sind wesentlich weiter als in der Regel von Laien und uninformierten Ärzten angenommen wird. Eine Domäne stellt beispielsweise auch die Behandlung akuter Beschwerdebilder dar. So sind zum Beispiel akute oder auch febrile (fiebrige) Entzündungszustände wie Mittelohr- oder Mandelentzündungen einer homöopathischen Therapie sehr gut zugänglich. Schwere Krankheitsbilder wurden bisher nur darum nicht homöopathisch behandelt, weil die homöopathische Therapie überwiegend ambulant durchgeführt wird. Aus der Erfahrung mit der Führung einer stationären klinischen Homöopathie über Jahre hinweg hat sich aber gezeigt, daß auch schwere Krankheitszustände harmonisierend und heilend angegangen werden können und nicht unterdrückend therapiert werden müssen. Die Homöopathie findet dort ihre Grenzen, wo z.B. irreversible Gewebsveränderung, beispielsweise bei der Leberzirrhose, vorliegen.

Ein weiterer Schwerpunktbereich der Homöopathie stellt die Vielzahl der funktionellen Störungen dar. Viele Patienten laufen von Arzt zu Arzt und lassen unzählige Untersuchungen über sich ergehen, ohne daß eine Ursache für ihre Beschwerden gefunden werden kann. Sie werden am Ende mit der „guten" Nachricht konfrontiert: „Sie sind gesund, Ihnen fehlt nichts"; die Beschwerden aber bleiben.

Da die Homöopathie für eine erfolgreiche Therapie nicht auf Messungen und Laborwerte angewiesen ist, sondern das Beschwerdebild des Patienten in den Vordergrund stellt, ist sie häufig letzte Anlaufstelle dieser vielgeplagten Menschen. Es ist meines Erachtens auch fraglich, die Hauptaufgabe ärztlichen Tuns zumindest zeitweise darin zu sehen, dem Patienten hinsichtlich seiner Beschwerden das Gegenteil zu beweisen, anstatt ihn über die Gerätemedizin hinweg einfach ernst zu nehmen. Selbstverständlich werden aber Laboruntersuchungen im umgekehrten Schluß etwa zur Verlaufskontrolle einer homöopathischen Therapie mit einbezogen.

Die umfassende Besserung bedeutet für den Neurodermitiker und den Allergiker überhaupt Freiheit von Allergiepässen und Diätzwängen. Diätetische Maßnahmen sind während der Umstimmungsphase sinnvoll und notwendig. Nach einer erfolgreichen homöopathischen Therapie sind Veränderungen der Nahrungsgewohnheiten nur unter ökologischen Gesichtspunkten empfehlenswert. Das eigentliche Ziel der homöopathischen Behandlung bleibt aber immer die umfassende Heilung!

Fräulein B.K. – Fallbeispiel einer konstitutionellen homöopathischen Behandlung

Fräulein B.K. wurde vom 08.05.-11.07.1991 stationär behandelt.

- *Diagnose*: Neurodermitis
- *Aufnahmebefund*: 20jährige Patientin in mäßigem Allgemein- und ausreichendem Ernährungszustand. Grob internistisch unauffälliger Befund. Größe 170 cm, Gewicht 59,8 kg, Blutdruck 125/70.
- *Hautbefund*: Erythematös-papulöses Hauterythem (d.h. rötlich erhabener Hautausschlag) am gesamten Körper mit Lichenifikation (das ist die flechtenartige trockene Rissebildung) beider Handgelenke und Sprunggelenke. Das Gesicht ist stark gerötet und nässend. Es bestehen Lymphknotenschwellungen im Bereich der linken Halsseite, nuchal (also im Nacken) links, in beiden Axillen (Achselhöhlen) sowie inguinal (in den Leisten) beidseits. Die Patientin klagt über starken Juckreiz vorwiegend am Hals und an den Händen.
- *Kurze Anamnese*: Die Neurodermitis besteht seit dem 16. Lebensjahr. In den letzten drei Jahren vor der Behandlung kam es zu intensiver Cortisonanwendung hauptsächlich im Gesicht und zeitweise am gesamten Körper. 1990 erfolgte eine stationäre Behandlung in einer Universitäts-Hautklinik. Als Kinderkrankheiten sind Milchschorf, Mumps und Windpocken bekannt. In der Familienanamnese sind Hauterkrankungen und Krebserkrankungen auffällig.
- *Familiäre Situation*: Bei der Aufnahme berichtet die Patientin über ihre familiäre Situation. Ihre Mutter, die an metastasierendem Darmkrebs leidet, sei die einzige, die Verständnis für sie aufbringe. Zum Vater besteht ein ambivalentes Verhältnis. Sie mag ihn sehr, bekommt aber zu wenig Anerkennung von ihm. Er akzeptiert die Beziehung zu ihrem jetzigen Freund nicht. Außerdem lehnt er sie in ihrem krankhaften Erscheinungszustand ab. Am Arbeitsplatz empfindet sie starken psychischen Druck. Sie versucht, möglichst gute Arbeit zu leisten, erhält aber wenig Bestätigung. In Auseinandersetzungen mit Kollegen und Vorgesetzten kann sie sich nicht durchsetzen, auch berechtigte Ansprüche nicht richtig vertreten oder wenigstens ihrer Enttäuschung Ausdruck geben. Überhaupt hat sie Schwierigkeiten, Wutgefühlen Raum zu geben. Selbst wenn sie sehr ärgerlich ist, kann sie ihren Ärger oder ihre Wut nicht recht herauslassen. Überhaupt hat die Patientin wenig Selbstvertrauen – denkt immer, sie mache alles falsch. Sie hat große Angst, krank zu wirken; vor allen Dingen, nachdem ihr erster Freund die Liebesbeziehung mit ihr bei Ausbruch der Neurodermitis abgebrochen hat. Sie hat immer versucht, mit Hilfe der täglichen Cortisoneinreibungen gesund zu erscheinen.
- *Selbstbeschreibung*: Sie beschreibt sich selbst als sehr empfindsamen Menschen, ist sehr verständnisvoll und macht sich manchmal zu viele Gedan-

ken um andere Menschen. Sie meint, auch viel einstecken zu können. Sie reagiert nicht spontan auf Belastungen, sondern weint eher später, wenn sie allein auf ihrem Zimmer ist.

- *Träume*: Ihre Träume sind ebenfalls angstbetont. Träume vom Fahren über eine Brücke verbunden mit großer Angst treten häufiger auf; weiterhin Träume vom schnellen Schwimmen durch die Luft.
- *Modalitäten*: Die Patientin fühlt sich morgens am besten. Kühle und Nässe verbessern den Hautzustand, Sonne dagegen verschlechtert ihn und führt zu Quaddelbildung. Die Extremitäten sind immer kalt.
- *Verordnung*: Aufgrund folgender Symptome wurde das homöopathische Arzneimittel *Staphisagria* verordnet.
- *Folge von Kummer*: leicht beleidigt; Eifersucht; Ungeduld; hastiges Sprechen; Alleinsein bessert; Weinen bei Tadel.
- In der Differentialdiagnose sind weiterhin folgende Mittel zu berücksichtigen: *Kalzium carbonicum, Sulphur, Nux vomica* und *Lachesis*.

Die Patientin erhielt vom 13.05.-24.05.1991 *Staphisagria* in der Q 1-Potenz aus der Schüttelflasche, am 15.05. zusätzlich eine Einzeldosis Staphisagria D 30 wegen Zunahme des Juckreizes, am 27.05.1991 eine weitere Einzeldosis Staphisagria C 200 wegen zunehmender Beschwerden im Vorfeld eines anstehenden Besuches durch den Vater. Vom 10.06.-23.06.91 erhielt die Patientin Staphisagria Q 2 ebenfalls aus der Schüttelflasche.

Eine Lokaltherapie wurde grundsätzlich nicht durchgeführt. Bei starken Juckreizattacken mit Aufkratzen der entsprechenden Hautpartien durch die Patientin wurden Eichenrindenauflagen im Wechsel mit *Viola tricolor*-Auflagen durchgeführt. In der Grundpflege wurde die Patientin mit Kamillenlösungen gewaschen oder geduscht, die Augen mit 0,9 %iger NaCL-Lösung (Kochsalz) gespült. Nach entsprechender Säuberung wurde die Nase mit Bepanthen gepflegt. Zwischenzeitlich kam antiseptische Betalösung zum Einsatz. Weitere externe Maßnahmen wurden nicht durchgeführt.

- *Diätetisch* wurde bei Frl. K. ein 21tägiges Heilfasten nach Buchinger durchgeführt. Anschließend wurde die Ernährung mit tiereiweißfreier Frischkost aufgebaut.
- *Verlauf*: Da die Patientin noch unter Cortisonanwendungen zur Aufnahme kam und hierunter bereits einen hochkrankhaften Hautzustand gezeigt hatte, kam es nach Absetzen der externen Steroidanwendung zu einer massiven Verschlimmerung des Krankheitsbildes, vor allem im Gesicht, im Halsbereich, im Bereich beider Arme sowie im Genitalbereich. Die chronisch nässenden Hautpartien kamen unter krustiger Abtrocknung gewissermaßen zur Ruhe. Die abtrocknenden Krusten verfärbten sich dunkel bis schwärzlich und behinderten die Beweglichkeit der betroffenen Hautpartien. So kam es in der Zeit vom 15.-19.05.1991 zu erheblichen Problemen bei der Nahrungsaufnahme, da der Mund nicht mehr bewegt werden konnte. Aus diesem Grund erfolgt während dieser

Zeit die Ernährung über eine Magensonde. Eine massive Bindehautentzündung des Auges (Konjunktivitis) infolge der Unbeweglichkeit der Augenlider erforderte zusätzlich die konsiliarische Betreuung durch einen Augenarzt.

Nach Beginn der Staphisagriatherapie kam es zu einer Juckreizattacke mit Blutigkratzen des Gesichts und beider Arme, gleichzeitig zu einer starken psychischen Anspannung im Zusammenhang mit dem Verhältnis zum Vater. Frl. K. wünschte verstärkt, daß ihr Vater die Neurodermitis seiner Tochter akzeptiere und entwickelte große Angst, daß er sie nicht besuchen würde.

Nach der zusätzlichen Einzeldosis von Staphisagria D 30 am 15.05.91 kam es zu einer Entspannung der Gesamtsituation und zur Linderung des Juckreizes. Die Patientin war dann auch in der Lage, ihre Gefühle mit dem Vater am Telefon zu besprechen.

Die weitere homöopathische Konstitutionsbehandlung lief dann ab wie oben beschrieben. Hierunter kam es im Laufe der folgenden Wochen zu einer langsamen Ausheilung der Eiterungen, mehrfach unterbrochen durch kurzfristige Verschlechterungen, die immer wieder durch psychische Belastungen ausgelöst wurden.

– *Entlassungsbefund*: Bei der Entlassung zeigte sich die Haut reizlos. Die Patientin hatte überhaupt keinen Juckreiz mehr. Zu Hause trennte sich der Freund einen Tag später endgültig von ihr, was zu einer erneuten leichten Hautproblematik führte, die nach einer erneuten Einzeldosis Staphisagria C 30 vollkommen verschwand.

Bei einer erneuten Rückfrage nach der Entlassung, unmittelbar vor Abfassung dieser Kasuistik, wurde über einen Idealzustand der Haut berichtet. Auch die weiterhin bestehende psychische Belastungssituation (Krebserkrankung der Mutter) führte nicht mehr zu einer Verschlechterung. Es wurden auch keine weiteren Mittelgaben mehr erforderlich.

– *Kommentar*: Ein schwerwiegender Krankheitsbefund auf dem Boden einer Veranlagung, ausgelöst vor allem durch die schwere psychische Problematik, konnte stationär durch das Weglassen jeglicher unterdrückenden Therapie und durch eine konsequente Konstitutionsbehandlung mit dem zutreffenden homöopathischen Arzneimittel zu einem stabilen Wohlbefinden und einem objektiv gutem Hautzustand gebracht werden.

Es ist nicht gesagt, daß Frl. K. immer diese Konstitutionsmittel benötigen wird – das muß von Situation zu Situation immer wieder neu entschieden werden – aber wenn sie in ihrem weiteren Leben unterdrückende Maßnahmen konsequent unterläßt, bestehen beste Aussichten auf eine dauerhafte Beschwerdefreiheit.

Zusammenfassung

Samuel Hahnemann hat sich im 18. Jahrhundert gegen die Medizin seiner Zeit gestellt. Die damals praktizierte Form der Naturheilkunde mit Aderlässen, blutigem und unblutigem Schröpfen, mit Blutegeln und Haarseilen war nicht nur zum Teil recht agressiv, sondern schwächte die Lebenskraft der Patienten. Als Arzt und Mensch fällte Hahnemann eine konsequente Entscheidung für das Leben und nahm dafür Angriffe und Verunglimpfungen in Kauf. Der Erfolg gab ihm recht.

Heute haben wir in den Behandlungsmethoden der Allopathie eine ähnlich lebensfeindlich anmutende Situation. Auch wenn sich wissenschaftliche Argumente scheinbar rechtfertigen, so sind doch die Patienten zunehmend nicht mehr bereit, sich schädigender Diagnostik und entsprechenden Therapien zu unterziehen. Dies ist ein Stück vorwärts in der Entwicklung und ein Stück Erkenntnis, auf die unser aller Leben ausgerichtet ist.

Die Gesamttendenz der Gesellschaft ist auf Selbstverwirklichung, auf „Ausleben" ausgerichtet; und materielle Aspekte stehen dabei ganz oben auf der Werteskala.

Die Entwicklung des Ichs, die Entwicklung des Selbst stehen im Zentrum des Lebens der meisten Menschen. Die Selbstidentifikation steht für viele einzelne und auch für größere gesellschaftliche Gruppen weit über der Entwicklung von Toleranz. Je weniger tolerant aber eine Gesellschaft ist, desto allergischer ist sie. Je mehr das Selbst in den Vordergrund tritt, desto weniger Stoffe werden toleriert und desto mehr ist eine Aktivität des Immunsystems gefordert.

Der neurodermitiskranke Mensch ist ein deutliches Symptom dieser unguten gesellschaftlichen Entwicklung. So wie ein neurodermitiskranker Säugling die Belastungssituation der ganzen Familie anzeigt und zu ihrer Veränderung auffordert, so fordert die zunehmende Zahl aller Allergiker eine gesellschaftliche Umkehr.

Nicht die Konzentration auf bestimmte Stoffe sind die Erkrankung, sondern die Erkrankung des Immunsystems liegt in der Veranlagung und der Geisteshaltung. Erst wenn diese Erkenntnis fruchtet, ist eine Umkehr möglich.

Das Immunsystem ist in seinen Reaktionen perfekt und dient unserem Erkenntnisstreben bis zur letzten Konsequenz. Eine Unterdrückung immunologischer Reaktionen ist gleichzeitig ein Verschließen der Augen vor der Wahrheit. Allergiker allgemein, insbesondere Neurodermitiker, sprechen eine, gerade für die Betroffenen, oft überdeutliche Sprache. Immunologisch und gesellschaftlich sind in diesem Sinne Besinnung und Umkehr angesagt. Nicht Unterdrückung, sondern Toleranz bahnen den Weg in eine Medizin der Zukunft.

Novalis, ein Zeitgenosse Hahnemanns, hat es damals definiert: „Die Medizin muß noch ganz anders werden. Lebenskunstlehre und Lebensnaturlehre!"

Der Kranke und seine Psyche

Über das Zusammenwirken von organischen Krankheiten und der Psyche macht sich die Medizin eigentlich noch gar nicht so lange Gedanken. In der Regel lautet das Motto der therapeutischen Zuwendung: „War und ist ein Organ krank, so ist dieses zu therapieren, dem Patienten gehört die ärztliche und pflegerische Betreuung angetragen, die zweckmäßig, ausreichend und geeignet sein soll, das Krankheitsgeschehen zu lindern oder gar zu heilen".

Vorreiter der Psychotherapie bei kranken Menschen war eigentlich die chirurgische Behandlung; dort also, wo der Patient betäubt wurde, um während der durch die Narkose herbeigeführten Bewußtlosigkeit Eingriffe in oder an seinem Körper vorzunehmen und in deren Vorfeld der Patient zumeist eben tiefste Ängste vor dem entwickelte, was da kommen sollte.

Man merkte jedoch bald, daß es sich sehr viel günstiger auf den Heilungsverlauf auswirkte, den Patienten auf das Unbekannte vorzubereiten, ihn seelisch ausgeglichener zu machen. Heute ist es deshalb auch beim kleinsten Eingriff in der chirurgischen Abteilung eines Krankenhauses Usus, den Patienten umfassend über das zu informieren, was mit ihm unter der Betäubung, sei sie nun bloß örtlich gesetzt oder sei es eine Vollnarkose, geschehen wird.

Heute weiß man, daß es für den Operationsverlauf nur positiv sein kann, wenn den Patienten keine zu große Angst quält, und er sich „ruhig" auf das Geschehen einläßt.

Viele Krankheiten spielen sich aber auch häufiger „im Kopf", das heißt in der Psyche des Menschen, ab. Damit ist gemeint, daß ein Patient mit einer positiven Einstellung erreichen kann, schneller zu gesunden, während eine negative Denkweise den Heilungsprozeß verzögern oder sogar unmöglich machen kann.

Die menschliche Psyche ist ein Phänomen, das sich nur sehr schwer greifen und fassen läßt; auch kann natürlich jeder Mensch seine Psyche gegenüber seiner Außenwelt anders ausleben und möglicherweise echte psychische Störungen verschleiern. Bei Krankheiten fragt man sich oft, warum eben der eine Patient so furchtbar leidet, während ein anderer Patient mit einem Schuß Humor sowie mit der Macht des positiven Denkens das Krankheitsgeschehen oftmals geradezu spielerisch übersteht.

Das folgende Beispiel mag dies verdeutlichen:
Zwei Männer mittleren Alters werden nach einem Beinbruch ins Krankenhaus eingeliefert, wo u.a. in aller Regel die mindestens zehntägige Ruhigstellung der gebrochenen Gliedmaße verordnet wird.

Einer der Männer ist Verwaltungsbeamter, der in letzter Zeit durch seine Arbeit ungeheuer gestreßt wurde, jedoch nun – auch aufgrund seiner versicherungsrechtlichen Situation – in die erste Klasse des Krankenhauses einzieht; ein freundliches Ein- oder Zweibettzimmer erwartet ihn, Besuchszeiten sind auf dieser Station nicht limitiert, er führt eine glückliche und harmonische Ehe und weiß, daß sein Krankenhausaufenthalt zum einen dafür da ist, sein gebrochenes Bein zu kurieren, zum anderen findet er nun aber auch endlich einmal die Zeit zu entspannen, er liest ein gutes Buch, hört tagsüber Musik, und wenn er noch einen netten Zimmernachbarn bekommt, dann kann es selbst in einer solchen Situation des stationären Krankenhausaufenthaltes ganz lustig und abwechslungsreich werden.

Der andere Patient ist in einer gesetzlichen Krankenkasse versichert. Mehrfach hat ihm sein Vorarbeiter schon angedroht, er würde ihn dem Chef zur Entlassung melden, weil er zu oft den berühmten „gelben Zettel" seines Arztes wegen einer angeblichen Erkrankung eingereicht habe. Die Familie ist finanziell schlecht abgesichert, die Ehe bröckelt. In einem mit drei oder gar vier Betten bestückten Zimmer muß er zwischen wahllos „zusammengewürfelten" Patienten liegen.

Der Gedanke des zuerst genannten Beamten ist mit Sicherheit auch der, so schnell wie möglich zu gesunden, um wieder nach Hause und auch bald an seine Arbeit zurückkehren zu können. Er wird aber nicht mit seinem Schicksal hadern und seinem gebrochenen Bein nun die Verantwortung zuschieben für Dinge, die er nun eben nicht realisieren kann, weil er im Krankenhaus liegt – zum Beispiel eine lang geplante Dienstreise.

Der andere Patient wird aber genau dieses tun. Er wird den Moment des Unfalles wieder und wieder verfluchen. Jedes Mal, wenn seine Frau ihn besucht, glaubt er, sie würde wohl das Kündigungsschreiben des Arbeitgebers mitbringen. Wird ihn seine Frau überhaupt noch besuchen? Die Ehe ist ja nicht mehr intakt und jeder ging schon vor dem Unfall seine eigenen Wege.

Aus dieser Konstellation heraus ist abzusehen, daß der zufriedene, entspannte Patient nicht nur ein angenehmerer Patient für Ärzte und für das Pflegepersonal sein wird. Es ist auch mit Sicherheit so, daß sein Bein viel schneller heilen wird; denn über seine negativen Gedanken und Emotionen würde er auch ganz real sein Immunsystem schwächen, das auch bei der Ausheilung eines Knochenbruches im großen Umfang beteiligt ist.

Noch deutlicher wird dieser Vergleich gerade bei unheilbaren Erkrankungen wie dem Krebs. Bei gleicher Ausgangsbasis und gleichem Status der Erkrankung wird der positiv denkende Patient deutlich länger und besser leben, als der, der nun nur noch mit seinem Schicksal ins Gericht geht und sich beklagt, daß ausgerechnet ihm diese Krankheit widerfahren ist.

Daß die Psyche des Menschen ganz enorme Auswirkungen auf alle möglichen Funktionen des Immunsystems hat, zeigt sich bei Menschen, die unter starkem und negativem Streß, in angespannten familiären Verhältnissen oder auch in Trauer um den Tod eines geliebten Menschen leben. Diese Patienten sind eine regelrechte Zielscheibe für alle möglichen Erkrankungen, gegen die sie ansonsten das Immunsystem wirksam geschützt hätte bzw. den Krankheitsverlauf leichter hätte verlaufen lassen.

Besonders groß wird der psychische Druck natürlich bei den Krankheiten, die man vor allem optisch erkennen kann. Man denke z.B. an einen Menschen, der im Rollstuhl sitzen muß oder dessen Leiden auf der Haut sichtbar wird.

Gerade an letztgenannte Patienten wendet sich ja dieses Buch um zu versuchen, auch im psychosomatischen Sektor eine Hilfestellung zu geben.

Solange der Kranke, der unter einer Hautkrankheit leidet, nicht aufhört, sich selbst nur zu bemitleiden, es nicht schafft, das Krankheitsgeschehen phasenweise aus dem Mittelpunkt seines Lebens zu verdrängen und nur über seinen äußeren Anblick jammert, wird er es schwer haben, sich von seiner Krankheit bzw. von ihren Symptomen zu befreien. Hier sei wieder an die vorgenannten Beispiele erinnert und an die Macht, *positiv zu denken*; ein wichtiger Satz, den es sich einzuprägen lohnt.

Natürlich ist dieses leichter gesagt als getan; wenn nachts der Juckreiz wieder so unerträglich war, daß man kaum ein Auge zutun konnte und man dann morgens im Spiegel die Spuren der Kratzanfälle überdeutlich erkennt, wissend, daß man so den Weg zur Schule oder zur Arbeit antreten muß. Gleiches gilt für die Eltern eines an Neurodermitis leidenden Kindes, die die ganze Nacht lang wach bleiben mußten, weil das Kind durch den Juckreiz nicht schlafen konnte und immer wieder den Trost seiner Eltern bekommen mußte.

Gerade Angehörige von Neurodermitiskranken werden psychisch außerordentlich stark belastet und müssen oft therapeutisch begleitet werden. Gerade bei Säuglingen und Kleinkindern ist oft zu beobachten, daß diese ihre Krankheit auch für ganz anderes, für „Gewinnzwecke“ einsetzen. Sehr schnell haben die Kleinen erkannt, daß Kratzen und Weinen sehr wirksame Mittel sind, die Mutter dazu zu bringen, es auf den Arm zu nehmen und zu trösten. Die „Streicheleinheiten" und der Trost sind dem Kind so immer gewiß.

Wenn heute namhafte Therapeuten, die das neurodermitische Geschehen stark in den psychosomatischen Bereich rücken, erklären, daß hier seitens der Eltern auch eine gewisse Härte an den Tag gelegt werden sollte, das Kind also auch einmal lernen muß, daß es zwecklos ist Kratzattacken vorzutäuschen, um so die Mutter oder den Vater nachts auf Trapp zu halten – man das Kind also auch einmal weinen und sich aufkratzen lassen sollte – so klingt dies zwar recht brutal, doch hat sich in sehr vielen Fällen eben gezeigt, daß der kleine Patient die Kratzanfälle wirklich nur noch dann bekommt, wenn er tatsächlich unter Juckreiz leidet.

Wir sehen zwar die Psyche bei Neurodermitis, Asthma, Heuschnupfen und Allergien nicht als Auslösemomente dieser Krankheitsbilder im engeren Sinne. Es ist aber dennoch unverzichtbar, den psychischen Bedürfnissen des Patienten oder seiner ihn pflegenden Angehörigen auch therapeutisch gerecht zu werden, wobei es hier natürlich Abstufungen gibt. Nicht immer ist gleich eine umfangreiche Psychotherapie, Familientherapie oder ähnliches notwendig. Oft reicht es auch aus, autogenes Training einzusetzen, Entspannungsübungen wie z.B. Yoga zu erlernen und zu versuchen, in konstruktiven Gesprächskreisen mit anderen Betroffenen über seine Probleme zu sprechen.

Einzeltherapien, Meditation, Heilschlaf und Heilhypnose sind weitere Therapiemöglichkeiten, tiefer in die Psyche des Betroffenen oder dessen Angehörige einzudringen. Sie sollten aber nur von erfahrenen Therapeuten durchgeführt werden, die sich auf Neurodermitis, Asthma usw. in der Psychotherapie spezialisiert haben. Es gibt nämlich auf diesem Feld auch einige „Exoten", die vorgeben, Psychotherapeuten zu sein, um dann in der Behandlung dem Patienten häufig mehr zu schaden als zu nützen.

So verwies unlängst der *Bundesverband Neurodermitiskranker in Deutschland* einen Patienten gezielt auf einen Psychotherapeuten, weil der Kranke erkannt hatte, daß auch Streßsituationen, persönliche Konflikte und andere seelisch-geistige Vorgänge seine Krankheit am Leben erhielten. Anhand des Verzeichnisses für klinisch-psychologische Praxen und Behandlungseinrichtungen, in dem auch die Therapiefelder der einzelnen Behandler nebst der Anschrift verzeichnet sind, wurde gemeinsam mit dem Patienten ein Psychotherapeut herausgesucht, der in räumlicher Nähe zum Wohnsitz des Betroffenen praktizierte. Die Rückmeldung aus dieser Empfehlung war erschütternd, denn dieser Psychotherapeut riet dem Patienten, „nehmen Sie Cortison, dann geht Ihre Krankheit weg, und machen Sie sich so ein paar schöne Jahre, denn im Jahre 2000 geht die Welt sowieso unter". Damit kann einem Kranken, der flankierend seine psychischen Probleme bewältigen möchte, natürlich nicht geholfen werden.

Im Verbund mit den sich auf der Haut abspielenden Krankheiten, aber auch mit den Krankheitsbildern, die die Schleimhäute des Menschen mit einbeziehen, bewahrheitet sich bildhaft der Satz, daß bei der Menschwerdung das Gehirn und die Häute zunächst aus einem Keimblatt entstehen. Dieses mag vielleicht veranschaulichen, warum bei der Behandlung des Neurodermitikers, des Asthmatikers, des von Heuschnupfen oder Allergien geplagten Patienten der Psyche eine so bedeutende Rolle zukommt.

Man weiß aus dem täglichen Leben, wie sich seelisch-geistige Ereignisse positiver wie negativer Art auf der Haut widerspiegeln, und man erkennt dann zunehmend, daß uns die Haut nicht nur vor Kälte, Hitze und vor eindringenden Erregern schützen soll. Selbst der Volksmund hat dieses schon seit Jahrhunderten erkannt, wenn er sagt: „Dem stieg die Zornesröte ins Gesicht“ oder „Ich wurde vor Schreck ganz blaß“ oder „Ich habe mich so gefürchtet, daß ich eine Gänsehaut bekam“. Die Haut reagiert also auf psychische Erfahrungen und Ereignisse mit optisch sichtbaren Veränderungen; sie ist darin ein Teil der Körpersprache.

Diese Phänomene sind noch weitgehend unerforscht; man weiß eben nur, daß über die, die Haut überziehenden, Nervenbahnen Signale vom Gehirn an unser Schutzorgan „Haut“ ausgesendet werden, die dann zu den, den psychischen Gegebenheiten Rechnung tragenden, Veränderungen auf der Oberhaut führen.

Aus klinischen Einrichtungen, die auf die Therapie von Atopien und Allergien spezialisiert sind und die ein ganzheitliches, d.h. umfassendes Therapiekonzept verfolgen, ist deshalb auch die Psychotherapie nicht mehr wegzudenken. Die hier arbeitenden Psychotherapeuten werden immer versuchen, eine positiv motivierende Behandlung an den Patienten heranzutragen, um so auch den psychischen Komponenten der jeweiligen Erkrankung Rechnung zu tragen, damit auf die Weise beispielweise der Neurodermitis und ihrer Symptome umfassend begegnet werden kann.

Der Kranke und seine Hormone

Das Wort *Hormon* kommt wieder aus dem Griechischen und bedeutet „Botenstoff" des Körpers zur Informationsübertragung. Man kann dieses Informationssystem auch als zweite Leitung neben unserem Nervensystem beschreiben.

Hormone werden in den Körperdrüsen, aber auch im Zellgewebe gebildet, weshalb man zwischen Drüsenhormonen und Gewebshormonen unterscheidet. Alle Hormone werden beim Menschen und bei den Säugetieren in das Blut abgegeben. Auch Pflanzen erzeugen übrigens Hormone, die in den Saftstrom geleitet werden.

Hormone sind nicht artspezifisch, sondern wirkspezifisch ausgelegt. Dies erklärt auch, warum beispielsweise ein Zuckerkranker mit dem Hormon Insulin aus der Bauchspeicheldrüse von Schlachttieren behandelt werden kann.

Die Wirkungsweise der Hormone ist sehr unterschiedlich. So senkt das körpereigene *Insulin* beispielsweise den Blutzuckergehalt, hat aber auch direkte hormonelle Gegenspieler, nämlich das *Cortisol*, ein Hormon der Nebennierenrinde, und das *Glucagon*, ein Hormon, welches ebenfalls in der Bauchspeicheldrüse gebildet wird.

Das *Adrenalin*, das im Mark der Nebennierenrinde gebildet wird, bewirkt die Mobilisierung des gesamten Körpers und wird besonders in Streß- und Notfallsituationen verstärkt ausgeschüttet.

Corticosteroide, darüber wurde hier schon früher berichtet, sollen zunächst den Wasserhaushalt und den Mineralstoffwechsel im Körper regeln. Das Schilddrüsenhormon *Thyroxin* ist unverzichtbar für das Wachstum des kindlichen Organismus.

Drei Hypophysenhormone, das sind die Hormone der Hirnanhangsdrüse, steuern zusammen mit dem weiblichen *Östrogen* und *Progasteron* den Monatszyklus der Frau. Das Keimdrüsenhormon bewirkt die Ausprägung der männlichen Geschlechtsmerkmale und steuert u.a. die sexuelle Aktivität des Mannes.

Aus der Hypophyse stammt beispielweise noch das Hormon *Oxytocin*, das im Rahmen des Geburtsvorganges die Wehentätigkeit der Frau steuert.

Zur Blutdruckregulierung steht das Hormon *Vasopressin* zur Verfügung, das auch die Wasserrückresorption in der Niere steuert.

Das *ACTH* beeinflußt insgesamt die körpereigene Hormonproduktion in der Nebennierenrinde, unter anderem auch die des Wachstumshormons *Somatotropin*.

Man kann das ausreichende Vorhandensein von Hormonen mit chemischen, radiochemischen, biologischen und immunbiologischen Methoden sowie in der Kombination der genannten Möglichkeiten überprüfen.

Bei der Hormonbehandlung unterscheidet man grundsätzlich zwei therapeutische Möglichkeiten: Erstens die Anwendung isolierter Hormone zur Behandlung des Patienten, wenn ihm Hormone fehlen. Diese Art der Behandlung nennt man die *Substitutionstherapie*; sie wird z.B. bei Zuckerkranken angewendet, denen das fehlende Bauchspeichelhormon Insulin in Tablettenform oder als Injektionen zugeführt wird.

Zum zweiten können Hormone auch wegen ganz anderer therapeutischer Eigenschaften eingesetzt werden; so u.a. das Cortison, um Entzündungsprozesse zu bekämpfen, allergische Reaktionen zu unterdrücken, oder auch um einen Operationsschock zu beheben.

Die Hormonbildung, auch „endokrines System“ genannt, ist, kurzgesagt, verantwortlich dafür, das innere Milieu in unserem Körper zu steuern und aufrechtzuerhalten.

Alle Hormone werden direkt über das Blut zu den Organen befördert, wo sie gerade benötigt werden. Man spricht hier vom sogenannten „kybernetischen System“, wobei das Wort „Kybernetik“ sich aus dem griechischen Wort für „Lotse“ ableitet. Dieses System ist ein in sich selbst geordneter Regelkreis und beruht auf einem Steuerungsmechanismus mit sogenannten „Soll-Werten“. Vereinfacht gesagt: Die Hormone werden nur in ausreichender Menge bereit gestellt und von den Drüsen bzw. im Gewebe produziert. Dieser Vorgang wird durch Rückkopplungsmechanismen „kontrolliert“, so daß die Ausschüttung von Hormonen aktiviert oder auch gehemmt werden kann.

Dieses System ist sehr diffizil und verläuft über mehrere Stufen. Man muß sich wundern, daß es in dieser Ordnung nicht viel mehr Störungen gibt, denn insgesamt sind Krankheiten im „kybernetischen System“ der Hormone recht selten. Das „endokrine System“ selbst wird gesteuert über den Hypothalamus, einem Kerngebiet im Großhirn.

Bei Atopikern und Allergikern, dies kann gesichert gesagt werden, funktioniert in aller Regel das „endokrine System“ genauso geordnet wie beim gesunden Menschen.

Es ist jedoch bedenklich, wenn immer wieder durch externe oder sogar interne Cortisongaben in den Hormonhaushalt der Nebennierenrinde eingegriffen wird bzw. Cortisonsteroide dem menschlichen Körper zusätzlich zur Verfügung gestellt werden. Wohl noch kaum ein Wissenschaftler hat sich bisher einmal die Arbeit gemacht und das gesamte hormonelle System eines Patienten untersucht, der eben als Dauertherapie mit Hormonen behandelt wird. Jedoch dürfte feststehen, daß dem „endokrinen System“ hierdurch insgesamt mehr geschadet als genutzt wird, insofern der Hormonhaushalt insgesamt gestört wird.

Die Hormonbehandlung, so effektiv und oft lebenserhaltend sie im Einzelfall auch sein kann, muß trotzdem – auch wegen der Komplexität des hormonellen Systems – auf die Notfalltherapie beschränkt bleiben und darf nicht zum permanenten Therapieangebot gehören, selbst wenn der Patient Asthma hat. Es kann also nicht sein, daß beispielsweise diese Patientengruppe rein prophylaktisch für den Tagesbedarf auf eine ständige einzunehmende oder durch Injektion zuzuführende Cortisonmenge eingestellt wird.

Daß der Verlauf von atopischen oder allergischen Erkrankungen nicht nur mit den Nebennierenhormonen aus der Gruppe der Cortisonsteroide zusammenhängt, mögen noch die abschließenden Fallbeispiele verdeutlichen:

Ein junges Mädchen, 18 Jahre alt, klagt über eine plötzlich ausgebrochene Neurodermitis. Die Anamnese ergibt, daß dieses Krankheitsbild im Säuglingsalter einmal kurzfristig vorlag, beginnend über den bekannten Milchschorf, dann aber im Alter von 8 Monaten wieder verschwand.

Erneut flammte die Krankheit mit 12 Jahren wieder auf, mithin also am Beginn der Pubertät, wo über das endokrine System eben dem Organismus verstärkt weibliche Geschlechtshormone zugeführt werden. Mit knapp 17 Jahren war die Krankheit wieder verschwunden.

Im Gespräch mit der jungen Patientin kam dann heraus, daß sie etwa vier Wochen vor dem neuerlichen Ausbruch der Erkrankung mit der Einnahme der Antibabypille begonnen hatte. D.h., sie führte sich nun selbst zusätzliche weibliche Hormone zu, was die Neurodermitis zum neuerlichen Ausbruch brachte.

Eine auf die Patientin zugeschnittene Diät unter Weglassung der als Auslösefaktoren bekannten Nahrungsmittel, der Verzicht auf die Antibabypille sowie eine immunstabilisierende Therapie führten innerhalb von 4 Monaten zu einer völligen Symptomfreiheit.

Überhaupt zeigt sich immer wieder, daß sich mit Eintritt in die Pubertät das Krankheitsgeschehen verschlechtert oder überhaupt erst in dieser Lebensphase erstmals auftritt.

Gleiches gilt für Schwangerschaften, wobei hier der Anteil der Neurodermitispatientinnen, denen es in dieser Phase deutlich besser geht, prozentual höher liegt als in den Fällen, wo während der Pubertät oder während der Einnahme der Antibabypille die Neurodermitis zum Ausbruch kam.

Im Klimakterium (Wechseljahre) begegnen wir vielen Patientinnen, die therapieresistent sind. Hier hat schon oft die Erstellung eines Hormonspiegels gezeigt, daß sich die Substitutionstherapie von weiblichen Geschlechtshormonen sehr günstig auswirkt und andere probate Therapien wirksam unterstützt.

Eine 52 Jahre alte Patientin z.B. war förmlich mit ihrem Leiden durch die Hölle gegangen. Mit 49 Jahren trat die Neurodermitis zum ersten Mal auf, während quasi im gleichen Monat die Monatsregel erstmalig zu spät einsetzte – die Wechseljahre hatten begonnen.

Neben den herkömmlichen schulmedizinischen Therapien begann die Patientin mit mehreren, vom *Bundesverband Neurodermitiskranker in Deutschland* empfohlenen, ambulanten und stationären Maßnahmen, jedoch blieb der gewünschte Erfolg aus. In einem persönlichen Gespräch wurde daraufhin dieser Patientin geraten, sich einmal einen Hormonspiegel erstellen zu lassen, der schnell erkennen ließ, daß der Anteil der weiblichen Hormone im Blut viel zu gering war.

Substituierend wurden dieser Patientin weibliche Geschlechtshormone verschrieben; wenige Wochen später bezeichnete sich die Patientin als gesund. Zurück blieb nur noch eine trockene Haut, die durch das frühere Cremen, Salben und Baden mit Oelzusätzen verlernt hatte, selbst Fett in der Hautzelle zu produzieren.

Auch im fortschreitenden Lebensalter, etwa jenseits des 60. Lebensjahres, kommt es immer wieder vor, daß eine Neurodermitis, die möglicherweise zuletzt im Kindesalter aufgetreten war, urplötzlich wieder zum Ausbruch kommt. Hier ist es besonders wichtig, einen kompletten Hormonspiegel erstellen zu lassen, um von Fall zu Fall mit einer substituierenden Therapie dem Kranken wirksam helfen zu können.

Wenn wir im Kapitel „Der Kranke und seine Psyche" davon sprachen, daß psychische Einflüsse ein Unterhaltsmoment einer atopischen oder allergischen Erkrankung sein *können*, so erkennen wir dagegen in den hormonellen Veränderungen, die im Laufe eines Lebens auftreten, ein wichtiges Auslösemoment atopischer und allergischer Erkrankungen, was in der Therapie, soll sie erfolgreich sein, berücksichtigt werden muß.

Segen und Fluch eines Medikamentes – das Cortison

Zunächst sollte man wissen, was Cortison eigentlich ist, wie es als lebenswichtiges Nebennierenrindenhormon produziert und verwertet wird, wie es gelang, Präparate zu entwickeln, die den Wirkstoff Cortison besitzen und welche Wirkungen bei der Verabreichung dieser Steroide beim Menschen erzielt werden. Wer sich danach noch weiter mit diesem Thema befassen möchte, dem sei das Buch von H. Kaiser und N. Klinkenberg „Cortison – Die Geschichte eines Medikamentes“ empfohlen. Es ist sowohl für den anwendenden Therapeuten als auch für den Patienten ein wichtiges Nachschlagewerk.

Der Begriff *Cortison* kommt aus dem Lateinischen und Griechischen und bedeutet „Hormon der Nebenierenrinde“. Man kennt 42 verschiedene Cortisonverbindungen, die aus der Nebenierenrinde isolierbar sind und von denen sieben Hormoneigenschaften besitzen. Nach den hauptsächlichen Wirkungsbereichen werden diese eingeteilt in Mineralcorticoide, die den menschlichen Mineralhaushalt steuern, indem sie die Ausscheidung von Natrium- und Chloridionen verhindern. Des weiteren kennt man die Glucocorticoide, die auf den Kohlenhydrathaushalt einwirken, indem sie besonders die Glykogenbildung in der Leber steuern.

Cortison hat es natürlich schon immer gegeben, da es sich hierbei um ein Hormon handelt, daß von jedem Menschen in der Nebennierenrinde produziert wird. 1949 wurde erstmals ein synthetisches Cortison bei einer medizinischen Indikation eingesetzt. Hierbei bemerkte man, daß durch Cortisongaben gerade das Erscheinungsbild der Neurodermitis in ihrem Sekundärbereich (Hautbild) günstig beeinflußt werden kann.

Cortison ist darüber hinaus ein ausgezeichnetes Notfallmedikament; es hemmt Allergien, erleichtert die heute schon bald zur Routine gewordenen Transplantationen und hat unzähligen Asthmapatienten das Leben gerettet. Cortisonacetate verwendet man insbesondere bei allergischen und rheumatischen Erkrankungen.

Synthetisiert wird das Cortison aus dem Cholesterin über das Progesteron. Unter dem Einfluß des *a*drenocorti*c*o*t*ropen *H*ormones (ACTH) werden sie in der Nebennierenrinde gebildet.

Cortisol, dieses Wort kommt wieder aus dem Griechischen, ist das heute gebräuchliche Hydrocortison; es ist ein Hormon der Nebennierenrinde mit glucocorticoiden Eigenschaften, das erstmals 1937 durch den Wissenschaftler und Chemiker Tadeusz Reichstein (geboren im Jahre 1897) in der Schweiz isoliert wurde.

Immer neue Indikationsfelder wurden entdeckt, die mit Cortisonpräparaten behandeln werden konnten; frühere Generationen der Ärzte- und Wissenschaft werden es dem Schreiber dieser Zeilen nicht verübeln, wenn er hier behauptet, daß die damals Praktizierenden glaubten, mit dem Cortison den Schlüssel für die Heilung aller Krankheiten in die Hand bekommen zu haben.

Das Cortison kam in den drei auch heute noch gebräuchlichen Formen auf den Markt; nämlich als Salben und Cremes, um gerade die sich auf der Haut abspielenden Erkrankungen zu behandeln; zeitweise glaubte man sogar, daß dieses Steroidpräparat geeignet wäre, als kosmetisches Mittel eingesetzt zu werden.

Des weiteren wurde Cortison in Tablettenform und als Injektionslösung den Patienten angeboten; wobei die größtmögliche Wirkung des Cortisons bei intravenösen Injektionen erzielt wird, sich hierbei allerdings auch seine Wirkung am schnellsten wieder abbaut, wohingegen bei intramuskulären Injektionen sich eine Art Depotwirkung einstellt.

Heute ist das Cortison ferner in sogenannten *Aerosolen* vorhanden, einem Pumpspray, das speziell für Atemwegserkrankte und Asthmatiker entwickelt wurde.

Da das Cortison einen das Immunsystem hemmenden Mechanismus auslöst, also Überreaktionen unterdrückt, setzte man das Cortison gezielt bei allen möglichen Allergien ein, denn man weiß ja, daß die Allergie Ausdruck einer überschießenden Reaktion des Organismus ist. Auch macht es das Cortison sehr viel leichter, erfolgreich Transplantationen durchzuführen. Diese mißglückten in früheren Zeiten viel häufiger, weil zum einen die Gewebeidentität noch nicht so exakt berechnet und ausgewertet werden konnte, wie es heutzutage möglich ist; zum anderen aber auch das Immunsystem des Transplantatempfängers immer wieder das Gewebe des Spenders abwehrte bzw. abstieß.

Auch heute, nachdem die Steroide in der Wirkung sehr verbessert worden sind und auch homogenisiert wurden, ist gerade bei derartigen Transplantationen das Cortison ein unverzichtbarer Bestandteil der Therapie, auf die der Empfänger fremder Organe allerdings in aller Regel sein Leben lang nicht mehr verzichten kann.

Unter dem äußeren, externen Einsatz von Cortison (Salben) verschwinden sehr rasch die Symptome der neurodermitischen Haut – wie zumeist schon jeder Neurodermitispatient an sich selbst festgestellt hat. Setzt man das Cortison dann wieder ab, kommen jedoch die Hauterscheinungen in aller Regel erneut und in verstärkter Form wieder zum Vorschein.

Da die gravierenden Nebenwirkungen des Cortisons nicht unverborgen geblieben sind, sträuben sich heute viele Patienten, das Medikament in der Langzeittherapie einzusetzen und dies aus guten Gründen – denn Cortison führt zu:

- unerwünschten Knochenveränderungen
- Verdünnung der Haut (sogenannte *Glashaut*)
- Aufschwemmung des Zellgewebes (sg. *Vollmondgesicht*)
- Wachstumsstörungen
- Impotenz und Zeugungsunfähigkeit beim männl. Patienten
- Haarausfall

und

- Cortison macht abhängig.

Um es nochmals zu betonen: Diese Nebenwirkungen treten *nicht* im Rahmen der Notfallmedikation, sondern nur bei Langzeit- oder häufiger Kurzzeitanwendung auf. Es ist jedoch unzutreffend, wenn heute die Hydrocorticoide als ungefährlich bzw. als nebenwirkungsfrei bezeichnet werden. Was auch vom Bundesgesundheitsamt (BGA) bestätigt wird, wo man uns auf unsere Anfrage hin mitteilte, daß eben auch bei Langzeittherapien mit Hydrocorticoiden mit Nebenwirkungen zu rechnen ist. Eine Aussage, die auch durch Erfahrungen bestätigt wird, die uns von den Patienten selbst zugetragen worden sind.

Man kann die Cortisonlangzeittherapie auf einen Nenner bringen: nämlich, daß die Nebenwirkungen oft dramatischer sind als die Krankheit, die es zu behandeln gilt. Wer erklärt, daß „kurzzeitige Cortisonbehandlung die Neurodermitis heilen würde", sagt daher die Unwahrheit und wird von allen, die es bisher auf diese Weise versuchten, der „Lüge gestraft". Wir wissen von Fällen, wo in der Behandlung kleiner Kinder durch homöopathisch arbeitende Ärzte oder Naturheiler das Cortison abgesetzt wurde, worauf die kleinen Patienten wie Rauschgiftsüchtige oder Alkoholiker reagierten, denen man den „Stoff" entzog.

Gefährlich wird Cortison im besonderen Maße, wenn man es als Tabletten oder Spritzen verabreicht. Hier werden oft schon bei kurzzeitiger Behandlung die genannten Nebenwirkungen sichtbar. Auch stellen wir hier immer wieder Wesensveränderungen bei in dieser Weise therapierten Patienten fest, die oft den Eindruck erwecken als befänden sie sich in einem Rauschzustand.

Um es nochmals ganz klar herauszustellen: Der *Bundesverband Neurodermitiskranker in Deutschland* ist kein Gegner des Cortisons. Wir wehren uns nur gegen die oftmals gezeigte Arroganz gewisser Therapeuten, die immer noch erklären, Cortison wäre harmlos oder gesund. Es gibt sogar Therapien, wo der wirklich kurzzeitige Einsatz von Corticoiden zum Therapiekonzept gehört und alsbald das Cortison wieder abgesetzt wird. Hier ist oftmals der langsame Entzug des Cortisons beabsichtigt, um eben keine Entzugserscheinungen während der Therapie zu provozieren.

Um die körpereigene Cortisonproduktion anzuregen, kann empfohlen werden, morgens zwischen 6.00 Uhr und 8.00 Uhr ein kaltes Duschbad zu nehmen. In dieser Zeit schüttet die Nebennierenrinde den größten Anteil Cortison in das Blut aus und kann dazu durch das kalte Duschbad zusätzlich angeregt werden.

Vorsicht ist hier jedoch bei Asthmapatienten geboten! Ein derartiges Duschbad kann zu einem asthmatischen Schock führen.

Es sei an dieser Stelle auch noch eine Anmerkung zu den sogenannten *Wundersalben* gestattet, von denen in Insiderkreisen immer wieder gesprochen wird. Da lief z.B. (noch zu Friedenszeiten) in Jugoslawien ein Mann an den Stränden von Dalmatien entlang, suchte sich regelrecht Neurodermitispatienten aus und verkaufte diesen eine angeblich rein pflanzliche Salbe mit dem Hinweis, sie enthielte Pflanzenprodukte, die nun wirklich dem Satz Rechnung trügen „gegen jede Krankheit ist ein Kraut gewachsen". Tatsächlich rüsteten sich einige Patienten für sehr teures Geld mit diesen Salben aus, da man sich zuvor bereits durch eine kostenlose Probe von der hohen Wirksamkeit überzeugt hatte.

In die Heimat zurückgekehrt, wurde dann über den *Bundesverband Neurodermitiskranker in Deutschland* – an den man sich mit der „sensationellen Salbe" wandte – eine Untersuchung über die *Arzneimittelkommission der Deutschen Apotheker* in Frankfurt eingeleitet. Man stellte bei dieser, speziell aus Jugoslawien stammenden Salbe fest, daß sie Cortisone in einer Konzentration von bis zu 2 mg pro Gramm enthielt. Eine Menge, die in Deutschland von keinem verantwortungsbewußten pharmazeutischen Unternehmen hergestellt oder sogar von einem Arzt verordnet werden würde.

Leider begegneten wir diesem Phänomen auch wiederholt im eigenen

Land, wo wahre Heerscharen von Kranken zu Heilpraktikern oder Apothekern pilgerten, weil bei diesen angeblich eine cortisonfreie Salbe oder Creme entwickelt worden sein soll, die nachhaltig bei Neurodermitis helfen würde.

Zu allen Salben und Cremes sei daher angemerkt, daß man hier nicht „blindes Vertrauen“ an den Tag legen sollte, auch wenn diese Produkte ausgezeichnete Ergebnisse bereits nach kurzer Behandlungszeit bewirken sollten. Denken Sie in Ihrem eigenen Interesse daran, diese Salben oder Cremes einmal untersuchen zu lassen. Für Mitglieder des *Bundesverbands Neurodermitiskranker in Deutschland* ist eine solche Untersuchung übrigens kostenlos.

Antihistaminika, Antibiotika und Hypophysika in der Therapie

Das *Antihistaminikum* zählt ebenfalls zur Gruppe der Hormone und ist ein Gewebehormon. Das körpereigene Histamin befindet sich sowohl im Blut als auch in den Körperzellen des menschlichen Körpers. Es ist biologisch sehr wichtig und bereits geringe Mengen entfalten eine außerordentlich starke Wirkung hinsichtlich der Erweiterung der Blutgefäße. Dieses gilt besonders für die feinsten Haargefäße unseres Arterien- und Venensystems, die Kapillaren, die sich am äußersten Ende des Blutstromes befinden. Außerdem ist Histamin das Hormon, welches die glatte Muskulatur erregt und Drüsenabsonderungen, besonders die des Magens, fördert. Daher werden Histaminpräparate auch zur Funktionsprüfung des Magens sowie zur Steigerung der Durchblutung bei Rheuma und Neuralgien eingesetzt. Bei dieser Therapie besteht jedoch immer das hohe Risiko eines Histaminschocks und einer starken allergischen Reaktion.

Bildet der Körper selbst zu viel Histamin, so kommt es zu der bekannten *Urticaria* (Nesselsucht), da durch die vom Histamin bewirkte Erweiterung der Blutgefäße das Blutserum ins Gewebe austreten kann. Diese Flüssigkeitsansammlung ist dann verantwortlich für die juckenden Quaddeln, die das Krankheitsbild der Nesselsucht prägen.

Bei vielen allergischen Erkrankungen, beispielsweise eben bei der *Nesselsucht*, wird immer wieder ein Antihistamin zur Bekämpfung der Krankheit eingesetzt. Das Antihistaminikum ist ein Wirkstoff, der der körpereigenen Histaminbildung im Gewebe entgegenwirken soll. Dieses verbindet sich mit Antikörpern, reichert diese an, und bei Kontakten mit einem Allergen oder Antikörper setzen die Antikörper und Mastzellen das Histamin frei. Neben der Nesselsucht kommt es dann bei erhöhter Histaminausschüttung zu den bekannten allergischen Reaktionen.

In der Regel wird das Antihistaminikum in Tabletten oder als Saft dem Patienten als verschreibungspflichtiges Medikament angeboten. Eine Behandlung mit Antihistaminika erscheint jedoch nur sinnvoll bei bestehenden Allergien, nicht aber bei Neurodermitis. Auch wenn geklärt ist, daß bei einem Patienten ein atopisches Asthma und nicht ein auf auf einer Allergie basierendes Asthma vorliegt, erscheint das Antihistaminikum eher fehl am Platze.

Ähnlich wie schon bei den Cortisonpräparaten hat man die früheren Antihistaminika heute wesentlich „entschärfen" können. Denkt man noch an die Zeit der alten „Fenestil-Tropfen"®, die zwar hochwirksam waren, aber bezüglich der eintretenden Müdigkeit den „stärksten Mann umhauen konnten", so besitzen die heute auf dem Markt befindlichen Präparate zwar noch die gleiche hohe Wirksamkeit, sie machen jedoch nicht mehr so müde wie dies früher der Fall war.

Trotzdem zählen die Antihistaminika auch zu den Notfall-Medikamenten für den Allergiker, nur sollte man keine Dauertherapie mit ihnen durchführen. Es kommt dann nämlich sehr schnell zu Gewöhnungseffekten und das Gewebe produziert weiter verstärkt Histamine, so daß dann auf immer stärkere und noch ermüdendere Antihistaminika zurückgegriffen werden muß.

Außerdem sei hier nochmals an das Kapitel über die Hormone erinnert. Wird durch ein Medikament die Produktion eines Gewebehormons über längere Zeit gehemmt, so kann dies zur Folge haben, daß auch andere wichtige Gewebehormone in nur unzureichender Menge gebildet werden. Vergleichbares gilt natürlich auch bei einer langfristigen Hemmung der Histaminproduktion.

Das *Antibiotikum* Penicillin wurde vom englischen Bakteriologen Flemming im Jahre 1939 erstmals in so großen Mengen hergestellt, daß es noch im 2. Weltkrieg zum Einsatz kam. Man hatte dieses Medikament zwar bereits früher entwickelt, aber nie in größeren Mengen herstellen können. Mit dem Antibiotikum gelang es nun, Bakterien und niedere Pilzarten abzutöten.

Das Antibiotikum selbst ist ein Medikament, das aus Stoffwechselprodukten verschiedener Schimmelpilzarten isoliert wird, Bakterien abtötet und Pilze und Viren in ihrem Wachstum hemmt. Antibiotika sind heute unverzichtbar in der medizinischen Therapie, jedoch gilt auch hier, daß sie sehr oft zu schnell und zu häufig zum Einsatz kommen. Man weiß, daß durch innerlich wirkende Antibiotika leider nicht nur die krankmachenden, sondern auch die wichtigen Bakterien, beispielsweise die im Darm befindlichen, abgetötet werden. Durch das zu häufige Einnehmen von Antibiotika bildet sich beim Kranken zunehmend eine Resistenz aus, so daß im Notfall nur noch stärkste Mittel das Immunsystem bei seiner Abwehrarbeit unterstützen können.

So liegt es immer auch in der Hand des verantwortungsbewußten Therapeuten, bis zu welchem Zeitpunkt er auf die Verordnung eines Antibiotikuns verzichten kann, um dem körpereigenen Immunsystem den Kampf gegen die Krankheitskeime zu überlassen bzw. ab wann er – auch um den Preis einer zerstörten Darmflora – ein Antibiotikum zum Einsatz bringt.

Gerade beim Neurodermitispatienten kommt es immer wieder zu Superinfektionen auf der Hautoberfläche, da über die aufgekratzten Hautstellen Bakterien natürlich besonders leicht in das Gewebe eindringen können.

Mit hochwirksamen antibiotischen Salben kann hier eine externe Behandlung erfolgen, die aber natürlich ebenso das Risiko einer Gewöhnung an dieses Antibiotikum in sich trägt; beim nächsten Superinfekt muß dann gegebenenfalls schon wieder ein stärkeres Antibiotikum in Salbenform verordnet werden.

Hypophysika sind Medikamente, die eine direkte und anregende Wirkung auf die Hirnanhangsdrüse, d.h auf die Hypophyse haben. Mit diesem Medikament wird erreicht, daß die Nebennierenrinde zur vermehrten Produktion von körpereigenem Cortison angeregt wird.

Dieses Medikament muß und darf nur ein letztes Mittel sein. Denn – laienhaft gesagt – durch diesen ständigen Anreiz zur verstärkten Cortisonproduktion wird die Nebennierenrinde regelrecht ausgelaugt. In diesem Fall ist sie dann später nicht mehr in der Lage, von selbst eine ausreichende Hormonproduktion zu gewährleisten.

Die Pflege der Haut

Auch wenn wir in diesem Buch immer wieder darauf hingewiesen haben, daß die Neurodermitis eine Erkrankung ist, die von „innen kommt", bleibt natürlich unübersehbar, daß sich der Krankheitsprozeß auf der Haut abspielt.

Der Kranke hat eine trockene Haut, die sich permanent schuppt; häufig kommen noch entzündliche Prozesse hinzu, die sich sogar zu infektiösen und superinfektiösen Dermatosen umwandeln können.

Was der Kranke für sein Hautbild zunächst benötigt, ist die Möglichkeit, seinen hygienischen Bedürfnissen Rechnung tragen zu können, ohne damit weitere Hautaffektionen hervorzurufen. Um eben weitere Reizungen der Haut zu vermeiden und um den Säuremantel der Haut nicht noch weiter zu zerstören, empfiehlt es sich, auf möglichst seifenfreie Pflege- und Waschprodukte auszuweichen. Es gibt eine ganze Reihe tensidhaltiger Wasch- und Pflegemittel, die in aller Regel von der neurodermitischen Haut vertragen werden. Dieses gilt ebenso für Haarshampoos.

Der Kranke sollte möglichst immer duschen und keine Wannenbäder nehmen. Vollbäder laugen die Haut zu stark aus, was eine intensivere Nachbehandlung mit Fett und Ölen nötig macht, die in aller Regel bei kurzzeitigen Duschbädern nicht notwendig ist. Damit ist eigentlich schon klar, daß wir das Baden in einer Wanne – auch unter Zusetzen von sogenannten Ölbädern – grundsätzlich vermeiden müssen.

Hier wurde zu oft beobachtet, daß die Haut durch das intensive Einwirken der ölhaltigen Substanzen im warmen Wasser, auf Dauer immer stärker austrocknete. Wir wissen von Fällen, wo die Haut überhaupt nicht mehr selbständig Fett erzeugt, und die Kranken ständig den Salbentopf oder das Ölfläschchen in der Hand haben, um die Haut noch einigermaßen geschmeidig zu halten.

Gleiches gilt auch für das übermäßige Einsalben der Haut. Die Haut muß so viel wie nötig, aber dennoch so wenig wie möglich gecremt oder gesalbt werden. Ein völliger Verzicht auf Salben oder Cremes kann allerdings nur im Rahmen von stationären Aufenthalten des Patienten versucht werden, da sich die Haut eben an die zusätzlich verabreichten, fetthaltigen Mittel gewöhnt hat. Man muß davon ausgehen, daß eben eine ständige Fettzufuhr von außen unbemerkt eine gewisse „Sucht“ erzeugt, und die Haut die eigene Fettproduktion immer mehr vernachlässigt.

Während stationärer Aufenthalte, bei denen völlig auf Salben und Cremes in der Behandlung verzichtet wurde, konnte beobachtet werden, daß nach Weglassen der Fette für die Patienten zunächst ein regelrechtes Mysterium begann: Die Haut riß teilweise bis in tiefe Schichten ein, stabilisierte sich dann aber langsam und nach etwa drei Zyklen der Hauterneuerung – ca. 90 bis 100 Tage – produzierte die Haut wieder selbständig ausreichend Fett, so daß dann der Patient wirklich auf alle Öle und Fette verzichten konnte.

Zu Beginn einer Neurodermitis wird der Haus-, Kinder- oder Hautarzt in aller Regel eine fetthaltige Salbe verordnen, von der jedoch ganz klar gesagt werden muß, daß sie allerdings nur kurzfristig in der Lage sein wird, die Haut zu entlasten. Sehr schnell baut sich eine Resistenz auf und Salben und Öle sowie die speziell verordneten Pflege- und Fettsalben, die zunächst dem Anschein nach gute Wirkung zeigen, bewirken nicht selten das Gegenteil und erzeugen wieder neue Hautaffektionen.

Gleiches gilt in aller Regel für verordnete Salben, die den Wirkstoff „Bufexamac“ enthalten. Dieser entzündungshemmende und unbedenkliche Wirkstoff ist eben leider auch zu schnell durch die Neurodermitis neutralisiert, weshalb wir auch hier sehr oft die Umkehrreaktion beobachten müssen. Nach anfänglicher und kurzzeitig auftretender Entlastung der Haut erzeugt diese Substanz wieder Affektionen, die als *allergische Hautreaktion* bezeichnet werden können und mit der eigentlichen Neurodermitis nichts zu tun haben.

Leider steht nach diesen Versuchen der therapeutischen Hautpflege für den Arzt nun in aller Regel der Einsatz von cortisonhaltigen Salben an, womit langsam aber sicher der bekannte Teufelskreislauf beginnt, den es eigentlich zu vermeiden gilt. Natürlich ist eine cortisonhaltige Salbe ein hochwirksames Therapeutikum, um schnell und sicher die Neurodermitis auf der Haut verschwinden zu lassen. Läßt der Patient das Produkt dann wieder weg, so muß er erkennen, daß binnen kürzester Zeit – in der Regel nach 2 bis 3 Tagen – das neurodermitische Hautgeschehen wiederkehrt. Oft sind dann die Hauterscheinungen noch schlimmer als sie vor der Behandlung mit cortisonhaltigen Produkten gewesen waren.

In diesen Fällen neigt der Therapeut oft dazu, noch stärkere cortisonhaltige Salben zu verschreiben. Auch werden dann oft Kombinationssalben mit den Wirkstoffen Cortison und Harnstoff verordnet, was nur zur Folge hat, daß das Cortison auf dem „Rücken des Harnstoffes" in noch tiefere Hautschichten transportiert wird.

Fälschlicherweise wird vom Arzt gerade diese Kombinationssalbe als völlig ungefährlich bei der Langzeitbehandlung deklariert, was jedoch – gelinde gesagt – schlicht unwahr ist.

Zur Hautpflege haben sich Produkte mit Zusätzen von Stutenmilch recht gut bewährt; aber auch phytotherapeutische Produkte, kombiniert mit Salbengrundlagen wie Eucerin oder Vaseline, sind Hautpflegemöglichkeiten, die man ausprobieren kann. Favorit ist hier eindeutig die *Ringelblume*, die *Pfingstrose* und die *Kamille*, die von der neurodermitischen Haut gut vertragen werden.

Bekannt sind auch die Produkte der Fa. Goldnerz-Cosmetic. Hier haben wir bei vielen Patienten eine Wirkung festgestellt, die in ihrer Wirksamkeit an Salben mit Cortison erinnert. In den über zwanzig von uns veranlaßten Untersuchungen der uns von Patienten zugeschickten Proben ergaben sich nie Beanstandungen. Wichtig ist bei dieser Art der Hautpflege jedoch die richtige Kombination mit der weißen und gelben Aufbaucreme.

Genau wie bei den Ernährungsempfehlungen gilt jedoch ebenso hier, daß auch bei diesen Pflegemitteln keine hundertprozentige Erfolgsgarantie besteht; eine Salbe, die dem einen hilft und das Krankheitsgeschehen lindert, kann beim nächsten Patienten genau das Gegenteil bewirken und seinen Hautzustand verschlimmern. Hier gilt es besonders, auch pseudoallergische Reaktionen zu beachten, die beispielsweise durch die Salbengrundlage oder auch durch die Konservierungsstoffe in der Salbe hervorgerufen werden können.

Von guten Erfahrungen wurde auch immer wieder bei der Anwendung von *Melkfett* berichtet. Hier kann man es einmal mit einer Mischung aus 30 % *Calmurit-Salbe* und 70 % *Melkfett* versuchen. Die so von einem selbst hergestellte Salbe hat einen angenehm kühlenden Effekt bei den Patienten, die eben keine Unverträglichkeitsreaktionen zeigen.

Als Kernsatz muß aber am Ende dieses Kapitels stehen, daß eine Salbe oder ein anderes Hautpflegemittel leider nie und nimmer in der Lage sein wird, die Neurodermitis langfristig zu bessern. Deshalb muß man versuchen, einen

Weg der Hautpflege zu finden, bei dem gerade Körperpflegemittel keine zusätzlichen Allergien auf der Haut auslösen. Salben und Cremes sind so sparsam zu verwenden, daß die einzelne Hautzelle nicht noch träger wird und eventuell gänzlich ihre eigene Fettproduktion einstellt.

An Salben mit cortisonhaltigen Substanzen sollte nur in der Notfallmedikation gedacht werden. Hier kann sich das Cortison sehr segensreich auswirken, wenn beispielsweise weder Mutter noch Kind in den letzten 3 oder 4 Wochen vernünftig durchschlafen konnten und beide psychisch äußerst belastet sind. In Fällen wie diesem ist es durchaus zu vertreten, das Kind einmal für ein paar Tage ruhig zu stellen, indem eben kurzfristig ein cortisonhaltiges Präparat zum Einsatz kommt.

Grundsätzlich kann allerdings gesagt werden, daß spätestens immer dann, wenn man ohne Cortison nicht mehr auskommt, der Fachmann gefragt ist und sich eine bewährte stationäre oder ambulante Maßnahme anschließen muß.

Viele apothekenpflichtige Salben sind für die Behandlung der Neurodermitis im Angebot, wobei die Wirkstoffe für den medizinischen Laien zumeist nicht überblickbar sind. Oft findet sich im Namen der Salbe noch ein zusätzliches „H“. Dies bedeutet, daß die Salbe als Wirkstoff ein sogenanntes *Hydrocortison* enthält. Gerade Hydrocortisone werden in so vielen Salben angeboten, daß wirklich nur noch der Fachmann erkennt, daß hier ein Cortison vorhanden ist. Der Laie kann das Cortison zwar nicht unbedingt am Namen der betreffenden Salbe erkennen, jedoch verzeichnet der Beipackzettel unter „Nebenwirkungen“ dann immer die Warnung, daß bei der Behandlung mit „cortisonhaltigen Präparaten“ keine Langzeittherapie durchgeführt werden sollte.

Kleines Lexikon der derzeit bekannten Therapiemöglichkeiten

Akupunktur

Teil der chinesischen Heilkunst, heute auch mit Laserakupunktur, ist für Therapie und Diagnose bei Neurodermitis, Asthma, Allergie und Heuschnupfen im Angebot. Erfolg ist umstritten, vor allem wenn die Behandlung als Monotherapie durchgeführt wird.
Oftmals erste Erfolge aufgrund des Placeboeffektes bzw. wegen des Vertrauens des Patienten in diese Therapie.

Allergologie

Die medizinisch-wissenschaftliche Lehre von der Allergie, ihrer Entstehung, ihrer Ursachen und ihrer Bekämpfung.

Aloe Vera

Produkte mit dem Wirkstoff *Aloe Vera* sind hervorragende Feuchtigkeitsspender und wirken zusätzlich juckreizstillend, entzündungshemmend, nährend und desinfizierend auf die Haut aus. Empfohlenes Produkt nach Dr. rer. nat. Storz erhältlich bei der Fa. „floracell“ in 5401 Emmelshausen unter Artikel-Nr. 3 85 42 34.

Antibiotikum

Medikament, hergestellt aus den Stoffwechselprodukten verschiedener Pilzarten.
Antibiotika sind in der Lage Bakterien abzutöten sowie das Wachstum von Viren und Schimmelpilzen zu verlangsamen.
Für Pilzbehandlungen wird eine artverwandtes Medikament, das *Antimykotikum* eingesetzt. Antibiotika sind im Notfallbereich unverzichtbarer Therapiebestandteil, so u.a. bei Superinfektionen der Haut.

Antihistaminikum

Das Antihistaminikum ist ein sogenanntes *Gegenhormon.* Man setzt es ein, um überschüssige Histaminproduktion zu unterdrücken. Das Histamin ist ein Gewebehormon. Wegen der Nebenwirkungen, z.B. Müdigkeit, sowie wegen des Eingriffs in das hormonelle System gehört das Antihistaminikum in den Bereich der Notfallmedikamente. Es ist hochwirksam und baut schnell allergische Reaktionen ab.

Antimykotikum

Artverwandt mit dem Antibiotikum; speziell zur Behandlung von Pilzerkrankungen entwickelt.

Autogenes Training

Einfachste Form der Psychotherapie. Sehr gut erlernbar, entspannend für den gesamten Organismus und wirkt deshalb auf das Nervensystem des Neurodermitis-, Asthma-, Heuschnupfen- und Allergiepatienten positiv. Als autosuggestives Training bezeichnet man den Vorgang, wenn sich der Patient die Formel des Trainings nicht selbst – in Gedanken – vorsagt, sondern einen Tonträger für die Übung nutzt bzw. unter Anleitung eines Lehrers das Training durchführt.
Speziell für Neurodermitispatienten wurde vom *Bundesverband Neurodermitiskranker in Deutschland e.V.* eine Musikkassette für das autogene Training erstellt. Diese ist gegen Übersendung von 20,– DM (auch als Scheck) beim Verband direkt zu beziehen.

Autohomologe Immuntherapie

Modifizierte Eigenblut- und Eigenurinbehandlung nach Dr. med. Horst Kief, Ludwigshafen. Hochwirksame ambulante Therapie bei Neurodermitis, Asthma, Heuschnupfen und Allergien. Nebenwirkungslose Behandlung, die in der Bundesrepublik von ca. 150 Ärzten und Heilpraktikern durchgeführt wird. Wegen der guten Erfolge zahlen zwischenzeitlich quasi alle Krankenkassen die Kosten für die Haemolysate und die Behandlung, die beim Kleinkind (Lysate werden nur aus Urin erstellt) bei etwa 600,– DM, beim Erwachsenen bei ca. 3 500,– DM liegen.

Autovaccine

Körpereigenes Medikament, hergestellt aus abgetöteten Darmbakterien des Patienten. Oft sehr starke Nebenwirkungen. Als Monotherapie für eine Darmsanierung ungeeignet.

Badekuren

Urlaub von der Krankheit! Für den Patienten eröffnet sich hierbei oft die Möglichkeit, im Rahmen der Kurmaßnahme von starken Medikamenten wie Cortison, Antihistaminika und anderen Beruhigungsmitteln loszukommen. Ist der Klimaeffekt nach Abschluß der Kur nicht mehr gegeben, kehrt oft und recht spontan das Krankheitsbild zurück, wobei länger andauernde Beschwerdefreiheit bei Asthma und Heuschnupfen beobachtet wird, nicht aber bei Neurodermitis und Allergien.

Bakteriologie

Die medizinisch-wissenschaftliche Lehre von der Erforschung und Identifizierung von Bakterien, deren Zerstörung und Erhaltung.

Baubiologie

Beim Allergiker unverzichtbar bei Schaffung eines Eigenheims oder bei der Sanierung der Wohnräume. Bei der Baubiologie werden u.a. unbelastete natürliche Baustoffe zum Einsatz gebracht, aber auch abschaltbare Stromkreise in den Schlafräumen verlegt; das Ausmessen der Räume oder des Grundstückes auf

Störfelder durch Wasseradern, die Untersuchung unterirdischer Verwerfungen und der Einrichtungsgegenstände schließt die Baubiologie mit ein.

Beschäftigungstherapie

Basteln, Malen, Zeichnen, Musik, Wanderungen, gemeinsame Spiele. Beschäftigungstherapie gehört in der Regel bei Kur- und Rehabilitationsmaßnahmen zum therapeutischen Angebot. Sie hat psychosomatische Bedeutung und soll erreichen, daß sich der Patient einmal auf andere Dinge einläßt und sich daran begeistert, um seine Krankheit zumindest zeitweise aus dem Lebensmittelpunkt zu verdrängen.

Betten

„Wie man sich bettet, so liegt man", sagt schon der Volksmund. Für den Allergiker und Neurodermitiskranken hat dies besondere Bedeutung. Gerade diese Patientengruppe hat oftmals Probleme mit der Hausstaubmilbe, die sich überall dort in Teppichböden und Matratzen einnistet, wo sie der Mensch ernährt. Ca. 1 g Hautzellen verliert bereits der gesunde Mensch täglich als Hautschuppen; von dieser kleinen Menge Hautzellen kann sich schon eine richtige Großfamilie von Hausstaubmilben ernähren. Bei Neurodermitispatienten mit extrem trockener Haut steht zwangsläufig für die Hausstaubmilben ein wesentlich größeres Nahrungsangebot zur Verfügung,was für erheblich mehr Nachwuchs sorgt. Um sich von dieser Art Allergie zu befreien, sollten diese Allergiepatienten Matratzen benutzen, die waschbar sind. Führender Hersteller derartiger Matratzen, die sich auch in der Vergangenheit bestens bewährt haben, ist die Fa. Lavadorm. Näheres hierzu kann über den *Bundesverband Neurodermitiskranker* erfragt werden.
Eine Sanierung von Teppichfußböden, um die Hausstaubmilbe damit zu beseitigen, kann mit dem Präparat *Accaronsan®* der Fa. Mertz, 6500 Mainz, durchgeführt werden. Auch einen entsprechenden Test, ob überhaupt Hausstaubmilben vorhanden sind, bietet diese Firma an.

Bufexamac

Wirkstoff auf pflanzlicher Basis, der ähnlich wie Cortison entzündungshemmend und juckreizstillend wirkt. Bekannteste

Salbe mit dem Wirkstoff ist *Parfenac®*. Anwendung ist unbedenklich, jedoch kommt es zu schnell zu einem Gewöhnungseffekt und der Wirkstoff nützt nichts mehr.

Bioresonanztherapie

Offensichtliche Fortentwicklung der Moratherapie. Betreiber dieser Behandlungen geben an, man könne Unverträglichkeiten aus dem Körper über den Körper entfernen; nach vierwöchiger Meidung seien diese Stoffe wieder neutralisiert und können homogen umgewandelt in den Organismus zurückschwingen. Mißerfolge beruhen nach Angaben der Anwender auf der Tatsache, daß sich der Patient nicht konsequent des Stoffes enthalten hat. Therapie wird als Teil der Paramedizin angesehen; Langzeiterfolge sind noch nicht bekannt, dafür jedoch ungezählte Mißerfolge. Die Krankenkassen übernehmen in aller Regel nicht die Kosten für diese Behandlungsform.

Cortisone

Cortison ist ein körpereigenes Nebennierenrindenhormon, über das ausführlich im Kapitel „Neurodermitis und Cortison" und „Der Kranke und seine Hormone" berichtet wurde. Bei vielen verordneten Medikamenten kann der Kranke nicht mehr erkennen, daß in dem Therapeutikum Cortisone enthalten sind, da die Hydrocortisone unter diversen Bezeichnungen laufen; die am häufigsten vorkommenden Namen sind nachstehend aufgelistet:
Alolometason-17, 21-dipropinonst, Amoinonid, Bethametason-17-benzost, Bethametason-17, 21-Dipropionat, Clocortolon-21-hexanost, Clocortolon -21-pivalat, Cortison-21-aocetat, Desoximetason, Desoxycortonacetat, Dexamethason, Dexametason-acetat, Diflorsan-17, 21-Diacetat, Diflucortolonjvalerinat, Flurdroxycortid, Flumethason, Flurpresnieden-21-acetat, Halomethason, Haydrocortison, Hydrocortisonacetat, Hydrocortion-17-butyrst, Prednisolonacetat, Prednison, Triamoinolonacetonid, Clobetasol-17-propionat, Halcinoid, Betamethasonvalerat.

Cortisontherapie

Kann mit Salben und Cremes, aber auch mit Tabletten und Injektionen durchgeführt werden.

Ausgezeichnet für die Notfallmedikation, als Langzeitbehandlung wegen der zu erwartenden starken Nebenwirkungen nicht zu empfehlen.

Cremes

Man sollte bei der Neurodermitishaut so wenig wie möglich cremen, damit die Haut nicht die eigene Fettproduktion einstellt. Vorsicht bei angeblich cortisonfreien Salben, die schnelle und durchgreifende positive Wirkung haben sollen. Hier könnten versteckte Steroide enthalten sein.
Es gibt für die neurodermitische Haut keine „Standard“creme; der Patient muß selbst herausfinden, welche Creme ihm gut tut. Oft kommt es auch bei zunächst gut helfenden Cremes schnell zu Gewöhnungserscheinungen, später sogar oft zu Hautaffektionen.

Cytotoxikologische Untersuchung

Test der Nahrungsmittelunverträglichkeiten anhand eines Bluttropfens. Es werden damit über 200 Nahrungsmittel – anhand eines Tropfens Blut – getestet über sog. *IgG-Reaktionen.* Der Test ist nach heutigem Kenntnisstand oft sehr ungenau und oberflächlich. Die Kosten von rund 300,– DM trägt die Krankenkasse in aller Regel nicht.

Darmsanierung

Unverzichtbare flankierende Maßnahme, da in aller Regel der Neurodermitis-, Asthma-, Heuschnupfen- und Allergiepatient unter starken Darmpilzen leidet. Keine Selbstversuche, sondern nur unter Anleitung eines erfahrenen Mykologen durchführen.

Dermatologie

Lehre von den Hautkrankheiten, ihrer Entstehung, ihrer Ursachen und deren Behandlung.

Duschen

Ist eindeutig dem Wannenbad vorzuziehen.
Liegt kein Asthma vor, ist ein morgendliches, in der Zeit von 6.00-8.00 Uhr durchgeführtes Duschen mit lauwarmem bis kal-

tem Wasser auf die Nierengegend eine Möglichkeit, die körpereigene Cortisonproduktion auf natürliche Weise anzuregen.

Ernährung

Siehe auch das Kapitel „Der Kranke und seine Ernährung". Vorsicht bei Angeboten einer sogenannten *Standard-Diät*. Diese wird es nie geben, sondern die Ernährung muß immer individuell auf den Kranken eingestellt werden.

Fiebertherapie

Durch das Einspritzen von abgetöteten Bakterienstämmen wird künstlich Fieber erzeugt, das über ein bis zwei Tage bei einer Temperatur von 38°C bis maximal 40°C gehalten wird. Dadurch wird das Immunsystem deutlich meßbar gekräftigt, und kann so wieder gezielt gegen bestimmte Krankheiten ankämpfen. Die Fiebertherapie bei Neurodermitis wird derzeit nur stationär in der Spezialklinik Höhenkirchen b. München durchgeführt.

Fumarsäure-Therapie

Bei Neurodermitis, Asthma, Heuschnupfen und Allergien offenbar ungeeignet. Bei Psoriasis (Schuppenflechte) oft gute Behandlungsform. Fumarsäure ist ein Stoff, der vom Menschen selbst in der Niere erzeugt wird. Er reguliert das Zellwachstum. Da dieses beim Psoriatiker viel zu schnell auf der Oberhaut vonstatten geht, kann hier mit zusätzlichen Gaben von Fumarsäure ein bremsender Effekt erzielt werden.
Die Einnahme von Fumarsäure, die in Deutschland offiziell nicht vertrieben wird, kann zu starker Übelkeit führen. Das *Bundesgesundheitsamt Berlin* warnt sogar vor der Einnahme, da das Präparat zu Nierenschäden führen könnte.

Fußreflexzonenmassage

Erprobte begleitende Behandlung bei Neurodermitis, Asthma, Heuschnupfen und Allergien.

Gammalinolensäure

Hochwertiges Lebensmittel, das aus dem Samen der *Nachtkerze*, aber auch aus *Borretsch*, der *Schwarzen Johannisbeere* und

der *Stachelbeere* gewonnen wird. Diese hochwirksamen Öle benötigt der Mensch, um in der Epidermis Prostaglandine zu erzeugen. Aus unserer natürlichen Nahrung „knackt“ das körpereigene Leberenzym „Delta-6-Desaturase“ normalerweise diese ungesättigten Fettsäuren heraus, jedoch besteht oft beim Neurodermitiskranken ein Mangel an diesem Enzym oder es fehlt völlig.
Die Fa. Beiersdorf hat aus dem Samen der Nachtkerze das Präparat Epogam® entwickelt. Während vergleichbare Produkte, da hochwertige Lebensmittel, in der Regel nicht von den Kassen bezahlt werden, ist Epogam® das erste und bisher einzige verordnungsfähige Produkt, das die Kassen bezahlen. Die Einnahme sollte lt. Herstellervorschlag probeweise über einen Zeitraum von mindestens 3 Monaten erfolgen. Kleinen Kindern kann das Öl, nachdem man die Kapsel aufgestochen hat, unter das Essen oder in die Flasche gemischt werden. Das Öl sollte so wenig wie möglich mit Sauerstoff in Berührung gebracht werden, da es sonst unwirksam wird.

Gelsenkirchener Modell

Entwickelt von Prof. Dr. med. E.A. Stemmann, Chefarzt am Kinderkrankenhaus Gelsenkirchen-Buer. Neben der auf den jeweiligen Patienten zugeschnittenen Ernährungsum- und Einstellung und einer möglichst medikamentfreien Behandlung wird der Psychosomatik ein hoher Stellenwert eingeräumt. Die Behandlung zeigt oft beste Erfolge, besonders bei Kindern mit Neurodermitis.
Informationen zur Therapie können unter Tel. 0209/369220 angefordert werden.

Getreidemühlen

Unverzichtbares Küchengerät, will man vollwertige und Lebensmittel auf Getzreidebasis zubereiten.
Getreidemühlen sind in einem großen Angebot auf dem Markt. Man sollte hier aber, will man viele Jahre Freude an dem Gerät haben, unbedingt auf gute Qualität achten und nur Markengeräte (bevorzugt werden Geräte der Fa. Schnitzer und Messerschmitt empfohlen) anschaffen.

Goldnerz-Cosmetic

Hersteller: Peter Bartz, Eschweiler. Hervorragende Heil- und Pflegeserie (weiße und gelbe Pasten). Produkte sind völlig frei von pharmakologischen Substanzen. Wegen der guten Wirksamkeit werden die Kosten für die Produkte bereits von sehr vielen Krankenkassen bezahlt. Der Antrag auf die Zulassung der Goldnerz-Produkte als Arzneimittel ist beim Bundesgesundheitsamt gestellt.
Immer wieder wird – aufgrund seiner guten Verträglichkeit und Wirkung – dem Präparat nachgesagt, es wären versteckte Cortisone in der Salbe enthalten. Dieser Behauptung kann der *Bundesverband Neurodermitiskranker in Deutschland* mit ruhigem Gewissen entgegentreten. In ca. 20 Fällen wurden die Salben, übersandt von Patienten, über die Arzneimittelkommission der Deutschen Apotheker in Frankfurt auf etwaige Steroide, aber auch auf Antibiotika und Arsen überprüft. Bei keiner der Proben wurden derartige pharmakologische Wirksubstanzen gefunden. Der Beweis, daß in den Salben keine Cortisone enthalten sind, ergibt sich auch schon aus der Tatsache, daß es bei Einsatz dieser Produkte in aller Regel zu einer (teilweise massiven) Verschlimmerung kommt. Die Produkte wirken also genau umgekehrt als die in Salben oder Cremes enthaltenen Cortisone.
Nähere Informationen zu diesen Produkten können beim Hersteller unter Tel. 0 24 03/2 75 87 oder beim Direktvertrieb Klevinghaus, Tel. 0 21 73/2 55 95 angefordert werden.

Hamburger Modell

Entwickelt vom Hamburger Heilpraktiker Heinz Schwedlter. Verfahren basiert auf Komplexmittel-Homöopathie, Ernährungsumstellung sowie auf physikalischer Therapie mit Magnetfeldern. Verfahren wurde von Herrn Schwedtler einem jungen Kollegen übertragen, nachdem er selbst in den Ruhestand getreten war. Dieser führte nur noch kurzzeitig das Verfahren weiter. Heute findet dieses Verfahren mit kleinen Abwandlungen nur noch bei einem Heilpraktiker in Süddeutschland Anwendung.

Harnstoff

Häufig in Salben und Cremes enthaltener, natürlicher Stoff, der in aller Regel bis zu einer Konzentration von 10 % gut verträglich und unbedenklich ist.

Harnstoff-Hydrocortison-Salben hingegen sind als Dauertherapie abzulehnen, weil der Harnstoff ein ausgezeichnetes Transportmittel ist, und das Cortison dadurch noch tiefer in die Hautschichten befördert und dort eingelagert wird.

Hautpflege

Äußerst wichtig! Verträgliche Pflegeprodukte müssen auch vom Kranken selbst herausgefunden werden – hier gibt es keinen allgemein verbindlichen Standard. Bewährt haben sich seifenfreie Pflegemittel auf Tensidbasis. Wichtig ist, daß alte Salbenrückstände immer gründlichst vor Auftragen neuer Fette entfernt werden.

Heilhypnose

Selten praktizierte, psychotherapeutische Methode, um tiefe Störungen im Unterbewußtsein, die für die Krankheit verantwortlich sind, auszuschalten. Nur beim darauf wirklich spezialisierten Therapeuten durchführen lassen.

Heilschlaf

siehe *Heilhypnose*

Homöopathie

Die (klassische) Homöopathie nach Samuel Hahnemann ist eine wirksame Therapie bei den hier genannten Krankheitsbildern und der Komplexmittelhomöopathie auf jeden Fall vorzuziehen. Wichtig ist, sich einen guten Homöopathen zu suchen, der sein Handwerk versteht.

Hydrocortison

siehe *Cortisone*

Hydrolysate

Oft angeboten als *hyperallergene Kost*. Kann vorübergehend eingesetzt werden; vor dem Langzeitverzehr als einziges Nahrungsmittel muß gewarnt werden.

Immunologie

Ein noch junges Feld der medizinischen Wissenschaft. Immunologen sind ein noch sehr kleiner Kreis von Ärzten, die sich auf das Gebiet der Immunologie spezialisiert haben. Immunvorgänge werden aber auch von anderen Naturwissenschaftlern, nicht nur von Medizinern, erforscht. Die Vorgänge, die in unserem Organismus das Immunsystem steuern und regulieren, sind außerordentlich kompliziert.

Impfungen

Es hat sich gezeigt, daß Impfungen immer wieder zu starken Neurodermitisschüben, sogar zum eigentlichen Auslösen der Krankheit Neurodermitis führen. Es erscheint daher wichtig, daß man sich vor dem Impfen über das „Pro und Contra" mit dem Arzt ausführlich unterhält. Es gibt Impfungen, die einfach durchgeführt werden müssen, andere, auf die man gegebenenfalls verzichten könnte. Auch sollte darauf geachtet werden, daß die Impfstoffe nicht auf Hühnerembryonen gezüchtet sind. Über diesbezüglich freie Impfstoffe gibt das *Paul-Ehrlich-Institut* in Frankfurt, Zentrum für Serologie, Auskünfte an den Arzt, falls dieser keine Ausweichimpfstoffe kennt. Auch sollten nie kombinierte Impfung (Beispiel: Masern, Röteln, Mumps) durchgeführt werden, sondern die Impfungen voneinander getrennt werden. Der Impfling sollte zum Zeitpunkt der Impfung kerngesund sein, keine grippalen Infekte haben und auch nicht gerade eine Krankheit überwunden haben.

Ionisatoren

Hervorragend entlastende Wirkung bei typischen Allergien gegen Blütenpollen, Hausstaub und Hausstaubmilben. Durch ein elektrisches, im Gerät erzeugtes Spannungsfeld kommt es zur Abstoßung der Allergene aus dem Gesichtskreis, so daß diese nicht in Augen, Nase und Atemwege gelangen können.

Geräte gibt es als Stand-Ionisatoren mit Netzanschluß zum Aufstellen in der Wohnung und als Tragegerät, das der Kranke an einer Kette um den Hals trägt, beispielsweise von der Fa. „bioelectronic" in Mündersbach/Westerwald.

Die Krankenkassen übernehmen im Einzelfall die Kosten für die Anschaffung.

Kanne-Brottrunk

Hersteller: Willi Kanne, Selm-Bork/bei Lünen. Hochwirksames Getränk zur Sanierung der Darmflora sowie beste Verträglichkeit. Kanne-Brottrunk wird aus mit Bio-Getreide gebackenem Mischbrot (Weizen, Roggen und Hafer) und reinem Brunnenwasser hergestellt. Neben Vitaminen, Mineralstoffen und Spurenelementen, dürfte der hohe Anteil an Getreidemilchsäure-Bakterien (ca. 5 Mill. pro cm^3 Brottrunk) die Darmsanierung bewirken. Viele Patienten mit Neurodermitis und Asthma sind allein durch eine tägliche Flasche Kanne-Brottrunk völlig beschwerdefrei geworden (Studie des *Bundesverbandes Neurodermitiskranker in Deutschland e.V.*). Der Kanne-Brottrunk kann – um den Juckreiz zu stillen – entweder pur oder – verdünnt mit stillem Wasser – während einer Kratzattacke auf die Haut aufgetragen werden. Nähere Informationen können bei der Fa. Kanne-Brottrunk unter Tel. 0 25 92/6 10 33 35 angefordert werden.

Kinder-Rehaklinik-Fehmarn

Rehabilitationseinrichtung in Burg auf Fehmarn, in dem überwiegend Kinder und Jugendliche behandelt werden. Das Haus hat einen Versorgungsvertrag mit allen Krankenkassen gemäß § 111 Sozialgesetzbuch V, und ist als Reha-Klinik anerkannt. Unterlagen zur Therapie können unter Tel. 0 43 71/50 12 22 angefordert werden.

Kinesiologie

Körperlich-mechanische Möglichkeit, Unverträglichkeiten auf Nahrungsmittel auszutesten. Der Patient legt sich (im Stehen) das Nahrungsmittel, das er verzehren möchte, auf die Bauchmitte, streckt dann den rechten oder linken Arm aus; der Daumen zeigt nach unten, die Handinnenfläche nach außen. Der Tester packt nun mit beiden Händen den Patienten am Ellenbogengelenk, und drückt den Arm nach unten. Der Patient versucht diesem Druck durch Gegendruck standzuhalten. Danach erfolgt der Test nochmals, aber ohne das Nahrungsmittel. Ist nun deutlich mehr Kraft beim Gegendruck des Patienten zu tasten und zu fühlen, sollte er das Produkt meiden. Kinesiologie kann noch in diversen anderen Bereichen und in abgewandelter Form eingesetzt werden.

Kleidung

Immer wieder ist festzustellen, daß Patienten neben der Neurodermitis auch noch eine gewisse Allergiebereitschaft auf chemisch behandelte Stoffe aufweisen.
In diesem Fall muß auf reine Baumwolle oder Seide zurückgegriffen werden, um Hautaffektionen auszuschließen.

Klimaheilbehandlung in den Alpen

Davos ist die Hochburg der Klimaheilbehandlung in den Alpen. Hier sind mehrere Einrichtung vorhanden, wobei die bekannteste vielleicht die Klinik für Allergie- und Dermatologie, das Alexanderhaus, mit seinen zwei Nebenhäusern, den Albulas, ist.
Hier werden vor allem – neben der Klimatherapie – Ernährungstests und Ernährungsumstellungen auf eine verträgliche Kost sowie Psychotherapie durchgeführt.

Klimaheilbehandlung an der Nordsee

Empfehlenswert, um einmal „Urlaub von der Krankheit zu machen". Nur in seltenen Fällen treffen wir an der Nordsee Rehabilitatisonsstätten an, in denen auch Ernährungsmedizin betrieben wird. Trotzdem guter Einfluß auf Asthma und Heuschnupfen.

Klimaheilbehandlung am Toten Meer

Auch hier „Urlaub von der Krankheit". Ernährungsumstellung und Durchführung bisheriger Diäten kaum möglich. Neurodermitispatienten sollten 6 Wochen in Israel kuren. Kosten werden je nach Einzelfall durch die Krankenkassen übernommen. Gute Erfolge bei Asthma-, Heuschnupfen- und Allergiepatienten mit Langzeitwirkung bis zu 6 Monaten.
Beste Zeit für Neurodermitispatienten ist das Frühjahr und der Herbst, da im Sommer die Temperaturen teilweise bis zu 50°C im Schatten ansteigen.
Mekka der Psoriasispatienten, die unter dem Einfluß mehrfacher Klimaheilbehandlungen am Toten Meer oft einen Zustand erreichen, in dem für über ein Jahr keine Rückfälle auftreten.

Klinik Leopold in Bad Orb

Ein 60-Betten-Haus in herrlichem Ambiente. Es wird Ernährungsmedizin, Naturheilkunde und Psychotherapie betrieben. Das Haus steht in Zusammenarbeit mit den Universitätskliniken in Marburg und Leipzig. Versorgungsverträge mit den gesetzlichen Krankenkassen gemäß § 111 Sozialgesetzbuch V werden derzeit geschlossen.
Informationen zur Therapie und zum Haus können unter Tel. 0 60 52/20 15 angefordert werden.

Klinik Sonnenhof in Bodenmais

Interdisziplinär geführtes Haus mit ca. 160 Betten. Ernährungsmedizin, Psychotherapie, naturheilkundliche und homöopathische Behandlung. Bevorzugt von Asthma- und Allergiepatienten belegt, die im Silberstollen von Bodenmais zusätzlich Erleichterung in einer völlig keimfreien Luft finden. Das anerkannte Rehabilitationszentrum hat mit allen gesetzlichen Krankenkassen Versorgungsverträge nach § 111 Sozialgesetzbuch V. Unterlagen zur Therapie können unter Tel. 0 99 24/77 10 angefordert werden.

Körperpflege

Bei Neurodermitispatienten äußerst wichtig. Auch bei Körperpflegemitteln gibt es keine für alle gleichermaßen geltende Empfehlung. Man sollte seifenfreie Pflegemittel auf Tensidbasis nutzen oder Pflegemittel aus Stutenmilch. Das Duschen ist dem Wannenbad vorzuziehen. Letzteres stört zu sehr den in aller Regel bereits vorgeschädigten Säuremantel der Haut .

Licht-Therapie

Kann als unterstützende Therapie gute Wirkung haben. Besonders bei der Schuppenflechte (Psoriasis) ist diese Behandlungsform empfehlenswert. Für die Heimbehandlung stehen gute und leistungsfähige Geräte zu erschwinglichen Preisen zur Verfügung. Vor Lichtbehandlung im nächstgelegenen Bräunungsstudio kann nur eindringlich gewarnt werden.

Literatur

Über Neurodermitis, Asthma, Heuschnupfen und Allergien gibt es eine Fülle von Literatur. Eine aktualisierte Liste der empfohlenen Literatur findet sich in jeder Neuausgabe der Mitgliederzeitung „neurodermitis" des *Bundesverbandes Neurodermitiskranker in Deutschland.*

Lymphdrainage

Kann unterstützend den Abfluß von Lymphe unterstützen, jedoch als Monotherapie ungeeignet. Auch hier ist unbedingt der Spezialist zu Rate zu ziehen.

Meditation

Weiterführung des autogenen Trainings um eine noch tiefere Entspannung zu erzielen. **Achtung: Meditation ist nicht als Einschlafhilfe gedacht.**

Medizinisch-Psychosomatische Klinik Roseneck

Wunderschöne Klinik am Chiemsee. Neben anderen Indikationsfeldern werden hier auch Neurodermitispatienten behandelt, wobei das Schwergewicht der Therapie auf den psychosomatischen Aspekten der Erkrankung liegt. Ein junges Team von Ärzten und Schwestern bzw. Pflegern, vor allem aber Psychotherapeuten versuchen gemeinsam mit dem Patienten, Lösungen zu finden.
Weitere Informationen können unter Tel. 0 80 51/60 15 34 angefordert werden.

Melkfett

In aller Regel sehr gut verträgliches Hautpflegemittel. Melkfett, eigentlich für die schonende Einfettung des Kuheuters benutzt, hergestellt ohne Konservierungsmittel und chemisch-pharmakologische Zusätze, wirkt zwar nicht juckreizlindernd, pflegt jedoch die zerkratzte und trockene Haut.

Münchner Modell

Das Münchner Modell ist die Kurzbeschreibung eines Projektversuches an der Medizinischen Fakultät München zur Integration von Naturheilverfahren in Forschung und Lehre an der Ludwig-Maximilian-Universität in München. Es wird vom Bayerischen Staatsministerium für Wissenschaft und Kunst seit 1989 finanziert und gefördert.

Musiktherapie

Musik soll Freude bereiten und verbreiten. Deshalb wird die Musiktherapie oft unterstützend und zusätzlich bei Reha- und anderen Klinikmaßnahmen – teilweise aber auch ambulant in Praxen – zur eigentlichen Therapie angeboten, um den Patienten zu entspannen und zu erfreuen.

Mykologie

Die Lehre von Pilzen und Sporen.
Ebenfalls ein recht junges Feld der medizinischen Wissenschaft. Man spricht heute davon, daß eine wahre Pilzinvasion auf die Menschheit zukomme und sucht verstärkt nach Wegen, um Pilzerkrankungen wirksam behandeln zu können, da die heute auf dem Markt befindlichen Antimykotika oft schon auf Pilzarten stoßen, die bereits eine Resistenz gegen den jeweiligen Wirkstoff aufgebaut haben.

Naturheilkunde

In der Behandlung von Neurodermitis, Asthma, Heuschnupfen und Allergien hat die Naturheilkunde – außerhalb der Notfallmedizin – einen hohen Stellenwert. In der Regel natürliche Medikamente aus Pflanzen, Heilkräuter-Tees, bis hin zu Kneippschen Anwendungen. Naturheilkunde soll den gesamten Organismus und das Immungeschehen stabilisieren.

Neuraltherapie

Wurde von den Brüdern Dr. med. Ferdinand Huneke und Dr. med. Walter Huneke entwickelt.
Oberflächennarkotika, z.B. Procain, werden Neurodermitis-, Asthma-, Heuschnupfen- und Allergiepatienten in alte oder na-

türliche Narben, aber auch in die Tonsillen (Mandeln) eingespritzt. In sehr vielen Fällen konnte der *Bundesverband Neurodermitiskranker in Deutschland* dokumentieren, wie nachhaltig mit dieser Therapie, der man anfangs sehr skeptisch gegenüberstand, geholfen werden konnte. Therapeuten, die mit diesem Verfahren arbeiten, können beim *Bundesverband* erfragt werden.

Pendeln

Parawissenschaftliche Methode, der gegenüber man sehr skeptisch sein sollte.

Phytotherapie

Medikamente, die aus Pflanzen und Blumenteilen hergestellt werden. Qualifizierte naturheilkundliche Behandlungsform, die sich kräftigend und stabilisierend auf den Organismus auswirken kann.

PUVA-Bestrahlung

Diese Form der Lichtbehandlung ist sehr gefährlich und steigert das Hautkrebsrisiko bis um das 14fache. Durch Medikamente, die in der Bestrahlungszeit eingenommen werden müssen, wird die Haut so lichtempfindlich, daß die Patienten oft Tageslicht meiden müssen. Diese Therapie sollte schnellstens verboten werden.

Pseudo-Allergien

Neben den seit langem bekannten Allergenen wächst tagtäglich die Anzahl der sogenannten *Pseudoallergene*. Dieses sind nur feingeweblich feststellbare Störfaktoren und reichen vom Farbstoff in einer Substanz, mit der man täglich in Berührung kommt, bis zu Geruchsstoffen.

Pseudo-Unverträglichkeiten

Wenn wir von Pseudo-Unverträglichkeiten sprechen, meinen wir Zusätze in unserer Nahrung wie Farbstoffe, Geschmacksverstärker usw. Tests auf Nahrungsmittelunverträglichkeiten sind oft ungenau, denn verträgt der Kranke z.B. Nudeln, der

Hersteller verändert aber morgen den Farbstoff oder ein Konservierungsmittel, so kann der Kranke auf diese Bestandteile plötzlich allergisch reagieren.

Rechtsmittel

Lehnt eine Krankenkasse, eine Beihilfestelle oder ein Rentenversicherungsträger die Kostenübernahme für ärztlich gelenkte und geleitete alternative Therapien ab, so sollte man auf jeden Fall das Rechtsmittel des Widerspruches wahrnehmen, damit der Leistungsträger seine Ablehnung begründen muß.
Mitglieder im *Bundesverband Neurodermitiskranker in Deutschland* erhalten in diesen Fällen Rechtsberatung bis hin zur Mitwirkung an einer nötig werdenden Klage (kein Rechtsschutz). Nichtmitglieder können sich mit dem eventuell begründeten Rechtsmittelbescheid bei einem Rechtsanwalt beraten lassen.
Die in den Ablehnungsbescheiden vorgegebenen Rechtsmittelfristen müssen dringend beachtet werden.

Salz

Viele Patienten mit neurodermitischer Haut empfinden Erleichterung, wenn sie Salz als Badezusatz einsetzen. Bewährt hat sich hier vor allem das Salz aus dem Toten Meer in Israel. Besonders für Patienten mit Schuppenflechte (Psoriatiker) hat sich dieses Salz, kombiniert mit einer Metec-Licht-Therapie, sehr gut bewährt.

Sauna

Bei Neurodermitis kann die Sauna einen unterstützenden Effekt auf Entgiftungsprozesse haben. Begünstigt ist derjenige, der eine Heimsauna besitzt, da er hier selbst die für ihn angenehme Temperatur bestimmen kann und nicht jedem Saunafreund ausgeliefert ist, der bei Betreten der Sauna einen Schöpflöffel Wasser auf den Ofen gießt, was die Haut stark austrocknet.
Praktikabel ist Saunen auch für den Heuschnupfen- und Allergiepatienten. Asthmapatienten sollten, wie überhaupt Patienten jenseits des 40. Lebensjahres, vor dem ersten Saunagang unbedingt mit ihrem Arzt sprechen.

Schwarzwaldklinik in VS-Villingen

Klinik für Ganzheitsmedizin, in der u.a. Vollwert- bzw. Frischkost ohne tierisches Eiweiß dem Kranken angeboten wird. Es werden die Ursachen behandelt, nicht nur die Symptome, der Mensch wird als Ganzes erfaßt, und Ernährung als Medizin betrieben. Realisierung des Villinger Modells, mit dem Ziel, atopische Erkrankungen, Asthma, Heuschnupfen und Psoriasis erfolgreich zu behandeln. Haus mit sehr schönem Ambiente.
Unterlagen zur Therapie können unter Tel. 0 77 21/80 90 angefordert werden.

Schwimmen

Hervorragend geeigneter Sport für Neurodermitiskranke, Asthmatiker, Heuschnupfenkranke, Allergiker und Psoriatiker. Bei Hautpatienten muß geprüft werden, ob und wie lange sie sich in gechlortem Wasser aufhalten können.
Asthmatiker sollten vor Aufnahme des Schwimmsportes unbedingt mit dem Arzt sprechen und den Schwimmsport unter Aufsicht, evtl. in Vereinen der DLRG oder der Deutschen Wasserwacht, betreiben.

Seife

Für den Neurodermitiskranken oft ein viel zu aggressives Waschmittel; auch Seifenpulver in Waschmitteln für die Wäsche kann Hautaffektionen auslösen.
Für die Körperpflege auf tensidhaltige Waschmittel wechseln, z.B. auf Sebamed®, Eucerin® oder Eubos®.

Spezialklinik Höhenkirchen bei München

Haus für Ganzheits- und Ernährungsmedizin. Das Haus ist integriert in das „Münchner Modell“. Ernährungsmedizin, Fiebertherapie, Homöopathie und Phytotherapie. Psychosomatisches Angebot in Form von Autogenem Training, Yoga, Meditation, Einzel- und Gruppengesprächen.
Unterlagen zur Therapie können angefordert werden unter Tel. 0 81 02/89 30.

Spezialklinik Neukirchen b. Hl. Blut

Hoher wissenschaftlicher Forschungstand. Haus hat Modellcharakter für die Weiterbildung von Ärzten und Pflegepersonal auf dem Gebiet der atopischen, allergischen und rheumatischen Krankheiten.
Neben Atopien und Allergien werden in dieser Klinik bevorzugt Psoriasis und andere Krankheitsbilder wie Alopecia, Viteligo und ähnliche Erkrankungen behandelt. Mit dem Schwesternhaus Rötz hat die Klinik ca. 180 Betten. Vor einer gezielten, auf den Patienten zugeschnittenen Behandlung steht eine sehr umfangreiche diagnostische Abklärung des Krankheitsbildes, die an deutschen Kliniken einzigartig ist.

Soja-Kost

Oft unverträglicher als beispielsweise Kuhmilchernährung. Die Herstellung von Soja-Produkten bis hin zu Tofu beinhaltet Verfahrenswege, die das zuvor vollwertige Produkt der Soja-Bohne so verändern, daß die Nahrung nicht vertragen wird und Pseudounverträglichkeiten auftreten.

Sozialhygiene

Neu im Sprachgebrauch der Medizin; Sozialhygiene zu betreiben ist unerläßliche Voraussetzung für den Patienten, da nur in einem Umfeld, in dem alle Dinge geordnet sind – vom familiären Zusammenleben bis hin zur Sauberkeit im wohnlichen Umfeld – und Problemfelder möglichst „bereinigt“ sind (auch finanzielle), es eine bessere Chance gibt, von den hier behandelten Krankheiten zu genesen.

Sozialpädagogik

Lehre von einem harmonischen Zusammenleben in der Familie, in der der Kranke erkennen muß, daß er seine Krankheit nicht als Waffe und Instrument für seine Interessen einsetzen darf. Die gesunden Angehörigen dagegen müssen erlernen, den Kranken so zu akzeptieren, wie er eben ist.

Sport

Sport bedeutet Freude an der Bewegung, am Leben, und steigert die körpereigenen Abwehrkräfte. Das natürliche Schwitzen beim Sport hilft der Haut bei Stoffwechselprozessen.
Der Kranke muß herausfinden, welche Sportarten für ihn geeignet sind. Gerade Mannschaftssport wirkt sich günstig auf die psychische Verfassung und das Selbstvertrauen des Kranken aus.

Stillen

Neurodermitis, Asthma, Heuschnupfen und Allergien lassen sich nicht vorbeugen. Es hat sich jedoch gezeigt, daß durch das Stillen des Säuglings, möglichst für mindestens 6 Monate, beim Kind ein guter Immunschutz aufgebaut wird. Auch Mütter, die selbst unter diesen Krankheiten leiden, gegebenenfalls sogar Cortison einnehmen, um die Krankheitssymptome während der Stillzeit zu unterdrücken, bieten dem Säugling mit ihrer Milch dennoch das optimale Nahrungsmittel.

Stutenmilch

Seit 4 000 Jahren als vitalisierendes Lebensmittel bekannt. In der Behandlung von Neurodermitis – vor allem bei Säuglingen, die unter Kuhmilchallergien leiden – hat die Stutenmilch einen hohen Stellenwert. Auch Pflegemittel aus Stutenmilch werden in aller Regel sehr gut vertragen.
Trinkkuren mit Stutenmilch, gerade vor dem Herbst und Winter, können hilfreich sein, das Immunsystem zu kräftigen.

Symbioselenkung

Wiederherstellung einer gesunden Darmflora. Hierfür stehen dem Arzt einschlägig bekannte Medikamente zur Verfügung, die aus abgetöteten Darmbakterien bestehen. Eine Symbioselenkung sollte nach jeder inneren Behandlung mit Antibiotika durchgeführt werden.

Tee

Ausleitende Teesorten, wie Stiefmütterchentee, Tee von Maria Treben gegen Ekzeme, sowie der Infirmarius-Rovit-Tee® sollten flankierend bei der Neurodermitistherapie eingesetzt wer-

den. Kinder sollten von diesen Teesorten täglich bis zu einem Liter, Erwachsene zwei bis zweieinhalb Liter trinken. In der Phase starker Schübe können Entgiftungsprozesse auf diese Art wirksam unterstützt werden.
Nach einer zwei- bis dreimonatigen Trinkkur sollte der Teekonsum nicht abrupt unterbrochen werden, sondern die Trinkmenge über einen Zeitraum von zwei Wochen auf Null reduziert werden, da es ansonsten zu Darmträgheiten kommen kann.

Teersalbe

Immer wieder eingesetzte Salbe in der Neurodermitisbehandlung, die jedoch nur das Symptom, nicht aber die Ursache der Krankheit behandelt.

Tenside

Tenside sind anionische oder nichtionische, grenzflächenaktive Substanzen, die in Wasch- und Reinigungsmittel die Oberflächenspannung des Wassers herabsetzen und damit die Ablösung von Schmutz auf textilen Oberflächen, aber auch auf der Haut ermöglichen. Man bezeichnet Tenside deshalb auch als oberflächenaktive Stoffe.

Therapeutikum West-Fehmarn

Haus mit Modellcharakter für Neurodermitis-, Asthma-, Heuschnupfen- und Allergiepatienten. Der Kranke wird in der Tagesklinik halbtags behandelt, lebt außerhalb der Klinik in wunderschönen Ferienwohnungen, die um die Klinik angesiedelt sind, mit seinen Verwandten oder in Wohngemeinschaft mit anderen Patienten. Im Klinikum wird Ganzheitsmedizin betrieben, vor allem Ernährungsmedizin, Psychotherapie, Homöopathie und Naturheilverfahren. Neben dem therapeutischen Nutzeffekt ist gerade diese Art von Urlaubsambiente für die Gesundung eine wesentliche Umterstützung.
Die Verträge mit den gesetzlichen Krankenkassen gemäß § 111, Sozialgesetzbuch V stehen vor dem Abschluß. Weitere Informationen zur Therapie können unter Tel. 0 43 72/14 62 angefordert werden.

Thymusbehandlung

Mit zunehmendem Alter läßt die Funktion der Thymusdrüse nach, und es gibt Studien, wonach eine Behandlung des Patienten mit Thymus-Präparaten sich positiv ausgewirkt haben soll. Diese Studien konnten nicht zurückverfolgt werden. Als Mono-Therapie erscheint diese Form der auch recht kostenintensiven Behandlung nicht geeignet.

UVA-1-Lichttherapie

Neuartiges Licht mit einem Spektrum von 340 bis 440 Nanometer. Dadurch reinstes UV-A-Licht ohne Anteile von UV-B, UV-C oder Infrarotanteilen. Ein derartiges Licht gibt es nur künstlich erzeugt und sonst nirgendwo auf der Erde.
Es dringt tief in das Zellgewebe ein und beseitigt so entzündliche Prozesse. Nach ca. 15 Tagen, so wurde an der Universitätshautklinik Freiburg dokumentiert, konnte dadurch die Neurodermitis in eine symptomfreie Phase gebracht werden. Die so behandelten Patienten mußten deshalb nicht im akuten Stadium mit Cortisonpräparaten behandelt werden.
Die Kosten pro Bestrahlung liegen bei ca. 250,– DM. In besonderen Behandlungszentren will man die Behandlung nun auch außerhalb der Universitätshautkliniken anbieten. Die Kosten werden wohl kaum von den Kassen übernommen, denn um den guten Hautzustand nach einer 15-tägigen Behandlung symptomfrei zu halten, muß mindestens ein Mal pro Woche nachbestrahlt werden, so daß ca. 1 000,– DM monatliche Folgekosten einkalkuliert werden müßten.
Nebenwirkungen können wegen der erst kurzen Zeit, in der dieses Verfahren im Einsatz ist, nicht völlig ausgeschlossen werden.

Villinger Modell

Wurde von Heilpraktiker Wolfgang Spiller entwickelt. Es basiert auf der Ernährung des Neurodermitis-, Asthma-, Heuschnupfen- und Allergiepatienten mit absoluter Frischkost und einer vorangehenden Fastenphase von 7 bis 14 Tagen. Hinzu kommen eine Darmsanierung und psychologische Führung des Kranken. Das Villinger Modell wird in der Schwarzwaldklinik in VS-Villingen praktiziert.

Vital-Klinik Michelbach-Alzenau

Die Vital-Klinik in Michelbach-Alzenau war die erste Klinik in Deutschland, die bereits seit 1982 die Neurodermitis mit einem sehr neuartigen Therapiekonzept behandelte. Ernährungstherapie, psychosomatische Betreuung sowie Behandlung der Symptome mit Salben, deren Cortisongehalt immer geringer wurde bis zum völligen Cortisonverzicht, waren Merkmale dieser Behandlungsform, die schon damals richtungsweisend war.
Weitere Informationen zur Therapie können unter Tel. 0 60 23/5 05 90 angefordert werden.

Veramed-Klinik Inzell

Haus mit 136 Betten in reizvollster Lage von Deutschland. Es wird geführt von drei Fachärzten für Allergologie, Dermatologie und einem Lungenfacharzt. Außerdem arbeiten naturheilkundlich und homöopathisch orientierte Ärzte an dieser Klinik. Ganzheitsmedizin, Psychotherapie sowie umfassende Diagnostik zeichnen dieses Haus mit schönstem Ambiente aus.
Weitere Informationen zur Therapie können unter Tel. 0 86 65/67 10 angefordert werden.

Vollwertkost

Bewährte Ernährungsform bei Neurodermitis. Eine Statistik des *Bundesverbandes Neurodermitiskranker in Deutschland* hat ergeben, daß bei ca. 25 % der Patienten mit Neurodermitis nach der Ernährung mit Vollwertkost im Zeitraum von 3 bis 4 Monaten die Symptome der Krankheit eindeutig zurückgingen.
Die Herstellung von Vollwertkost kann in größeren Städten in Lehrgängen, immer häufiger aber auch in Kursen der Volkshochschulen, erlernt werden. Auch gibt es ausreichend Literatur über die Vollwertküche.

Wasser

Sorgenkind Nr. 1 – denn wo gibt es überhaupt noch sauberes Trinkwasser? Wie soll sich der Patient gut und naturbelassen ernähren, wenn das Wasser, das er trinkt oder zur Zubereitung seiner Speisen benötigt, den Anforderungen eines bereits erkrankten Organismus in keinster Weise mehr entspricht? Hohe Verunreinigung gerade durch Gifte wie z.B. Nitrat, durch Pe-

stizide, Herbizide, Fungizide u.a. aus der Landwirtschaft zeichnen immer stärker unser Trinkwasser aus, und müssen wohl vorerst noch akzeptiert werden. Oft sind die Verunreinigungen nicht einmal meßbar, weil für bestimmte Pflanzenschutzmittel noch gar keine Meßparameter und genaue Meßmöglichkeiten zur Verfügung stehen.
Es kann daher nur angeraten werden, zum Verzehr oder bei der Lebensmittelverarbeitung geprüftes Wasser zu verwenden und gegebenenfalls auf sogenannte *stille Wasser* auszuweichen.
Vom *Bundesverband Neurodermitiskranker in Deutschland* geprüfte Filteranlagen entsprachen weitestgehend nicht den Erwartungen oder den Herstellerversprechungen.
Bewährt haben sich Wasseraufbereitungsanlagen, die nach dem Prinzip der „Umkehrosmose" arbeiten. Die hier zu messende Qualitätsverbesserung ist verblüffend, wenn auch die Anschaffung einer derartigen Anlage nicht gerade billig ist und mit 2 000,– bis 3 000,– DM zu Buche schlägt.
Hinweise zu derartigen Wasseraufbereitungsanlagen können beim *Bundesverband Neurodermitiskranker in Deutschland* eingeholt werden. Bei Einsendung einer Wasserprobe – bitte eine in der Apotheke zu besorgende Uro-Box für die Übersendung verwenden – erstellt der *Bundesverband* auch gern ein kleines Wassergutachten. Als Kostenersatz legen Sie bitte Briefmarken in Höhe von 5,– DM bei.

Weichspüler

Die Behandlung der Wäsche mit Weichspülmitteln führt oft zu Hautaffektionen. Wenn dies eindeutig erkannt ist, sollte man die Wäsche im Wäschetrockner trocknen. Sie wird dann ähnlich weich wie nach der Verwendung eines Weichspülers.

Windeln

Stellt man beim Säugling fest, daß eine Windelunverträglichkeit (Windeldermatose) vorliegt, sollte man sich auf die alte, wenn auch oft von jungen Müttern als unpraktisch bezeichnete Stoffwindel zurückbesinnen. Diese muß zwar gewaschen werden, ist aber auch im Hinblick auf den Umweltschutzgedanken und die Vermeidung von Müll eine Möglichkeit, der man sich nicht von vornherein verschließen sollte.

Wünschelrute

Hier mischt sich oft „echtes Helfenwollen" mit übelster Scharlatanerie. Ein seriöser Rutengänger weiß, daß man Störfeldern unter dem Anwesen nur begegnen kann, indem man den betroffenen Kranken aus diesem Feld herausnimmt. Das heißt, es muß beispielsweise das Bett, in dem sich der Mensch viele Stunden aufhält, in einen beruhigten Bereich gebracht werden.
Ob Bleimatten, Pyramiden oder andere dubiose Gerätschaften – sie werden nur dem Verkäufer nutzen, nicht aber dem Kranken, auf dessen Gesundheit sich die Störfelder möglicherweise auswirken können.
Es ist heute unbestritten, daß viele chronische Erkrankungen auch auf derartige Störfelder zurückzuführen sind; in vergangenen Tagen wurde jeder Assistenzarzt beispielsweise von Prof. Dr. med. Sauerbruch entlassen, der Patienten mit entzündlichen Darmkrankheiten behandelt hatte, ohne zuvor einen Rutengänger zum Patienten geschickt zu haben, der Störfelder ausmessen sollte.
Es ist also auf absolute Seriösität zu achten, wenn man sich einen Rutengänger ins Haus holt. Vom Kauf irgendwelcher Gerätschaften wird – da sie unwirksam sind – abgeraten.

Zillertaler Emulsion

War vor einigen Jahren ein regelrechter „Renner" als Pflegemittel bei Neurodermitis. Eine Überprüfung der Produkte durch den *Bundesverband Neurodermitiskranker in Deutschland* ergab, daß ein Apotheker aus dem Zillertal der Emulsion den Wirkstoff „Bufexamac" beigemischt hatte. Nach dem Tod des Apothekers wurde es still um das Produkt, zumal sein Nachfolger wiederholt die Emulsion verkaufte, in der sogar Cortisone – wenn auch in kleinsten Mengen – enthalten waren.

Zinksalbe

Auch die Zinksalbe wird in der schulmedizinischen Hautbehandlung des neurodermitischen Geschehens immer wieder eingesetzt, jedoch gilt für sie – wie auch schon bei der Teersalbe – daß mit ihr nur die Hautsymptome der Neurodermitis vorübergehend positiv beeinflußt werden können, nicht jedoch die Ursachen der Erkrankung.

Begriffserklärungen

Allergen

Substanz, die als Antigen wirkt und eine Allergie auszulösen vermag.

Allopathie

Bezeichnung für die Behandlung eines Patienten mit Medikamenten, im Gegensatz zur Homöopathie.

Anamnese

medizinische Bezeichnung für die bisherige Krankheitsgeschichte eines Patienten. Die Anamnese stellt einen wichtigen Teil der Diagnose dar.

Antigen

Bezeichnung für jede Substanz, die von einem Organismus als „fremd" erkannt wird. Kommt das Immunsystem mit einem Antigen in Berührung, wird eine Immunreaktion ausgelöst, durch die das Antigen zerstört werden kann. Auch ein Teil eines Organismus (z.B. Krankheitserreger) kann als Antigen wirken.

Antigen-Antikörper-Reaktion

wichtiger Teil der Immunabwehr. Bei der Antigen-Antikörper-Reaktion tritt ein spezifischer Antikörper mit dem in den Körper eingedrungenen Antigen in Wechselwirkung und zerstört es oder markiert es für den weiteren Abbau durch andere Immunzellen. Bei allergischen Reaktionen treten verstärkt Antigen-Antikörper-Reaktionen gegen eigentlich harmlose Substanzen auf.

Antikörper

Proteine, die von B-Lymphozyten gebildet und freigesetzt werden, wenn diese mit einem Antigen in Kontakt getreten sind. Antikörper binden ganz spezifisch an das Antigen und bauen es ab oder markieren es für die Zerstörung durch andere Immunzellen.

autoaggressiv

Bezeichnung für den Umstand, daß das Immunsystem auf körpereigene Substanzen mit einer Immunantwort reagiert.

B-Lymphozyten

Zu der Gruppe der Lymphozyten gehörende weiße Blutkörperchen, die eine wichtige Rolle bei der Immunabwehr spielen. Man unterscheidet B-Gedächtniszellen (diese Zellen „erinnern“ sich bei einer erneuten Infektion durch einen Keim an diesen Krankheitserreger und sorgen dafür, daß er sehr rasch bekämpft werden kann) und Antikörper produzierende Zellen.

Circulus vitiosus

Lateinische Bezeichnung für „Teufelskreis“.

Corticoide

Andere Bezeichnung für Corticosteroide.

Corticosteroide

Sammelbegriff für Hormone mit einer bestimmten biochemischen Struktur, die u.a. in der Nebennierenrinde gebildet werden. Zu den Corticosteroiden gehören die Sexualhormone, Cortison und seine Abkömmlinge, sowie Hormone, die Einfluß auf den Wasser- und Elektrolythaushalt und andere Stoffwechselsysteme nehmen.

Cortison

In der Nebennierenrinde gebildetes Hormon. Cortison und seine Abkömmlinge werden zur Behandlung von allergischen und rheumatischen Erkrankungen verwendet.

Denaturierung

Durch Hitze, Strahlen, chemisch oder physikalisch hervorgerufene Strukturänderung von Stoffen. Durch diese Strukturänderung verlieren die Stoffe (z.B. Vitamine, Enzyme) ihre biologische Wirkung. Der Begriff *Denaturierung* wird normalerweise nur als Bezeichnung für die Zerstörung von Proteinen verwendet.

Disposition

Anfälligkeit eines Organismus. Veranlagung eines Organismus, auf bestimmte Einflüsse mit einer Erkrankung zu reagieren. Die Disposition kann vererbt oder erworben werden.

dysbiotisch

Bezeichnung für ein gestörtes Zusammenleben von Mikroorganismen (z.B. Darmbakterien) und ihrem Wirt.

Elektrolyte

Ionen beziehungsweise Substanzen, die in der Lage sind, im Wasser in Ionen zu zerfallen. Im Körper vorkommende Elektrolyte sind z.B. Calcium, Kalium, Natrium, Magnesium, Chlorid und Sulfat.

Experiment

wissenschaftlicher Versuch.

Granulozyten

Zu den Leukozyten gehörende weiße Blutkörperchen, die in entzündetes Gewebe einwandern und dort Fremdkörper, zerstörtes Gewebe, Pilze, Bakterien usw. fressen und abbauen. Krankheitserreger können durch spezielle biochemische Reaktionen abgetötet werden. Granulozyten spielen eine wichtige Rolle bei der Immunabwehr.

humoral

medizinische Bezeichnung für: über das Blut oder die Lymphe übertragen oder Körperflüssigkeiten betreffend. Der Begriff „humoral“ wird meist im Zusammenhang mit der Immunabwehr verwendet. Humorale Antikörper sind von B-Lymphozyten gebildete Antikörper, die frei im Blut zirkulieren.

Intoleranz

Bezeichnung sowohl für die Unverträglichkeit des Organismus gegenüber bestimmten Stoffen (z.B. Alkohol, bestimmte Zukker) als auch für die mangelnde Fähigkeit des Organismus gegenüber Giften, Strahlen und anderen schädlichen Einflüssen zu widerstehen.

Irritation

Reizung, Schädigung.

Leukozyten

Sammelbezeichnung für die weißen Blutkörperchen. Weiter unterteilt werden die Leukozyten in Granulozyten, Lymphozyten und Monozyten. Leukozyten spielen eine wichtige Rolle bei der Immunabwehr.

Lymphozyten

Im Knochenmark, Lymphknoten, Thymus und der Milz gebildete, zu den Leukozyten gehörende, weiße Blutkörperchen, die Antikörper bilden (B-Lymphozyten) beziehungsweise eingedrungene Krankheitserreger (z.B. Bakterien) direkt abtöten (T-Lymphozyten). Lymphozyten spielen eine wichtige Rolle bei der Immunabwehr.

Mastzell-Degranulation

Freisetzung von Schmerzen und Entzündungen auslösenden Stoffen aus Mastzellen.

Mastzellen

Zellen des Immunsystems, die Schmerzen und Entzündungen auslösende Stoffe enthalten, welche bei der Aktivierung der Zellen (z.B. Im Verlauf einer allergischen Reaktion) freigesetzt werden.

Memory cell

Gedächtniszellen. B- oder T-Lymphozyt, der sich bei einer erneuten Infektion durch einen Keim an diesen Krankheitserreger „erinnert" und dafür sorgt, daß er sehr rasch bekämpft werden kann.

Monozyten

Zu den Leukozyten gehörende weiße Blutkörperchen, die in entzündetes Gewebe einwandern und dort Fremdkörper, zerstörtes Gewebe, Pilze, Bakterien usw. fressen, abbauen und die Überreste speichern. Monozyten spielen eine wichtige Rolle bei der Immunabwehr.

Organellen

Bezeichnung für einen, in der Zelle liegenden, durch eine Membran abgegrenzten Raum, in dem bestimmte biochemische Reaktionen ablaufen oder in dem bestimmte Substanzen gespeichert werden. Jedes Organell hat einen, der Funktion des Organells angepaßten, typischen Bau. Beispiele: Zellkern, Mitochondrien, Chloroplasten, Geißeln.

polytop

an mehreren Stellen des Körper oder des Organs vorkommend.

Potenz

In der Homöopathie Bezeichnung für den Verdünnungsgrad eines Arzneimittels.

psychogen

psychisch bedingt, durch seelische Vorgänge hervorgerufen (z.B. Krankheiten).

retikulo-endotheliales System

Gruppe von, zum Bindegewebe oder Endothel (Blutgefäßwand, Lymphgefäßwand) gehörenden, biologisch sehr aktiven Zellen, die eine funktionelle Einheit bilden. Zellen des retikulo-endothelialen Systems stehen im engen Kontakt mit dem Blut, der Lymphe und dem Körperwasser. Sie sind in der Lage, Antikörper zu bilden und fremde Zellen (z.B. Bakterien), Zelltrümmer und andere körperfremde Stoffe zu fressen und zu speichern, weswegen sie eine wichtige Rolle bei der Immunabwehr spielen.

Sekundärstörung

Zu einer schon bestehenden Erkrankung zusätzlich hinzutretende Krankheit, deren Ursache die bereits bestehende Erkrankung sein kann, aber nicht sein muß.

Sensibilisierung

In der Immunologie Bezeichnung für die Erzeugung einer Überempfindlichkeit des Organismus gegenüber einem Antigen und seine überschießende Bildung von, gegen dieses Antigen gerichteten, Antikörpern. Eine Sensibilisierung kann z.B. gegen Nahrungsmittel, Metalle, Spül- und Putzmittel oder durch Impfung erfolgen.

Soor

Durch Hefepilze hervorgerufene Infektion, die im Mund, Rachen, an den Geschlechtsorganen, selten auch in Hautfalten und zwischen den Fingern auftreten kann.

Superinfektion

Bezeichnung für eine, noch während einer bestehenden Infektion, erneut durch denselben Krankheitserreger auftretende, sehr starke Infektion, die auf einer noch nicht ausreichenden oder gar nicht aufgebauten Immunität gegenüber diesem Keim beruht.

Symptomatik

Gesamtheit aller Symptome, die bei einer Erkrankung auftreten.

systemisch

Ein ganzes Organ oder einen ganzen Organismus betreffend. Unter systemischer Wirkung eines Arzneimittels bezeichnet man den Effekt, daß dieses Medikament nicht nur auf das Organ wirkt, das von der Erkrankung betroffen ist, sondern im gesamten Organismus Wirkung zeigt.

T-Lymphozyten

Zu der Gruppe der Lymphozyten gehörende weiße Blutkörperchen, die eine wichtige Rolle bei der Immunabwehr spielen. Man unterscheidet T-Gedächtniszellen (diese Zellen „erinnern" sich bei einer erneuten Infektion durch einen Keim an diesen Krankheitserreger und sorgen dafür, daß er sehr rasch bekämpft werden kann), Killerzellen (Zellen, die Keime abtöten), Helfer-Zellen (Zellen, die bei der Antikörperbildung helfen) und Suppressor-Zellen (Zellen, die die Immunreaktion unterdrücken können).

Toleranz

In der Medizin Bezeichnung sowohl für die Fähigkeit eines Organismus, Giften, Strahlen und anderen schädlichen Einflüssen zu widerstehen als auch für die Tendenz eines Organismus, keine Immunreaktion zu zeigen.

Verzeichnis der Selbsthilfegruppen in Deutschland, Österreich und der Schweiz

Deutschland

Bundesverband Neurodermitiskranker
in Deutschland e.V.
Oberstr. 171
Postfach 1165
5407 Boppard 1
☎ 0 67 42/25 98

Der *Bundesverband Neurodermitiskranker in Deutschland e.V.* berät bzw. unterhält zur Zeit über 90 Selbsthilfegruppen in Form von Landes-, Kreis-, Stadt- und Ortsverbänden.

Wenn Sie wissen wollen, welche Selbsthilfegruppe sich in der Nähe Ihres Wohnortes befindet, so wenden Sie sich bitte direkt an den *Bundesverband Neurodermitiskranker in Deutschland e.V* in Boppard.

Allergiker und Asthmatikerbund e.V.
Hindenburgstr. 110
4050 Mönchengladbach
☎ 0 21 61/10 22 07

Arbeitsgemeinschaft Allergiekrankes Kind e.V.
Hauptstr. 19
6348 Herborn
☎ 0 27 72/4 12 37

Österreich

Selbsthilfegruppe Neurodermitis
Tristangasse 36
9020 Klagenfurth
☎ 04 63/2 21 55

Selbsthilfegruppe für Atopische
Dermatitis und Neurodermitis
Piesing 1
4690 Schwanenstadt
☎ 0 76 73/41 73 oder 23 77

Selbsthilfegruppe Neurodermitis
c/o Volkshochschule Linz
Coulinstr. 18
4020 Linz
☎ 07 32/23 93/43 24 (DW)

Neurodermitis-Selbsthilfegruppe
c/o Katholische Jungschar
Kaigasse 26
5020 Salzburg
☎ 06 62/3 43 65 30

Selbsthilfegruppe Neurodermitis
Atopisches Ekzem
Barthgasse 9
1030 Wien
☎ 02 22/78 72 82

Schweiz

Selbsthilfegruppe für Hautkrankheitspatienten
Magrith Waiblinger-Rodel
Gupfenweg 6
8193 Eglisau
☎ 0 18 67/19 48 (P)
☎ 0 18 67/19 92 (G)

Team Selbsthilfegruppe Zürich
Vermittlung von Selbsthilfegruppen und Beratung
Wilfriedstr. 7
Postfach 107
8032 Zürich
☎ 0 12 52/30 36

Register

A

B

C

D

E

Über Reichtum und Nutzen tibetischer Medizin: Neue Chancen für mehr Gesundheit

Immer mehr Menschen suchen zur Bewältigung ihrer gesundheitlichen und psychosomatischen Beschwerden Zuflucht bei alternativen Heilmethoden. Die Anziehungskraft gerade fernöstlicher Heilkünste ist dabei ungebrochen. Die tibetische Medizin gilt als Besonderheit, da sie vollkommen unberührt ist von zivilisatorischen Einflüssen.

Es sind vor allem zwei Grundsätze, die sie auszeichnet und ihre Anziehungskraft erklärt: die ganzheitliche Betrachtungsweise und das Prinzip des sanften Heilens.

Sehr anschaulich erläutert der Autor tibetische Krankheitslehre, Diagnostik und Arzneimittellehre. Spätestens mit der Beschreibung der verschiedenen Therapien und Heilmethoden wird die Fülle ganz praktischer Anwendbarkeit sowohl für den Fachmann als auch für den medizinischen Laien deutlich: Ernährung, Kräuterpillen, Umwelt- und Körperhygiene, Metalle und Edelsteine, Meditation, Visualisationen und Atemübungen, Moxibustion, Massage und und und.
Heilkunst vom Dach der Welt - spannend und kompetent geschrieben - ist letztlich die faszinierende Entdeckungsreise zu neuen Ufern gesundheitsbewußten Lebens.

Dr. med. Egbert Asshauer
Heilkunst vom Dach der Welt
Tibets sanfte Medizin
Ca. 256 Seiten, kartoniert

HERDER